CB079355

UMA PONTE PARA A SOCIEDADE SUSTENTÁVEL

Dados Internacionais de Catalogação na Publicação (CIP)
(Câmara Brasileira do Livro, SP, Brasil)

Uma ponte para a sociedade sustentável / Henrique Rattner. – São Paulo: Editora Senac São Paulo, 2012.

Bibliografia
ISBN 978-85-396-0160-8

1. Desenvolvimento cultural 2. Desenvolvimento econômico 3. Desenvolvimento sustentável 4. Economia mundial 5. Liderança 6. Política ambiental I. Título.

11-11075 CDD-303.34

Índices para catálogo sistemático:
1. Liderança e sociedade sustentável : Sociologia 303.34
2. Sociedade sustentável : Liderança : Sociologia 303.34

UMA PONTE PARA A SOCIEDADE SUSTENTÁVEL

HENRIQUE RATTNER

editora senac são paulo

ADMINISTRAÇÃO REGIONAL DO SENAC NO ESTADO DE SÃO PAULO
Presidente do Conselho Regional: Abram Szajman
Diretor do Departamento Regional: Luiz Francisco de A. Salgado
Superintendente Universitário e de Desenvolvimento: Luiz Carlos Dourado

EDITORA SENAC SÃO PAULO
Conselho Editorial: Luiz Francisco de A. Salgado
Luiz Carlos Dourado
Darcio Sayad Maia
Lucila Mara Sbrana Sciotti
Jeane Passos Santana

Gerente/Publisher: Jeane Passos Santana (jpassos@sp.senac.br)
Coordenação Editorial: Márcia Cavalheiro Rodrigues de Almeida (mcavalhe@sp.senac.br)
Thaís Carvalho Lisboa (thais.clisboa@sp.senac.br)
Comercial: Jeane Passos Santana (jpassos@sp.senac.br)
Administrativo: Luís Américo Tousi Botelho (luis.tbotelho@sp.senac.br)

Edição de Texto: Luiz Guasco
Preparação de Texto: Luiz Carlos Cardoso
Revisão de Texto: Fátima de Carvalho M. de Souza, Luiza Elena Luchini (coord.), Marta Lúcia Tasso
Projeto Gráfico e Capa: Antonio Carlos De Angelis
Ilustração da Capa: Frits Ahlefeldt-Laurvig, © Creative Commons
Impressão e Acabamento: Rettec Artes Gráficas e Editora Ltda.

Proibida a reprodução sem autorização expressa.
Todos os direitos reservados a
Editora Senac São Paulo
Rua Rui Barbosa, 377 – 1º andar – Bela Vista – CEP 01326-010
Caixa Postal 1120 – CEP 01032-970 – São Paulo – SP
Tel.(11) 2187-4450 – Fax (11) 2187-4486
E-mail: editora@sp.senac.br
Home page: http://www.editorasenacsp.com.br

© Henrique Rattner, 2012

» SUMÁRIO

» NOTA DO EDITOR

O economista Henrique Rattner dedicou sessenta anos de sua enérgica inteligência ao serviço do ensino no Brasil. E não apenas em salas de aula, mas participando de numerosos cursos e encontros também no exterior, que tiveram por tema a educação em seu amplo espectro teórico e prático. Favoreceram-no na atividade internacional o domínio de seis idiomas, a capacidade de comunicar-se em outros três e o propósito incansável de fazer do mundo um lugar muito melhor do que o de sua primeira mocidade, vivida no horror da Segunda Guerra Mundial.

Os textos deste livro, escritos no século atual, vários em 2011, têm foco principalmente na "sociedade sustentável", no desenvolvimento em favor de todos e na preservação das condições para sua continuidade no futuro.

Esse ideal, que orienta também o trabalho do Senac São Paulo e se reflete nas suas publicações, expressa-se de maneira admirável e definitiva nestas últimas lições do professor Rattner.

» PREFÁCIO

O CONSTRUTOR DE PONTES

Em uma das muitas metáforas que utiliza em seu livro *Uma ponte para a sociedade sustentável*, o professor Henrique Rattner lança mão de uma imagem bíblica para comparar a vida a uma ponte. Não sabemos de onde ela vem ou para onde nos conduz. Há apenas o caminho. Atravessar a ponte – essa é a vida.

Permito-me um plágio saudável. A história e a experiência de vida do professor, ou melhor, do *moré* Rattner, como muitos o conhecem, são uma permanente e paciente obra de construção de pontes. Refiro-me a pontes entre culturas, entre gerações, entre povos, entre filosofias. E, como cimento de sua obra, esse construtor, pedreiro de cultura universalista, utiliza um humanismo genuíno, um sentimento de pertencer a um único coletivo humano que parece tanto mais raro quanto é mais necessário nestes tempos de valores individualistas.

Nascido em uma Viena orgulhosa de sua *Kultur* europeia, Rattner foi arrancado do meio natural pela barbárie nazista. Trabalhou como agricultor na Palestina – surge aí uma ponte judaica entre a Europa e o Oriente Médio – até emigrar para o Brasil com a família, em 1951. Formado na tradição do marxismo revolucionário, destacou-se aqui como educador em escolas judaicas. Mais ainda, fez-se inesquecível para centenas de crianças, muitas delas sobreviventes do terror nazista, pelo carinho com que conduzia o Lar das Crianças da Congregação Israelita Paulista. Marxismo, educação judaica, afeto com as crianças... Novas pontes.

E há, claro, a carreira acadêmica. Professor titular da EAESP/FGV e da FEA/USP, com sólida obra publicada, Rattner foi o responsável, há mais de quatro décadas, pela primeira pesquisa científica sobre a comunidade judaica de São Paulo. Uma pesquisa que foi fundamental para o planejamento das iniciativas sociais da coletividade. Academia e vida comunitária, olhem aí quantas pontes. Em *Uma ponte para a sociedade sustentável*, Rattner nos mostra algumas das pontes que construiu e que talvez muitos desconhecessem. A mais bela e sólida delas une (ou melhor, tenta contribuir para unir) povos. Povos em geral e, muito mais especificamente, israelenses e palestinos, que classifica como os maiores parceiros em potencial para a construção de um Oriente Médio pacífico e democrático. Essa ponte é tão sólida, que faz o professor demonstrar seu pasmo diante de um fenômeno contemporâneo terrível: o fortalecimento dos extremos de todos os lados, capaz de transformar a paz, que há alguns anos parecia próxima, em uma utopia talvez ingênua. Suas análises deixam transparecer que estes são tempos muito mais de destruidores do que de construtores da paz.

Mas, se as pontes construídas no mundo globalizado hoje parecem tênues, repousando sobre sonhos pálidos de poucos, há outras tantas pontes a construir. Em seu livro, Rattner não esquece uma única delas. Protesta contra atos de terrorismo cego que vitimam inocentes, mas abomina as represálias executadas por grandes máquinas militares que destroem vidas, países e, claro, pontes. Sendo mais específico, o professor não tece ilusões a respeito do antigo tirano do Iraque, Saddam Hussein. Mas antevê, com lucidez, que a "doutrina Bush", ao destruir o Estado iraquiano e invadir o Afeganistão, não levaria a nada, a não ser a mais terror. Como é difícil construir pontes quando a consciência nos impele à negação de verdades absolutas e preconcebidas!

E, por falar em verdades absolutas, Henrique Rattner dedica especial atenção a apontar os perigos de crescimentos messiânicos e fundamentalistas não só no judaísmo como em todas as religiões. Mas, mesmo nesses momentos em que denuncia destruidores de pontes, tanto mais perigosos porque imaginam estar destruindo ídolos, Rattner não perde a oportunidade de construir outra ponte, descrevendo a humanidade como uma "comunidade de destino".

Queiramos ou não, temos um passado, um presente e, quem sabe, um futuro comum. Os textos refletem sobretudo a trajetória internacional de Henrique Rattner como conferencista, participante em seminários nacionais e internacionais, diretor do Programa Liderança para o Meio Ambiente e o Desenvolvimento Sustentável (Lead), patrocinado pela Fundação Rockefeller, e diretor de outro programa que teve patrocínio da Fundação W. W. Kellog. Os dois programas permitiram a Rattner dirigir suas palavras e divulgar suas mensagens a jovens de 42 países, entre os quais China, Índia, Japão, Indonésia, Rússia, Nigéria, México e, claro, Brasil. Muitos textos de suas palestras foram vertidos para as línguas japonesa, chinesa e outras, servindo de material didático desde o Cone Sul da África até o sudeste asiático e, obviamente, a América Latina.

O leitor que percorre *Uma ponte para a sociedade sustentável* é brindado com linhas narrativas sobre a história da humanidade que, mesmo breves, o ajudam a localizar-se no tempo e no espaço. Rattner discorre sobre a "ascensão do declínio" de grandes potências, analisa os rumos da sociedade chinesa e russa, a crise do petróleo e a onda de construções de novos reatores nucleares.

Este é um livro para quem insiste teimosamente em sonhar com novas pontes, ainda quando algumas estão sendo destruídas. Para aqueles que choram quando sabem da morte de uma criança – não importa que seja judia, palestina, negra, branca ou tailandesa. Para aqueles que entendem perfeitamente o lamento de Deus ao saber que os hebreus de Moisés e os anjos festejaram o afogamento dos soldados do faraó no momento em que as águas do mar Vermelho se fecharam sobre eles, na narrativa bíblica – "Como vocês podem cantar e dançar quando morrem minhas criaturas?", foram suas palavras de repreensão aos anjos.

Enfim, um livro para aqueles que sabem que tudo passa. E só o que fica são as pontes que construímos na travessia da ponte da vida.

Rabino Henry I. Sobel

Para Daphne, luz de mis ojos.

» AGRADECIMENTOS

São muitas as pessoas merecedoras de crédito e agradecimentos pela elaboração desta coletânea de textos escritos ao longo dos últimos anos como preparo para aulas e palestras ou como resultado de debates com meus ouvintes, principalmente os ex-bolsistas dos programas Lead, Prolides e Pronord, que tive o privilégio de idealizar, organizar e coordenar por mais de dez anos. O intercâmbio de ideias, análises e interpretações contribuiu para a compreensão da dinâmica dos processos sociais, econômicos e políticos nos países do Cone Sul, particularmente no Brasil e, neste, particularmente no Nordeste. Criou-se assim uma rede de cidadãos preocupados com a construção do futuro de nossas sociedades e engajados nessa construção. Hoje, inúmeros projetos nas áreas de educação, saúde, proteção ao meio ambiente e, sobretudo, construção de um processo de desenvolvimento baseado nos valores de justiça social e pleno reconhecimento dos direitos humanos estão em andamento com a colaboração dos ex-bolsistas, no Brasil e nos países do Mercosul.

Ter conseguido elaborar este livro apesar de várias internações em hospital deve ser creditado ao empenho, à dedicação e à competência dos médicos e enfermeiras que cuidaram de mim nos últimos anos.

Creditado também aos meus filhos e, sobretudo, a minha esposa Miriam, que me animaram e encorajaram a não abandonar esta iniciativa e a luta contra a doença.

Um agradecimento especial devo ainda a Adilson Custodio, cuja ajuda nas horas de dificuldades com meu computador foi imprescindível para superar os impasses criados pela máquina.

E, finalmente, a Luzinete Nunes, colaboradora competente e incansável por longos anos na Associação Brasileira para o Desenvolvimento de Lideranças, que esteve sempre presente na elaboração de meus livros anteriores, *O Brasil no limiar do século XXI*, *Mercosul e Alca* e *O resgate da utopia*, e também prestou sua ajuda e apoio inestimáveis na digitação, revisão e organização de cada um dos capítulos deste livro.

Embora este volume seja produto do esforço e da participação de muitos, a responsabilidade pelas ideias, análises e conceitos nele emitidos é única e exclusivamente do autor.

» INTRODUÇÃO

O mundo é plano: uma breve história do século XXI é o título de um livro de 471 páginas publicado em 2005 e logo traduzido para o português, de autoria de Thomas L. Friedman, conhecido colunista do jornal *The New York Times*.

Como argumento central, o livro ocupa-se dos impactos e do poder das novas tecnologias, particularmente da informática e das comunicações, que permitem a transmissão instantânea de imagens, textos e instruções por tevê, computador e telefone celular para todas as partes do mundo.

São descritos o *software*, a terceirização e a internacionalização dos negócios, que condicionariam a reestruturação das empresas atuantes em escala global. Assim, as novas tecnologias permitiriam às empresas eliminar de seus mercados e transações todas as dificuldades e ineficiências. Essa racionalização, combinada com a expansão contínua do comércio internacional, asseguraria o desenvolvimento para todos os países e empresas que entrem no circuito.

Indubitavelmente, as tecnologias de informação e comunicação permitem às corporações transnacionais e a seus executivos coordenar e sintonizar a atuação das empresas, com fornecedores e prestadores de serviços terceirizados construindo e dominando verdadeiros impérios em que atuam centenas de milhares de empregados. Ao aproveitar as diferenças de fuso horário, são capazes de multiplicar seus lucros em curto espaço de tempo. Mais que isso: transações financeiras instantâneas permitem a aquisição, incorporação ou fusão com outras empresas, por valores de dezenas de bilhões de dólares, induzindo e acelerando os processos de concentração e centralização do capital. O número dos bilionários aumenta constantemente, enquanto cresce o dos desempregados, dos sem-teto e sem-terra, dos marginalizados, dos que não têm esperança de encontrar um nicho para produzir, consumir e exercer sua cidadania.

Ao seguir a doutrina neoliberal, todos os países, ricos e pobres, procuram um suposto equilíbrio fiscal (com máximo de 3% de déficit), cortando fundo nos gastos sociais, de previdência, saúde e educação. A resistência popular a essas políticas que atingem a maioria da população tem levado ao poder partidos e grupos neopopulistas cuja atuação social, ao mesmo tempo que garante os interesses dos bancos e das grandes empresas, se resume em um assistencialismo sem futuro.

Como consequência dessa tensão permanente, cresce também o número de delinquentes comuns, o tráfico de drogas e de armas, a prostituição e a lavagem de dinheiro, em escala nacional e internacional. Acrescenta-se ao quadro a emergência nos últimos anos, na virada do século, de seitas fundamentalistas religiosas que recorrem à violência e a atentados de todos os tipos para combater os "infiéis".

Em muitos países, o regime de democracia formal está em crise, com governos corruptos e a mídia cooptada.

Entretanto, sob o pretexto de exportar e impor a democracia, o governo Bush lançou os Estados Unidos e vários outros países em guerras sangrentas, sem fim previsível, no Afeganistão e no Iraque, causando centenas de milhares de vítimas nas populações civis.

Por outro lado, ameaças à paz emanam do desenvolvimento da energia nuclear para fins bélicos, na Coreia do Norte e no Irã, que desafiam a Organização das Nações Unidas e seu Conselho de Segurança, ignorando repetidas injunções para cessar a sua produção de armas nucleares. Aos conflitos abertos no Oriente Médio, cabe acrescentar o genocídio no Sudão, a tensão constante entre a Somália e a Etiópia, o golpe militar na Tailândia, a instabilidade dos regimes na Indonésia e nas Filipinas, além da guerra sangrenta no Sri Lanka, para concluir que o mundo está longe de ser unido e plano, e que seus problemas requerem um tipo de análise diverso do oferecido por Friedman.

O presente volume está dividido em cinco partes temáticas, estreitamente relacionadas e interdependentes. A primeira procura analisar alguns aspectos do cenário internacional na virada do século e do milênio. Alerta para os desafios da (des)ordem mundial e aponta direções para uma nova visão e prática da democracia, único sistema político vislumbrado como viável e desejável para o futuro. Além de abordar problemas geopolíticos, como a derrocada do império soviético e a emergência dos Estados Unidos à condição de única superpotência, chama a atenção para a entrada em cena dos países emergentes – China, Índia, Rússia e Brasil – e para o deslocamento do centro da gravidade geoeconômica do Atlântico para o Pacífico. Apesar dos esforços e tímidos avanços de integração regional – União Europeia, Mercosul, Pacto Andino e outros –, enfatiza-se o fato de continuarmos a viver em um mundo dividido pelo ressurgimento de um nacionalismo extremo, muitas vezes combinado com fanatismo religioso e fundamentalista, que se recusa a reconhecer e a dialogar com o "outro".

Mesmo com todos os planos e projetos de diminuir a pobreza e eliminar a fome e as doenças endêmicas e epidêmicas, uma grande parte da população mundial continua a viver abaixo do nível de pobreza, enquanto aumenta a concentração de riquezas, poder e informação nas mãos de poucos.

A segunda parte debruça-se sobre alguns dos problemas sociais que assolam os pobres, marginalizados e excluídos nos países emergentes, antes eufemisticamente caracterizados como países "em desenvolvimento", sem ignorar os problemas também graves que atingem os países ricos e desenvolvidos, principalmente por causa do desemprego e da imigração de milhões de pessoas provindas dos países "periféricos" da África, Ásia e América Latina.

Aponta-se também para a singela figura do Terceiro Setor, com suas políticas de assistencialismo endossadas por governos populistas, na impossibilidade de contar com todos como produtores e consumidores – enfim, como cidadãos.

A terceira parte versa sobre questões da política de produção e tecnologia. Desde a sua volta de um ano de estudos no Instituto de Tecnologia de Massachusetts (Massachusetts Institute of Technology – MIT), nos Estados Unidos, o autor dedicou-se a estudos e pesquisas nessa área de conhecimento, particularmente no que concerne à pesquisa e desenvolvimento (P&D), considerados por muitos a tábua de salvação e condição *sine qua non* do desenvolvimento. Embora defenda a necessidade de pesquisa científica e desenvolvimento tecnológico, que ajudaram a vencer a ignorância e a superstição, argumenta-se aqui pelo seu redirecionamento para as necessidades sociais, priorizando as áreas de educação, saúde, habitação, saneamento e segurança pública, as chamadas tecnologias comunitárias e sociais. Não se pode ignorar que a maior parte das verbas orçamentárias alocadas à P&D está sendo utilizada em projetos de interesse militar de utilidade social questionável. Apontam-se como exemplos a exploração do espaço sideral e o desenvolvimento de armas químicas, biológicas e nucleares – um imenso desperdício de recursos escassos, além de uma ameaça constante à paz e à qualidade de vida da humanidade.

É lamentável que pesquisadores, cientistas e tecnólogos, apesar dos belos discursos proferidos nas conferências de Pugwash e em outras, se identifiquem e se engajem nesses projetos de interesse do grande capital e dos militares, sob o manto de uma suposta neutralidade social e política de ciência e tecnologia. A neutralidade no caso é pura mistificação. Ao se afirmar que esses projetos servem a toda a humanidade, abstrai-se a natureza eminentemente política de C+T, atreladas a interesses antagônicos em nossa sociedade. Como exemplos dessa visão, são discutidas a energia nuclear, a "revolução verde", a indústria espacial e a nanotecnologia.

Na quarta parte são discutidos problemas do meio ambiente relacionados com as aspirações por um desenvolvimento mais harmônico, justo e pacífico, cuja adequação e solução exigem os esforços, a imaginação e a criatividade de todos os dirigentes das nações, sobretudo aqueles que governam nos países que mais poluem pelo uso de combustíveis fósseis, desmatamentos e queimadas de florestas, empregam agrotóxicos e produzem energia nuclear – verdadeira bomba-relógio para as gerações futuras –, enquanto as gerações atuais sofrem cada dia mais as consequências do aquecimento global.

Na quinta e última parte apresentam-se ensaios e textos sobre o Oriente Médio, hoje uma das regiões mais explosivas e conflituosas do globo. Além de enfocar o conflito de Israel com os palestinos, que se arrasta há décadas, e as invasões do Afeganistão e do Iraque pelas tropas dos Estados Unidos, Grã-Bretanha e outros países europeus, há de se considerar o discurso bélico do atual governo do Irã, controlado pelos aiatolás e extremistas xiitas. Dispondo de imensos recursos de combustível fóssil que lhe proporcionam receitas fabulosas, o governo do Irã desenvolve aceleradamente uma indústria nuclear, pretensamente para fins energéticos. Em vez de direcionar os recursos para o desenvolvimento da agricultura, educação e indústria, esse governo se lança numa via suicida para o país que já foi um dos centros culturais e políticos mais avançados do mundo desde a Antiguidade. Na discussão das visões de mundo e das aspirações contraditórias dos diversos atores políticos na região, somos levados à inevitável conclusão de que a única esperança, embora remota, é uma estratégia que leve à paz na região mediante o diálogo e a negociação, ao contrário de pressionar por intervenções militares. Comenta-se nessa parte, também, a transformadora turbulência do Oriente Médio nos quatro primeiros meses de 2011, período em que se encerrou a edição deste livro.

Com exceção dos textos referentes ao Oriente Médio, os demais foram elaborados nos últimos anos para servir de base a palestras e debates em seminários. Alguns deles tiveram acréscimos no propósito de atualizar seminários, assim incluindo fatos que ultrapassam a data inscrita sob o título. Refletem portanto as análises do autor em dado momento, eventualmente confirmadas ou alteradas por acontecimentos posteriores, o que não diminui o caráter e o valor dos prognósticos.

Sem pretender esgotar os assuntos tratados e sem estabelecer diretrizes ou caminhos para a solução dos graves problemas, uma nota otimista permeia esta coletânea de textos ao concluir sobre o futuro da humanidade: “um outro mundo é possível”!

» PRÓLOGO

A PARÁBOLA DA PONTE[1]

Janeiro de 2007

A globalização que varre o planeta produziu uma série de paradoxos e incertezas para a maioria das pessoas. Aumentaram a produção e o comércio mundial, as distâncias entre países e continentes foram encurtadas pelos voos a jato que alcançam a velocidade de 1 mil km por hora.

Os meios de comunicação por satélite e computadores permitem transações financeiras instantâneas, tirando enorme vantagem das diferenças de fuso horário. Seria de esperar que essas maravilhas tecnológicas, além da aproximação geográfica dos povos, coincidissem com a difusão de conhecimentos científicos e tecnológicos e, sobretudo, dos padrões de convívio social das sociedades mais abertas, esclarecidas, cooperativas e democráticas.

O panorama da situação real é bem diferente. A globalização acelera violentamente os processos de desestruturação das comunidades tradicionais. A industrialização, a expulsão de populações de suas terras e a rápida urbanização nos países outrora chamados Terceiro Mundo e hoje chamados emergentes desequilibram e alteram profundamente as relações de homens com homens e dos homens com a natureza.

A destruição dos laços de solidariedade tradicionais e da estabilidade de famílias e comunidades resulta nas migrações para as cidades, desprepara-

---

1 Este texto representa uma síntese do diálogo, permanente, do autor com seus milhares de alunos nos últimos quarenta anos. Foi um privilégio partilhar com eles ideias, análises e sonhos referentes ao presente e ao futuro da sociedade.

das política, administrativa e economicamente para absorver as massas de migrantes. Estas ficam encurraladas e segregadas em dezenas de milhares de favelas, sem perspectiva de romper o círculo vicioso da pobreza, ignorância e violência. À medida que indivíduos perdem suas raízes, suas casas, terras, parentes e amigos, cresce o que David Riesman chamou de *the lonely crowd*, "a massa solitária", que, como um rebanho de ovelhas, segue seu pastor armado com um cajado, seja ele falso profeta, líder carismático ou simplesmente demagogo populista, lembrando a obra *Massa e poder* de Elias Canetti. A cada dia fica mais difícil para o indivíduo responder a questões como "quem sou", "a que terra pertenço" e "qual é meu destino".

No passado, com relações sociais mais estáveis, no regime escravocrata ou feudal, os indivíduos nasciam, viviam e morriam em sua comunidade, sua classe e seu credo religioso, fossem escravos no regime colonial, servos no feudalismo ou operários no sistema capitalista.

As migrações para as grandes cidades destruíram os laços tradicionais de cooperação e solidariedade ("mecânica", segundo E. Durkheim). Esperanças de mobilidade geográfica e social levaram ao abandono do campo em busca de inserção na economia de mercado, cuja divisão social do trabalho levaria à solidariedade "orgânica", sempre segundo Durkheim. Mas as cidades, longe de ser lugares de liberdade, se tornam para muitos dos migrantes uma armadilha, por falta de acesso a empregos estáveis e a serviços de educação e saúde, sobretudo para adolescentes e jovens. Vivendo na miséria, segregados e sem esperança de mobilidade social, os jovens engrossam as fileiras da delinquência, do narcotráfico, da prostituição e da criminalidade. Concentrada em áreas de extrema pobreza, sem infraestrutura, educação escolar e serviços de saúde, a vida nas favelas lembra o livro de Jack London *The People of the Abyss* – "O povo do abismo" –, escrito no início do século passado.

A insegurança e o medo levam também a classe média e as elites a se isolarem e refugiarem atrás de muros e grades, a andarem em carros blindados e a se protegerem com inúmeros guardas particulares. Mas mesmo essas medidas não conseguem conter o aumento da violência urbana, particularmente nas metrópoles tornadas arenas de conflitos, que devoram seus próprios habitantes, lembrando as palavras de Thomas Hobbes – *homo homini lupus*. Confusos, perplexos e perdidos neste mundo de competição selvagem, é frequente os indivíduos se interrogarem sobre os rumos da sociedade e da sua vida.

Com a falta de perspectiva e a perda dos laços de pertinência, corroem-se os valores e as instituições tradicionais – como pátria, partido e igreja –, que parecem ignorantes ou descrentes da sua missão civilizatória.

As interrogações sobre o destino e o sentido da vida são próprias da espécie humana desde a Antiguidade. No passado, sacerdotes, filósofos e governantes tentaram responder a essas perguntas, e suas respostas refletem a rica diversidade cultural da humanidade.

A Idade da Razão e do Iluminismo, nos séculos XVIII e XIX, respectivamente, prometia a emancipação dos indivíduos e também o progresso das sociedades. Contudo, perdidos na massa "solitária", os indivíduos tropeçam, caem e sofrem da angústia existencial no mundo das incertezas. Os afortunados que conseguem emprego entram no ritmo infernal de trabalho e das exigências cada vez mais duras dos chefes, superiores e executivos, na busca frenética de produtividade e competitividade.

Às vezes, os "afortunados" entre os deserdados e marginalizados são objeto de um assistencialismo populista que distribui esmolas como política de "compensação". Que futuro espera essas populações desenraizadas, desempregadas, desabrigadas e alienadas, nominalmente livres em sociedades de democracia formal? Na realidade crua e nua, elas são presas numa malha de relações sociais em que uma minoria poderosa desemprega, oprime e explora os de baixo. As elites econômico-financeiras e políticas usurpam e arrogam-se os direitos de falar e decidir em nome de todos.

Até a Organização Mundial do Comércio e outras instituições financeiras internacionais, outrora paladinas da liberalização, da abertura dos mercados em benefício da globalização e de suas "maravilhas" tecnológicas, admitem hoje que esse cenário pode não ser tão vantajoso para a criação de empregos e, assim, não proporcionar uma qualidade de vida decente para todos, sobretudo nos países pobres e mesmo nos emergentes, em que a maioria da população sobrevive vegetando precariamente no setor informal.

As terras, as águas e outras riquezas, adquiridas muitas vezes ilicitamente, continuam a ser apropriadas e desigualmente distribuídas pelas elites, que ostentam e vivem na opulência, com consumo de luxo e, às vezes, na depravação. Confusos, perplexos e amedrontados pela falta de emprego, pela concentração contínua das indústrias, das terras e das finanças e pela destruição impiedosa do meio ambiente, até os membros da classe média se interrogam sobre o seu destino e o destino do mundo. Qual seria a saída do caos, da pobreza e da violência reinantes em nossa sociedade?

Alguns tentam encontrar uma resposta individual, na carreira e na ascensão social. Outros procuram retirar-se do resto do mundo, como os monges tibetanos e os eremitas seculares, praticando a meditação. Outros, ainda, ingressam nas fileiras da oligarquia reinante ou no submundo do crime de "colarinho branco" pela corrupção, pela sonegação de impostos e tributos e até pelo tráfico e consumo de drogas.

Assim, a busca individual de respostas para os dilemas existenciais é um beco sem saída. Contrariamente à ideologia proclamada e enaltecida pelo regime capitalista, a espécie humana, desde que apareceu no planeta, é gregária, cooperativa e solidária. Para sobreviver, precisamos uns dos outros, produzindo os meios de subsistência, organizando a defesa contra desastres naturais e sociais, desenvolvendo uma cultura de cooperação e de paz.

Outrora, os místicos cabalistas, quando pressionados pelos discípulos para explicar o significado da vida e o destino do mundo, costumavam responder com uma parábola: "O mundo todo é uma ponte, uma ponte muito estreita". De onde ela vem? Não o sabemos. Para onde ela nos leva? Tampouco sabemos. Mas viver e cumprir a missão existencial significa atravessar a ponte.

Por ser estreita, muitos não conseguem subir na ponte e outros caem no abismo ao empreender a longa caminhada, frequentemente vítimas de conflitos e guerras.

Altas taxas de mortalidade infantil, endemias, epidemias e doenças causadas por subnutrição ou pela ingestão de substâncias tóxicas ceifam a vida de milhões a cada ano. O desamparo e a dispersão devidos à migração de famílias são agravados por desemprego ou subemprego e reduzem dramaticamente a expectativa de vida de centenas de milhões de pessoas no mundo.

Na procura coletiva de um sentido para a nossa vida devemos, primeiro, definir que tipo de sociedade queremos. Só quando tivermos visão e clareza dos rumos e do significado da vida poderemos participar da construção de pontes para todos os seres humanos, independentemente de idade, credo religioso, gênero, classe social, raça ou cor. Assim criaremos um mundo de bem-estar, harmônico, justo e solidário para todos.

:: PARTE 1 ::

CENÁRIO INTERNACIONAL

» EM DIREÇÃO A UMA NOVA ORDEM MUNDIAL

Janeiro de 2002

O CENÁRIO INTERNACIONAL

No início do ano 2001, o mundo entrou numa fase de profunda recessão econômica, provavelmente a pior desde a grande crise de 1929.

Ambas as crises parecem confirmar os ciclos ou ondas de longa duração (Schumpeter, Kondratief), por sua dinâmica cíclica e seus impactos em todas as esferas da vida social, política e cultural.

A crise de 1929 proporcionou as condições para a ascensão do regime mais cruel conhecido na História – o nazismo alemão, que levou o mundo à hecatombe da Segunda Guerra Mundial.

Dos escombros do conflito, emergiu a divisão do mundo entre o capitalismo liderado pelos Estados Unidos e o "socialismo" comandado pela ex-União Soviética. A competição das duas superpotências pela hegemonia global levou ao desmoronamento do império soviético, minado também internamente pelas contradições geradas pela ditadura stalinista.

Tal como a Liga das Nações, criada em 1919, com sede em Genebra, se mostrou incapaz de evitar as operações bélicas da Alemanha e da Itália nos anos 1930, assim também a Organização das Nações Unidas, criada em 1945, fracassou nas tarefas de impedir a Guerra Fria e a corrida armamentista que levou o mundo à beira de um holocausto nuclear.

A superação do precário equilíbrio de terror entre as duas superpotências, pelo desmoronamento da ex-URSS, em 1991, pareceu inaugurar um período de expansão econômica e prosperidade entendido por alguns como "o fim da História" e da luta de classes. Paradoxalmente, mesmo eliminado o perigo de uma conflagração total, não foi possível controlar ou deter os inúmeros conflitos armados em âmbito regional e de natureza étnica, religiosa ou nacionalista. Incidentalmente, foram os próprios países industrializados que supriram as armas e continuaram a fornecer equipamentos bélicos dos mais sofisticados às tropas rebeldes, irredentistas, e também às governamentais, nas diversas partes do mundo constantemente convulsionadas (a título de exemplo, apenas, mencione-se o fluxo ininterrupto de armamentos pesados ao Iraque, alimentado pelas potências ocidentais para deter a expansão dos xiitas iranianos).

Por outro lado, as Nações Unidas declararam solenemente sucessivas "décadas de desenvolvimento", nas quais os países ricos transfeririam até 0,7% de seu produto interno bruto (PIB) como ajuda ao desenvolvimento dos países pobres.

Mesmo incluindo o fornecimento de armas e o treinamento de forças militares e paramilitares para conter a ameaça de expansão do comunismo, poucos países conseguiram cumprir a meta de 0,7%.

A nova ordem mundial sob a batuta dos Estados Unidos coincidiu e foi sustentada pela globalização da economia e pelos arranjos institucionais e políticos impostos pelos organismos multilaterais.

Outro paradoxo da história da humanidade: a expansão da riqueza material e a consequente polarização de minorias com acesso à riqueza, poder e informação e maiorias destituídas, miseráveis e excluídas, nos países e entre eles, foram acompanhadas por um desenvolvimento científico e tecnológico sem precedentes, que veio turbinar a dinâmica de acumulação e reprodução do capital.

A inovação nos transportes e nas comunicações revolucionou as relações dos homens com o tempo e o espaço. O mundo encolheu, mas as contradições e os conflitos não pararam de agravar-se. O conforto material proporcionado para poucos estremeceu a estabilidade das relações humanas e impulsionou as tendências à alienação e anomia no convívio social. As conquistas da exploração espacial, da microeletrônica e da biotecnologia não impediram o alastramento da fome, das doenças, da intolerância e dos conflitos armados. A aparente dominação da natureza e a conquista do espaço coincidiram com o aumento dos riscos e das ameaças à sobrevivência da espécie humana e do planeta.

ANTECEDENTES HISTÓRICOS

A expansão do sistema capitalista a partir do Renascimento e os descobrimentos ultramarinos modificaram profundamente o mapa-múndi, alterando fronteiras geográficas e políticas. No fim da Guerra dos Trinta Anos (1618-1648), existiram no continente europeu centenas de unidades políticas mais ou menos independentes. No início do século XIX, em consequência das guerras napoleônicas e do Congresso de Viena, esse número foi reduzido a poucas dezenas de países, particularmente após a unificação da Itália e da Alemanha.

Essa tendência centrípeta e concentradora de territórios sob a tutela de governos colonizadores e imperiais teve uma inversão violenta com a descolonização no período seguinte ao fim da Segunda Guerra Mundial. Na criação da Organização das Nações Unidas, 47 representantes de países assinaram a Carta que vedava o acesso aos "derrotados". A descolonização na África, na Ásia e no Caribe resultou na emergência de dezenas de estados nacionais refratários ao agrupamento em federações.

A fragmentação do império britânico deu origem à Índia e ao Paquistão, tendo a parte oriental deste posteriormente resultado na criação de Bangladesh. Esse movimento centrífugo ganhou novo impulso com a implosão da ex-União Soviética, transformada em dezesseis estados – compôs-se assim a Comunidade de Estados Independentes. Processo semelhante ocorreu na ex-Federação Iugoslava, que se fragmentou em seis países, enquanto persistem pressões para criar outros estados no Kosovo e em Montenegro. Identicamente, a Rússia enfrenta conflitos e resistência no Cáucaso e na Ásia Central, onde se alastra o fundamentalismo islâmico. Acrescentando os minúsculos estados no Pacífico, chega-se a quase duzentos Estados membros das Nações Unidas, nessa fase de acentuada globalização econômica e financeira.

A busca de uma nova ordem mundial no século XX surgiu como resposta ao nacionalismo exacerbado que tinha estado na origem de duas guerras mundiais, causando verdadeiras hecatombes e deixando dezenas de milhões de refugiados e desabrigados física e mentalmente mutilados em consequência de anos de operações bélicas. Diante da ineficácia das antigas alianças para manter a precária balança de poder, idealizou-se um órgão capaz de assumir a tarefa de manter a paz e de garantir a segurança de todos os países membros da comunidade internacional. Assim nasceu em 1919 a Liga das Nações, com sede em Genebra, e dois anos depois foi estabelecida a Corte Internacional da Justiça, em Haia, Holanda.

Contudo, a Liga das Nações, baseada no princípio de cada país ter um voto e poder de veto, mostrou-se incapaz de chegar a um consenso em decisões importantes referentes à guerra e à paz. Apesar de a iniciativa para a sua criação ter partido do presidente americano Woodrow Wilson, os Estados Unidos ficaram por fora da Liga das Nações, que permaneceu excessivamente eurocêntrica. É impressionante a sequência de fracassos da Liga em preservar o *status quo* diante da agressividade dos regimes autoritários.

Com a consolidação do fascismo na Itália, a ascensão do nazismo na Alemanha e o fortalecimento da ala militarista no Japão, a Liga mostrou-se incapaz de mobilizar e motivar os governos de outros países para estabelecer um consenso sobre como deter a onda de agressão e de guerras a países mais fracos. A título de exemplo apenas, convém lembrar a conquista militar da Manchúria e de outras partes da China pelo Japão, a guerra travada pelos exércitos de Mussolini nas terras inóspitas da Abissínia e as sucessivas ocupações militares nazistas da Renânia, do Saara, da Áustria e de parte da Checoslováquia, até a invasão da Polônia e a eclosão da Segunda Guerra Mundial, em 1939. A política de "apaziguamento" adotada pelas potências ocidentais, cedendo territórios em troca de promessas dos alemães, enterrou definitivamente a Liga das Nações, como símbolo e concretização de uma comunidade internacional capaz de manter a balança do poder entre as potências e impedir a irrupção de conflitos generalizados.

A demanda por um órgão de segurança coletiva ressuscitou após a Segunda Guerra Mundial, com base na cooperação, é verdade, de curta duração, entre as potências ocidentais e a ex-URSS. Todavia, a subsequente Guerra Fria entre as duas superpotências que emergiram daquele conflito (os Estados Unidos e a então URSS) colocou em xeque a missão pacificadora das Nações Unidas, já no nascedouro. A criação do Conselho de Segurança, com o direito a veto dos cinco países "vencedores" da Segunda Guerra Mundial, prenunciou a impotência da organização nas crises futuras.

O precário equilíbrio de terror estabelecido entre as duas superpotências armadas com milhares de ogivas nucleares entrou em crise em momentos de maior tensão, ante a ameaça de um conflito aberto, como, por exemplo, a guerra dos foguetes em Cuba, em 1961.

Mas, afastado o perigo de uma conflagração total, não foi possível controlar ou deter os inúmeros conflitos armados em âmbito local ou regional, de natureza étnica, religiosa ou nacionalista. Incidentalmente, foram os próprios países desenvolvidos que forneceram armas e continuaram a abastecer, com equipamentos bélicos dos mais sofisticados, as tropas rebeldes, irredentistas, e também as governamentais, nas diversas partes do mundo constantemente convulsionadas.

É sobejamente conhecido o fluxo ininterrupto de armamentos pesados ao Iraque, alimentado pelas potências ocidentais para deter a expansão dos xiitas iranianos. Após dez anos de guerra Irã-Iraque, na qual foram torrados 100 bilhões de dólares das receitas de petróleo, o Iraque ainda tinha armas e ânimo para lançar-se na "guerra do Golfo", ocupando o Kuwait. Se, naquela ocasião, os Estados Unidos conseguiram o apoio das Nações Unidas e o engajamento de vários países nas ações militares, o mesmo consenso não foi mais obtido nas sucessivas investidas bélicas do Iraque e, mais recentemente, na intervenção militar contra a Sérvia, conduzida pela Organização do Tratado do Atlântico Norte. Enquanto centenas de milhares de habitantes de Kosovo procuraram refugiar-se nos países vizinhos, as tropas da Sérvia mantiveram a sua agressão, em desafio às resoluções dos conselhos da União Europeia e das Nações Unidas.

Os resultados dessa política, certamente decepcionantes para as populações dos países subdesenvolvidos, permitiram a expansão das economias europeia e norte-americana por longos períodos, na segunda metade do século XX. Seu crescimento econômico praticamente ininterrupto, acompanhado por um sistema de distribuição de renda mais equitativo, conquistado pela ação dos sindicatos e dos partidos políticos da esquerda, lançou as bases para a democracia política e o Estado de bem-estar social (*Welfare State*) no mundo ocidental.

A reversão dessas tendências, com o advento dos governos Reagan, nos Estados Unidos, e Thatcher, na Grã-Bretanha, levou à imposição de uma política econômica ditada pelos interesses do grande capital. A exigência de equilíbrio fiscal e do controle da inflação, como supostos pilares de uma economia sadia, teve como consequência o enfraquecimento financeiro do Estado e seu afastamento paulatino das políticas sociais. A deterioração da qualidade de vida em todos os setores da sociedade – o aumento constante de desempregados, desabrigados e privados do mínimo necessário para a sobrevivência – fortaleceu e alimentou o movimento emergente das organizações não governamentais (ONGs), não mais restritas ao meio ambiente, mas também invadindo as áreas social e política.

O NOVO QUADRO GEOPOLÍTICO

Decorridos quatro meses do ataque fatídico aos símbolos do poder econômico e militar dos Estados Unidos, impõe-se uma avaliação dos resultados da reação desencadeada e seus possíveis e prováveis desdobramentos. A construção de cenários nos leva à identificação dos principais atores, de sua visão de mundo e das estratégias postas em ação, de cujos resultados dependerá o futuro da humanidade, ou seja, a construção de uma sociedade universal pluralista e democrática.

Os analistas políticos falam de uma "nova etapa" na evolução do conflito, mas é importante esclarecer o significado do "novo", desde que grande parte do que seria novo é simplesmente a continuação de tendências presentes antes de 11 de setembro de 2001 e, também, de 7 de outubro de 2001.[2]

[2] Data em que os Estados Unidos e as forças aliadas iniciaram ofensivas militares ao Afeganistão.

A dimensão histórica afigura-se um elemento fundamental na análise do trabalho de sociólogos e politólogos, porque somos atados e limitados em nossas ações, até certo ponto, pelas condições herdadas, as estruturas criadas e transmitidas pelas gerações que nos antecederam. Assim, para compreender e, eventualmente, superar limitações impostas pelo passado, devemos retroceder às raízes e aos fatores determinantes da política dos Estados Unidos, indubitavelmente a primeira potência econômica e militar no contexto geopolítico atual.

Os objetivos estratégicos e globais dos Estados Unidos nessa nova fase de política internacional são:

- Reafirmar e consolidar seu poder imperial.
- Recuperar a dinâmica de crescimento de sua economia.
- Reforçar e radicalizar as pressões visando a globalização, particularmente no hemisfério ocidental, pela entrada em vigor da Alca.
- Vencer as resistências, criminalizando as oposições sob o rótulo de "terroristas".

A primeira fase da reação americana, que corresponde ao período de outubro de 2001 a janeiro de 2002, terminou com o aparente sucesso da guerra no Afeganistão, fazendo-se abstração do número de vítimas civis "colaterais", das casas e das aldeias, e da maior parte da infraestrutura de energia, comunicação e transportes destruída em um país arrasado por mais de vinte anos de conflitos e guerras.

Embora tenham conseguido debelar os focos de resistência do Taliban, as tropas da Aliança do Norte, apoiadas maciçamente pelos mais sofisticados aviões de combate americanos, não conseguiram capturar os alvos principais – Osama Bin Laden e o mulá Omar, que parecem ter escapado do cerco e cujo paradeiro ou refúgio continua um mistério.

Debelar a Al Qaeda e instalar o governo provisório não significa o fim da ofensiva militar, montada em grande escala e para longa duração.

Os falcões que dirigem o esforço de guerra dos Estados Unidos – o secretário da Defesa Donald Rumsfeld e seu adjunto Paul Wolfovitz, além dos próprios militares – estão revelando seus planos estratégicos de ampliação do raio das ações bélicas para outros países que dariam abrigo aos "terroristas" e citam nominalmente a Somália, o Iêmen, a Indonésia e as Filipinas.

EM DIREÇÃO À NOVA ORDEM

Mas a administração Bush, inicialmente voltada para o isolacionismo e o fechamento sobre si mesma, cujo projeto-símbolo era o escudo interbalístico que protegeria os Estados Unidos dos foguetes intercontinentais (a famigerada "guerra nas estrelas" de Ronald Reagan), passou a preconizar e a executar uma política imperial baseada em uma nova doutrina política. Esta preconiza, como objetivos prioritários, ataques preventivos para eliminar os focos de "terrorismo", invadindo e ameaçando países que supostamente lhes deem cobertura e possuam armas químicas e biológicas. Nos discursos da cúpula dirigente americana são qualificados como o "eixo do mal", a ser extirpado na "guerra pela liberdade infinita". Ao mesmo tempo que aumentam brutalmente as encomendas às indústrias bélicas, os Estados Unidos se recusam a assinar o Protocolo de Quioto e o tratado que estabelece a Corte Penal Internacional, com competência de julgar crimes de guerra. Anteriormente, já tinham rejeitado o tratado sobre o banimento de minas terrestres, no que foram seguidos pela Rússia e pela China.

Outro ato característico da nova política externa da administração Bush foi o aumento em 75% dos subsídios domésticos, consubstanciado na Lei Agrícola. Isso atingiu em cheio as exportações agrícolas dos países emergentes, entre os quais o Brasil.

Os atentados de 11 de setembro do ano passado funcionaram como elemento galvanizador das forças mais conservadoras, que passaram a ocupar posições-chave no governo americano, com profundos reflexos na política interna e externa. Internamente, há um nítido retrocesso nos direitos civis, pelos poderes praticamente ilimitados concedidos aos órgãos de segurança, o que afeta os milhões de imigrantes com permanência legal e, sobretudo, os ilegais.

Na política externa, parece que voltamos um século atrás, para o *big stick* do presidente Theodore Roosevelt. A superioridade militar absoluta, reforçada pela econômico-industrial e financeira, permite aos Estados Unidos travarem duas guerras simultaneamente em locais distantes, arregimentando em seu apoio tropas dos países aliados da Otan. Ademais, dispõem de forças-tarefas "especiais" que possibilitam uma intervenção militar quase imediata em qualquer parte do planeta.

A ascensão do nacionalismo extremado na Europa, no século passado, originou duas guerras mundiais com mais de 100 milhões de mortes de combatentes e com efeitos desastrosos na vida das populações civis.

Como conter e enfrentar a nova ordem destrutiva que se alastra pelo mundo? Na década de 1970, após a carnificina da população vietnamita e a devastação do seu território pelos bombardeios com napalm e agentes químicos tóxicos, as tropas norte-americanas foram obrigadas a retirar-se do Vietnã, desmoralizadas pela resistência dos soldados descalços vietnamitas e enfraquecidas pelas reações contrárias à guerra da própria sociedade americana.

Na nova configuração das forças políticas nacionais e internacionais, cabe a todos os membros da sociedade civil, unidos em organizações de bairros, comunitárias, profissionais, sindicais, religiosas e políticas, a mobilização e motivação em defesa dos direitos humanos e da justiça social. Assim se constrói o poder capaz de se opor à influência do "complexo industrial-militar" que ameaça o futuro da humanidade.

Propomos a hipótese de que o exercício de poder em sociedades complexas não pode ser reduzido a meras manipulações técnicas e administrativas, ignorando as aspirações dos atores sociais – os cidadãos. Por isso, um dos problemas centrais das sociedades contemporâneas reside na criação de um sistema de governabilidade democrática em que prevaleçam relações de confiança recíproca entre os cidadãos e o poder público, em todas as esferas, desde as interpessoais até as institucionais.

Trata-se do nascimento de um novo padrão de integração política – a democracia participativa. Iniciada em nível local, se estenderá progressivamente pela sociedade mediante "redes" que convergem para a constituição de um novo sistema complexo e dinâmico, baseado na autogestão, na autonomia cultural e política e na interdependência próprias de uma sociedade democrática, nacional e internacionalmente.

As tarefas ultrapassam o âmbito estreito de programas de caridade e de assistencialismo filantrópico como os desenvolvidos por muitas ONGs e pelos próprios governos.

As políticas em nível macro executadas pelas diversas instâncias do poder público não devem ser concebidas como competitivas ou substitutivas dos programas e projetos realizados pelas ONGs e outras entidades da sociedade civil. Ambas são necessárias e complementares, à condição de que não haja cooptação e aproveitamento dos programas desenvolvidos entre a população para fins político-partidários.

Em retrospectiva das últimas duas décadas, percebemos o avanço paulatino da sociedade civil nas confrontações sobre as esferas de decisão, inclusive a alocação de recursos orçamentários. Assim, é possível prever um longo período de *poder dual* em que as autoridades e instituições tradicionais procurem manter o *status quo* na defesa dos interesses das classes proprietárias e da própria tecnocracia a elas aliada. Por outro lado, as múltiplas organizações da sociedade civil adquirem saber e experiência no manejo e na defesa das causas públicas, conquistando maior autonomia e confiança na capacidade de gerir seu destino, no processo de transformação social e política.

Diante da complexidade dos desafios e da multiplicidade dos fatores intervenientes, seria temerário propor uma solução única e milagrosa. O processo de construção de uma sociedade democrática e universal, apesar dos avanços indubitáveis já realizados, será longo e árduo. Como definir nossas tarefas nesse processo histórico?

Saber e fazer constituem duas dimensões complementares e interdependentes que devem permear todas as nossas atividades. A ênfase no conhecimento e na ação coletiva deve imprimir os rumos dos programas de inclusão social, sempre ancorados na compaixão, na ética de responsabilidade e de compromisso com o bem-estar coletivo e a justiça social.

Não basta pesquisar e construir teorias para induzir ações transformadoras. Os eventuais resultados serão combinados com um aprendizado social que incorpore elementos de ação coletiva, experimentação social e políticas públicas inovadoras. Os projetos devem abranger todos os grupos sociais para melhor compreender a sua elaboração e a construção de conhecimentos e valores nas práticas sociais. Igualmente importante será a avaliação das respostas do poder público às pressões crescentes em favor da participação democrática diante da demanda universal pelos direitos da cidadania.

» RUMO A JOHANNESBURGO

Agosto de 2002

Após inúmeras reuniões realizadas ao longo dos últimos anos sobre meio ambiente e desenvolvimento, o que se pode esperar da Cúpula de Johannesburgo? As discussões travadas sobre a tensão permanente entre crescimento econômico e preservação do meio ambiente têm evoluído na direção de uma possível conciliação, com soluções favoráveis para os dois lados (o "win-win" tão caro aos norte-americanos).

Coube ao *Relatório Brundtland* de 1987, intitulado "Nosso Futuro Comum", o mérito de ter apontado o vínculo indissolúvel do crescimento econômico com a preservação do meio ambiente, posteriormente reforçado na Rio 92.

Apesar das críticas formuladas pelos autores do *Relatório*, presentes também nas resoluções e documentos da Rio 92, o tom geral era de otimismo e confiança nas políticas propostas – a Agenda 21 – para superar os desafios à construção de um mundo sustentável. Ignorava-se, na teoria e na prática, a dinâmica "perversa" da acumulação e reprodução de capital em escala global. Em vez de "demonizar" os países ricos como responsáveis pelas calamidades que afligem as populações pobres, um diagnóstico mais correto levaria a identificar os processos subjacentes à deterioração ambiental e social nos países ricos e nos pobres, ou seja, à própria dinâmica de acumulação de capital e seus impactos devastadores na espoliação e alienação dos trabalhadores e dos recursos naturais.

Esse raciocínio aplica-se tanto ao capital dos países ricos, basicamente os membros da Organização para a Cooperação e o Desenvolvimento Econômico (OCDE), quanto aos donos de empresas e conglomerados estabelecidos nos países emergentes e nos do Terceiro Mundo. São estes, seus executivos e os tecnocratas a eles associados, que falam em nome dos "pobres" nas conferências internacionais, com uma retórica que visa a obter apoio no cenário político interno por meio da desculpa de que são os "ricos" (de fora) que não querem ajudar.

Na realidade, os movimentos financeiros especulativos, lançando seus tentáculos em escala global, tendem a apagar paulatinamente a distinção entre capital nacional e estrangeiro. Estimulado poderosamente pelas políticas macroeconômicas ditadas pelo FMI, que favorecem a desnacionalização, as privatizações e a desregulação em amplos setores da economia, particularmente da infraestrutura, o capital assenhoreia-se não somente dos ativos produtivos, mas da hegemonia política que conquista também, valendo-se dos recursos financeiros quase ilimitados sob o seu controle. Ao combinar essa estratégia com a abertura dos mercados ao ingresso de investimentos estrangeiros, o amálgama de interesses torna-se tão forte, que torna a luta política cada vez mais difícil.

Nesse contexto, não há consenso possível quanto aos objetivos prioritários dos "desenvolvimentistas" em relação aos dos "ambientalistas", sobretudo quando as discussões se concentram nos problemas da pobreza e da falta de acesso aos benefícios do crescimento econômico. O *Relatório Brundtland*, a Rio 92 e as reuniões posteriores têm repetido incansavelmente a reivindicação de "equidade intergerações", ou seja, a nossa obrigação moral para com as gerações futuras de deixar a água, o ar e os recursos do solo tão puros e limpos quanto os encontramos. Falta a percepção do globo terrestre e da sociedade humana como dois subsistemas inextricavelmente ligados e, portanto, exigindo o tratamento dos problemas a partir de uma visão sistêmica que privilegie a variável política. Sob esse aspecto, é mister admitir que os objetivos das políticas econômicas e ambientais são distintos e as ações para concretizá-los tendem a divergir, em vez de convergir para soluções do tipo "win-win".

O governo brasileiro acaba de ratificar o Protocolo de Quioto. Mas, conforme noticiou a imprensa (*Folha de S.Paulo*, 25-7-2002), por sermos um "país subdesenvolvido", essa adesão teria apenas valor simbólico e não resultará, na fase inicial, em riscos de "perdas econômicas", embora continuem o consumo de combustíveis fósseis, as queimadas das florestas e a contaminação das águas, dos rios e das costas marítimas. Segundo as palavras do editorialista da *Folha*, teríamos "feito o possível para legar às gerações futuras um planeta habitável". E a geração atual?

No caso da equidade social "aqui e agora", as contradições são ainda maiores. Enquanto os homens de negócios e os defensores do meio ambiente elaboram consensos parciais sobre o uso sustentável dos recursos e a possível substituição do capital natural por artefatos e tecnologias produzidos, nada similar está na agenda para os objetivos sociais. Estes requerem, como um tratamento de choque, a redistribuição imediata de recursos e o acesso a oportunidades de emprego, educação, cultura e lazer, em escala nacional e internacional. Segurança alimentar, água potável, energia limpa e habitações, além de acesso a oportunidades de trabalho com remuneração decente, devem constar como metas prioritárias na agenda dos países que estarão presentes na cúpula de Johannesburgo.

Essas metas requerem não somente cooperação internacional, mas sobretudo planos arrojados e integrados em cada um dos países.

O discurso eufemístico oficial preconiza soluções para os problemas sociais após a retomada do crescimento econômico. Parece ignorar os efeitos deletérios para a força de trabalho e os impactos desastrosos no meio ambiente do modelo de crescimento que procura maximizar o retorno sobre o investimento, minimizando os riscos, no tempo mais curto. Não por acaso, nenhum dos países que proclamam a meta de desenvolvimento sustentável foi capaz de apresentar o balanço ambiental e, menos ainda, o balanço social de sua política de crescimento nas últimas décadas. Entretanto, somente uma população devidamente nutrida, abrigada, educada e com acesso a serviços de saúde, cultura e lazer vai cooperar na consecução das macrometas de reduzir o aquecimento global terrestre e proteger e conservar a biodiversidade.

Os problemas sociais e ambientais do desenvolvimento não podem ser resolvidos isoladamente uns dos outros. Conhecimentos científicos e tecnológicos não constituem fatores limitativos – o que falta é capacidade institucional, normas jurídicas e recursos financeiros que apoiem políticas alternativas promovidas por atores sociais comprometidos com uma postura ética e com valores humanistas. Contrariamente à postura do governo norte-americano, que se recusa a assinar o Protocolo de Quioto sob a alegação de evitar prejuízos para a economia do país, será necessário taxar e punir pesadamente os poluidores, seus bens e serviços. Emblemática a respeito é a experiência da Suécia, que conseguiu uma redução de mais de 50% do enxofre no combustível, gravando pesadamente as empresas poluidoras. A resistência à cobrança de taxas é imoral, tendo em vista que o custo social e ambiental de certas "externalidades", quando devidamente calculado, é equivalente ao custo econômico da produção desses recursos energéticos.

Ultimamente, surgiram pressões sobre as empresas para que mostrem mais responsabilidade ambiental, ameaçando-as com a divulgação de suas práticas prejudiciais para a comunidade. Mas o resultado dessa pressão tem sido a exportação de fábricas poluentes para os países do Terceiro Mundo, onde a legislação ambiental é menos rigorosa e pode ser contornada. Quando eventualmente denunciadas, as empresas recorrem a pareceres de *experts* e a inúmeros recursos jurídicos, enquanto as vítimas sofrem os efeitos da contaminação do solo, da água e dos alimentos.

Outra prática comum de espoliação é representada pela exportação de produtos primários e semielaborados, madeira, alumínio, petróleo, muitas vezes subsidiados com recursos públicos.

A miséria econômica e a degradação ambiental endêmica afligem a maior parcela da população mundial. Nos países mais pobres, a cada ano milhões sofrem os efeitos da poluição urbana e da fumaça de fogareiros nos lares rurais. Milhões sofrem e morrem prematuramente de doenças relacionadas com a água insalubre. Calcula-se que aproximadamente um quinto de doenças e mortes prematuras nos países pobres decorre de fatores ambientais, incluindo a subnutrição; disso se pode inferir que a relação do meio ambiente com a pobreza constitui o elo central na busca de sustentabilidade. O crescimento econômico sem uma política ambiental rigorosa tenderá a agravar esses problemas pela acelerada urbanização, a industrialização e o maior consumo de energia, sem solucionar os problemas sociais.

O raciocínio que postula a prioridade do crescimento econômico como resposta aos desafios do desenvolvimento social e da proteção ao meio ambiente é falacioso. A cada dia aumentam as dúvidas sobre a necessidade e a conveniência de um modelo de crescimento que beneficie poucos e traga desgraças para muitos. Pensando nas centenas de milhões de deserdados da Índia, da Indonésia, do Brasil e de tantos outros países do Terceiro Mundo que mal sobrevivem, quantos recursos materiais e energéticos seriam necessários para provê-los com os padrões de consumo e conforto usufruídos pelos privilegiados que hoje representam apenas um quinto da população mundial? A alternativa seria uma mudança drástica de padrões de produção e consumo para outros padrões mais simples e adequados tanto às necessidades básicas da existência quanto às condições de disponibilidade presentes e futuras de recursos, no propósito de sustentar toda a população do mundo com um estilo de vida material e espiritual verdadeiramente humano.

A dinâmica do processo de desenvolvimento precisa ser invertida: o atendimento da demanda social deve impulsionar o crescimento econômico, com base em atividades produtivas que utilizem matérias-primas e tecnologias mais simples, geradoras de empregos e de renda. A inclusão da massa dos marginalizados nos processos de produção e consumo carreará mais impostos aos cofres do poder público, que os disponibilizará para o financiamento da infraestrutura e dos serviços sociais básicos.

O primeiro passo em direção à equidade intrageração (leia-se "justiça social") seria a distribuição de terras para centenas de milhares de famílias dispostas a engajar-se na agricultura familiar.

Contando com crédito, tecnologia, serviços, extensão rural e assessoria para a comercialização de seus produtos, os "assentados" contribuirão para elevar a produção agrícola e para a consequente redução da miséria. E também para a diminuição significativa da tensão social no campo e nas cidades.

Estimativas oficiais calculam um déficit de 6 milhões de moradias no Brasil, não obstante tenha o relatório do Programa das Nações Unidas para o Desenvolvimento (PNUD) afirmado que houve melhora no Índice de Desenvolvimento Humano do país. Mas o PNUD acrescenta também que "a desigualdade aumentou"!

Um programa nacional de construção de habitações acompanhado de um ordenamento mais racional do espaço urbano, além de benefícios imediatos para as populações retiradas das áreas de risco e de mananciais, contribuirá poderosamente para a política de inclusão social e para a redução dos níveis de agressividade e de violência que constituem uma ameaça permanente de desagregação da sociedade.

Construções habitacionais populares dotadas de água potável e de serviços de tratamento de esgoto, transportes públicos de massa e planejamento espacial de áreas verdes e de lazer transformarão rapidamente o cenário degradante das favelas e cortiços, característico das maiores aglomerações urbanas e metropolitanas nos países do Terceiro Mundo.

» A QUEM INTERESSA A ALCA?

Junho de 2003

As informações sobre a Área de Livre Comércio das Américas (Alca) estão ganhando espaço nos meios políticos, acadêmicos e na mídia, particularmente após a assinatura de um acordo bilateral pelos Estados Unidos e o Chile e a visita recente do secretário de Estado, Collin Powell, à Argentina. Nesse contexto, as dificuldades que ora atravessam os países do Mercosul e as manifestações contínuas de autoridades norte-americanas parecem anunciar uma nova ofensiva dos Estados Unidos para pressionar os 34 países a acelerar a criação da Alca.

Tendo em vista que a proposta segue o padrão tradicional de imposição "de cima para baixo", sem consultar os legítimos representantes da sociedade civil, e os impactos que as políticas e diretrizes, uma vez decididas, causarão na vida de centenas de milhões de habitantes do hemisfério, considera-se imprescindível aprofundar o debate sobre a conveniência e o interesse dessa proposta de integração e sua relevância para os destinos dos povos da região.

Assim, os temas dos debates deverão versar, necessariamente, sobre:

- as possíveis consequências da extensão da influência econômica e política dos Estados Unidos nos países do hemisfério ocidental;
- os impactos diretos e indiretos sobre os setores produtivos e de serviços;

- as potenciais vantagens e desvantagens de uma adesão, bem como os riscos em caso de resistência isolada do país;
- os atores sociais interessados e favoráveis ao livre comércio nas Américas e aqueles que não admitem a adesão como inexorável.

Os Estados Unidos pressionaram para que o processo de negociação das tarifas fosse concluído em 2003, mas na reunião de cúpula de Quebec foi mantida a data original de 2005. Entretanto, a questão não se esgota com os prazos ou as tarifas preferenciais para um ou para outro setor.

A Alca, tal como foi proposta pelos Estados Unidos, configura um acordo global abarcando, além do livre comércio de mercadorias, as transações de serviços, as operações financeiras, as compras governamentais, os investimentos e a lei de patentes. O acordo preconiza a extensão e o aprofundamento da desregulamentação a todos esses setores, com as consequências desastrosas facilmente previsíveis à luz das disparidades e assimetrias tecnológicas e financeiras existentes entre o Norte e o Sul.

É lícito, portanto, indagar: a quem interessa a Alca? Por que a opinião pública está sendo mantida à margem das negociações, contrariamente ao que acontece com os Estados Unidos, em que o Congresso tem a última palavra e o controle, concedendo ou não o *fast track* ao Poder Executivo?

Os que se alinham em defesa da Alca apontam as vantagens de acesso ao imenso mercado norte-americano e os ganhos decorrentes do comércio incrementado. O argumento é ilusório e superficial, por ignorar o fato de que metade do comércio exterior do Brasil já se realiza na zona da Alca. A ilusão do acesso facilitado ao mercado norte-americano faz caso omisso da legislação *antidumping*, dos subsídios ocultos e outras barreiras não tarifárias que configuram o sistema de proteção comercial dos Estados Unidos. Dificilmente esse país abrirá mão dos mecanismos amparados numa legislação complexa que confere vantagens e ganhos inéditos às suas empresas, pela interpretação parcial e enviesada da liberdade do comércio.

O Brasil, por outro lado, estará em franca desvantagem na Alca, porque sua economia não complementar e com níveis tecnológicos e de integração das cadeias produtivas se encontra inferiorizada em relação à economia dos Estados Unidos. A liberalização das tarifas levaria a uma crise de dimensões imprevisíveis para a indústria brasileira, que não conseguirá enfrentar a concorrência dos produtores norte-americanos.

Com isso, estará enfraquecida a capacidade brasileira de construir o próprio futuro conforme as preferências e aspirações de autonomia cultural, política e social do seu povo.

As desvantagens do Brasil e dos outros parceiros da Alca não ficarão restritas à área de livre comércio apenas. O acordo, tal como preconizado pelo governo norte-americano, concede vantagens inéditas às suas empresas pela liberalização das compras governamentais, dos serviços financeiros e seguros, dos investimentos estrangeiros e na aplicação da lei das patentes.

Novamente, a adesão à Alca não é parte de um destino inexorável. Uma resistência decidida do Brasil à política de expansão dos conglomerados norte-americanos, ao mesmo tempo que se estabelecem negociações econômicas com todos os países da América do Sul e da União Europeia, constituiria um passo importante em direção a uma sociedade mundial mais democrática e justa. Ao capital interessa a conquista de mercados cativos, abrigados e protegidos por uma tarifa externa comum que veda o acesso aos competidores externos. Mas, para deslocar suas fábricas da metrópole para as regiões ou países emergentes, exigem-se condições infraestruturais (energia, transporte, comunicações) fornecidas ou subsidiadas pelo Estado e uma mão de obra barata e relativamente qualificada. Somando essas vantagens às maiores escalas de produção, acesso mais direto às tecnologias de ponta, facilidades de acesso ao crédito barato e redes de comercialização e marketing, a superioridade das empresas norte-americanas se tornará avassaladora e causará a eliminação das médias e grandes empresas nacionais.

Portanto, pergunta-se: a quem interessa um acordo de comércio preferencial para produtos e serviços? Quem se beneficiará da imposição de normas draconianas para garantir os direitos de propriedade intelectual? E quem obterá vantagens com o estatuto privilegiando investimentos estrangeiros, dando acesso às compras governamentais e aos contratos de grandes obras civis? A inferioridade tecnológica, comercial e organizacional das empresas nacionais não poderá ser compensada, a curto ou a médio prazo, e o enfraquecimento da estrutura produtiva afetará inevitavelmente o projeto de soberania nacional.

A Alca, além de suas dimensões econômicas, é também um projeto político que vem coroando a afirmação dos Estados Unidos como potência hegemônica do século XXI, por meio da consolidação de sua esfera de influência sobre toda a América Latina. Esse processo começou no século XIX com a Doutrina Monroe, foi reforçado com a construção do canal do Panamá e a política do *big stick* de Theodore Roosevelt, antes da Primeira Guerra Mundial. A entrada e atuação vitoriosa dos Estados Unidos na Primeira Guerra e sua proposta de criação da Liga das Nações, da qual acabaram não participando devido à onda de isolacionismo do pós-guerra, prenunciaram a era da hegemonia norte-americana no século XX.

Novamente, a entrada na Segunda Guerra Mundial depois do ataque japonês em Pearl Harbor, em 1941, quando todo o potencial econômico e militar dos Estados Unidos se pôs a serviço dos aliados, resultou na derrota dos exércitos do "eixo" (Alemanha, Itália e Japão) e a confirmação da "*pax* americana".

Enquanto o desafio da ex-União Soviética durou até 1989, os Estados Unidos cuidaram do seu "quintal", derrubando o primeiro governo democrático da Guatemala, em 1954, mandando tropas para garantir a "ordem" na República Dominicana, no Panamá e em Granada. Com a CIA onipresente, apoiaram os golpes de estado e posteriores regimes militares ditatoriais no Brasil e no Chile.

A guerra da Coreia (1951-1953) e a guerra do Vietnã, a partir de 1967, foram travadas para confirmar a hegemonia e tranquilizar os países do Extremo Oriente – Japão, Indonésia, Filipinas e outros – quanto à decisão de resistir à expansão do comunismo, mais tarde demonizado, na era de Ronald Reagan, como o "império do mal". O desmoronamento do império soviético parecia inclinar definitivamente a balança do poder em favor dos Estados Unidos, cuja superioridade foi demonstrada na guerra do Golfo (1991), na intervenção nos Bálcãs e, mais recentemente, na guerra do Iraque.

Entretanto, como tantas vezes na história, o capital se torna seu próprio coveiro. A abertura da China para os investimentos norte-americanos atraídos pelo potencial imenso de mais de 1 bilhão de consumidores e o incrivelmente baixo custo de mão de obra impulsionaram o crescimento econômico da China e suas exportações invadiram todos os mercados, permitindo a acumulação de um significativo saldo superavitário em sua balança comercial.

A incorporação pacífica de Hong Kong com sua rede global de relações financeiras acelerou a trajetória da China para tornar-se a segunda potência mundial, capaz de contestar a supremacia norte-americana.

Com a criação da Alca, os Estados Unidos concretizarão a integração subordinada do hemisfério ocidental, consolidando essa imensa área de influência econômica e político-militar. Além de assegurar o livre fluxo das exportações para a região, com centenas de milhões de consumidores potenciais, o saldo superavitário assim conseguido ajudará a equilibrar os déficits dos Estados Unidos com as regiões da União Europeia, do Japão e da China.

Em resumo, o projeto da Alca atende aos interesses econômicos e estratégicos dos Estados Unidos na América do Sul, afetando particularmente o projeto do Brasil, com seu potencial econômico, sua população e suas dimensões territoriais.

Não basta uma resistência passiva que esmiuce questões de prazo e de cláusulas acessórias.

A união dos povos latino-americanos ao redor de um projeto de integração alternativo, baseado nos valores de cooperação, solidariedade e democracia em todos os países parceiros, exige a mobilização e conscientização das populações decididas a construir suas sociedades democráticas, regidas pelos direitos humanos e a justiça social e unidas para resistir às pressões da maior potência do mundo.

Como proclamava o Fórum Social Mundial realizado em Porto Alegre, em janeiro de 2001, "um outro mundo é possível"!

» A TRANSIÇÃO NA RÚSSIA

Abril de 2004

ANTECEDENTES HISTÓRICOS

Ao analisar as peculiaridades do desenvolvimento da Rússia, no livro *A história da Revolução Russa*, Trótski aponta que o traço essencial e mais constante na evolução desse país foi a lentidão com que se desenvolveu, apresentando uma economia atrasada, uma estrutura social e política primitiva e um baixo nível cultural de seus habitantes. A população da gigantesca planície, com seu clima rigoroso, exposta ao vento gelado do leste e às invasões asiáticas, estava destinada a uma prolongada estagnação. A agricultura, base de todo o desenvolvimento, progredia de maneira extensiva: no norte desmatavam-se as florestas e no sul depredavam-se as estepes virgens. Tomava-se posse da natureza em extensão e não em profundidade. Na época em que os bárbaros ocidentais se instalavam sobre as ruínas da civilização romana e utilizavam pedras antigas como material de construção, os eslavos do Oriente, em suas inóspitas planícies, nada encontraram para herdar: o nível de seus predecessores era ainda mais baixo que o seu.

Tanto pela sua história quanto pela vida social, a Rússia ocupava, entre a Europa e a Ásia, uma situação intermediária. O Oriente impôs o jugo tártaro que entrou como elemento importante na edificação do Estado russo. O Ocidente era o inimigo ainda mais temido, devido à pressão econômica e militar. Sob a pressão da Europa mais rica e poderosa, o Estado russo absorvia uma parcela proporcionalmente maior da riqueza pública, condenando as massas populares à miséria e enfraquecendo a burguesia nascente, o que o aproximou dos regimes despóticos da Ásia.

A insignificância das aglomerações urbanas russas contribuiu para a formação de um regime típico do despotismo asiático e afastou a possibilidade de uma reforma religiosa. A aliança do absolutismo da corte com a ortodoxia burocrática feudal impediu a formação de uma reforma religiosa adaptada às necessidades da sociedade capitalista emergente. As formas políticas sob as quais foram implantados a coletivização da agricultura e os planos da industrialização reforçaram as tendências à burocratização da sociedade russa, nos moldes do despotismo oriental, e se tornaram posteriormente um obstáculo central para a transformação da sociedade numa nação social e politicamente desenvolvida.

As tendências à entropia e degeneração do regime foram apontadas num documento assinado pelo físico A. D. Sakharov e por outros dois acadêmicos e endereçado ao triunvirato dirigente da União Soviética, em 1970 (*O Estado de S. Paulo*, 17-5-1970). Diziam seus autores:

> Na última década, surgiram sinais ameaçadores de colapso e estagnação na economia de nosso país (...). Há erros na determinação da política econômica e tecnológica na indústria e inadmissíveis dificuldades burocráticas na solução de problemas inadiáveis. Há defeitos nos sistemas de planejamento e de contabilidade nacionais que levam, muitas vezes, a contradições entre os interesses locais e os interesses públicos e estatais.

Dos escombros do regime soviético e da privatização e dilapidação selvagem das propriedades estatais emergiram dois grupos em condições de disputar a hegemonia política na sociedade russa: os oligarcas, que conseguiram arrancar fatias enormes dos ativos econômicos, e os remanescentes da antiga burocracia partidária e estatal, sobretudo aqueles ligados aos aparelhos de segurança e de defesa. Sob a dupla herança do despotismo oriental e do centralismo democrático do socialismo "real", em que "o Partido toma o lugar da classe operária, o Comitê Central desaloja a organização do Partido e, finalmente, o secretário-geral desaloja o Comitê Central", a ascensão de Putin – ex-homem da KGB – ao poder reproduz as relações políticas anteriores.

A SOCIEDADE EM "TRANSIÇÃO"

Desde o início da década de 1990, a Rússia e seus países vizinhos – antigos membros da ex–União Soviética – estão atravessando um processo de transformação de regimes autoritários, centralmente planificados, para sociedades abertas do mercado capitalista. A derrocada do socialismo real, que assinala o fim da Guerra Fria e da polarização do mundo com as duas superpotências nucleares, abriria amplas avenidas para a reconstrução dessas sociedades, nos moldes de regimes de democracia burguesa do Ocidente.

A ascensão e a hegemonia do grande capital tiveram como consequência o enfraquecimento do Estado e a disseminação de características da decadência do sistema – as chagas de corrupção, nepotismo, narcotráfico –, reforçando as tendências ao autoritarismo e as consequentes restrições às liberdades civis e políticas.

Nesse contexto, as chances de uma evolução gradual do regime totalitário stalinista para uma sociedade democrática e pluralista eram praticamente nulas. A demonstração dessa inviabilidade ficou patente ao se proceder à "distribuição", ou melhor, à apropriação selvagem dos espólios da economia soviética, caindo as maiores e eventualmente mais lucrativas empresas nas mãos de uma minoria de oligarcas, frequentemente emanados das fileiras da antiga burocracia estatal. Assim, a concentração dos meios de produção em grandes unidades, que levou no Ocidente mais de duzentos anos, ocorreu na Rússia em pouco mais de dez anos.

Essa acumulação "primitiva" realizou-se concomitantemente à desarticulação do sistema de produção, bem ou mal planejado, inclusive dos serviços de educação e de saúde, causando a perda total dos benefícios de um Estado de bem-estar, com resultados desastrosos no índice de desenvolvimento humano (IDH), particularmente no da expectativa de vida.

A fraqueza das novas organizações partidárias e o esfacelamento da chamada sociedade civil em consequência do desmoronamento do regime disseminaram um sentimento de apatia política da população e de descrença nas autoridades constituídas, manifestado pelos altos índices de abstenção nas eleições. O espaço político ficou à mercê das investidas dos oligarcas, que conseguiram acumular fortunas fabulosas em poucos anos e tentaram disputar o poder com os *sloviki*, os tecnocratas do aparelho do Estado, sobretudo da poderosa máquina do aparelho de segurança, de cujas fileiras emanou o presidente Vladimir Putin.

É lícito, portanto, indagar para onde vai a Rússia neste limiar do século XXI, após a reeleição de Putin como presidente. Na luta pelo poder, por enquanto, triunfaram os tecnocratas contra os "novos-ricos", que carecem de legitimidade aos olhos da população e por ela são odiados, justamente em função do seu imenso poder econômico.

UM NOVO DÉSPOTA?

Afinal, quem é Putin? Reeleito para o cargo de presidente com 71% dos votos, ele revelou ainda antes das eleições sua vocação autocrática, ao esmagar a oposição e amordaçar a mídia. Reforçou as inclinações mais profundas de um regime que nunca primou pela observância dos direitos humanos e das liberdades democráticas, como no caso da brutal repressão da luta pela autonomia na Chechênia.

Criado nas entranhas da antiga KGB, Putin chegou ao governo pelas mãos de Ieltsin, em 1996, quando foi promovido chefe do órgão de segurança do Estado, e em 1999 foi indicado primeiro-ministro. Sua ascensão meteórica caracterizou-se pelo enfrentamento com os oligarcas que tentavam desafiar o poder central. Mandou para o exílio o multimilionário V. Gusinsky e jogou na prisão o homem mais rico da Rússia – Mikhael Khodorkovsky. Pouco antes das eleições, e para surpresa geral, instalou no poder como primeiro-ministro Mikhael Fradkov, um burocrata incolor e desconhecido que não vai oferecer risco para o presidente.

Nas eleições, aproveitou o sentimento geral de desconfiança da população nos oligarcas que se locupletaram sem escrúpulos com os recursos do país, sob o olhar beneplácito do governo Ieltsin. As estações de tevê russas são controladas em grande parte pelo Estado e, na campanha, deram muito mais destaque a Putin que a outros candidatos.

Convém mencionar o discurso "bonapartista" de Putin durante a campanha, em que prometeu a manutenção das conquistas democráticas, o reforço do sistema multipartidário e a liberdade da imprensa. Entretanto, apesar das promessas de reduzir a enorme disparidade entre os novos-ricos e os pobres, o estilo autocrático do presidente e a composição da cúpula do governo por membros dos aparelhos de defesa e de segurança auguram sérias ameaças ao futuro da democracia no país.

A luta pelo poder no Kremlin, desde a questão do controle da Yukos, a maior companhia petrolífera da Rússia e uma das maiores do mundo, inclinou-se a favor da burocracia e em reforço ao controle do Estado sobre o "mercado". A maior intervenção do Estado na economia não reverterá a dilapidação dos bens e riquezas públicos ocorrida no governo Ieltsin, mas certamente tentará reduzir a economia clandestina e a criminalidade organizada instalada nas atividades econômicas e financeiras.

A vitória nas eleições de 14 de março parece ter confirmado o mandato outorgado por uma população que despreza os oligarcas e adere ao discurso de Putin prometendo restaurar o poder da Rússia como um Estado influente no concerto das nações.

Permanecem, contudo, os desafios enormes da modernização da indústria para torná-la competitiva nos mercados mundiais; da reorganização da agricultura após oitenta anos de coletivização; e da integração da economia do país na economia capitalista internacional. A vantagem dos altos preços do petróleo e a ausência de choques do sistema financeiro, a atitude dura para com os oligarcas e a repressão brutal dos chechenos, tudo tem concorrido para enaltecer a imagem de Putin aos olhos da população russa. Em tese, ele tem agora mais poder para controlar o novo governo, do qual expurgou os aliados dos oligarcas. Terá também condições para melhorar as perspectivas de negócios e atrair investidores estrangeiros? O país necessita urgentemente de investimentos na infraestrutura, que está obsoleta e emperra a modernização da economia. O maior obstáculo, contudo, para a transformação da Rússia numa sociedade democrática, pluralista e dinâmica é representado pela burocracia, poderosa e onipresente, agora instalada e incrustada mais firmemente nos principais escalões do governo e da administração.

» UM MUNDO DIVIDIDO

Maio de 2004, com acréscimos posteriores

É cada vez mais profundo o abismo que separa países ricos e pobres da Organização para a Cooperação e o Desenvolvimento Econômico (OCDE) e entre esses países e os de desenvolvimento tardio, ou emergentes. Das cem maiores economias do mundo, 51 são de empresas transnacionais, algumas das quais faturam em um único ano mais da metade do que é produzido pela economia brasileira (o Produto Interno Bruto – PIB).

As vendas combinadas das duzentas maiores corporações corresponderam no final do ano passado a cerca de 28,3% do total das atividades econômicas mundiais – num crescimento constante em relação aos 24,2% que representavam em 1982 –,[3] mas empregam menos de 1% da força de trabalho. A tendência à concentração que pode ser abstraída desses dados revela um abismo cada vez mais profundo: em vez de caminharmos para "um mundo só", um quinto da população mundial – 1,2 bilhão de pessoas – sobrevive com menos de 1 dólar por dia. O número de desempregados alcançou 8,7% da população economicamente ativa. Esses números não abrangem o setor informal, com centenas de milhões de desocupados ou semiocupados.

Apesar desses números e da crise mundial, em 2009 as despesas militares mundiais chegaram a 1,53 trilhão de dólares, mais 6% do que no ano

[3] Dados da IPS.

anterior,[4] e os subsídios pagos aos produtores agrícolas nos países ricos alcançaram 368 bilhões de dólares.[5] Enquanto isso, o total dos gastos com a "ajuda ao desenvolvimento" de países pobres não passou de 119,6 bilhões de dólares![6]

Contrariamente às interpretações convencionais, os agentes mais dinâmicos da globalização não são os governos que procuram formar mercados comuns à procura da integração econômica. As forças mais poderosas e dinâmicas no processo de globalização são os conglomerados e empresas transnacionais que controlam efetivamente a maior parte da produção, do comércio, da tecnologia e das finanças internacionais. Operando em escala transcontinental, esses agentes transferem recursos financeiros e *know-how* por sistemas de comunicação informatizados e crescem mesmo em períodos de crise e recessão, mediante fusões, incorporações e operações bilionárias de compra e venda. Com base em uma cultura organizacional e administrativa sem precedentes na história e dispondo de ativos financeiros muito superiores aos da maioria dos bancos centrais, a mobilidade do capital das empresas transnacionais permite realizar altas taxas de lucratividade, o que concorre para aumentar sua riqueza e seu poder.

Avolumam-se evidências de que, na economia global, cada vez mais é o mercado financeiro (ou seja, as grandes corporações, e não os governos) que, em última análise, decide sobre o câmbio, a taxa de juros, os preços das *commodities*, a poupança e os investimentos. Sem dúvida, a liberalização e a globalização dos mercados são altamente favoráveis ao grande capital, cujo horizonte e estratégia transbordam as fronteiras estreitas dos estados nacionais. Exportar mais, mesmo à custa do suprimento de alimentos básicos, para importar mais (especialmente bens de luxo e de consumo conspícuo), para pagar os juros da dívida externa e interna e tranquilizar os bancos credores, atraindo novos investimentos, ainda que especulativos, tem-se

---

4 Dados do Stochholm International Peace Institute (Instituto Internacional da Paz, com sede em Estocolmo, Suécia).

5 Dados da OCDE.

6 Dados da OCDE. No entanto, é importante ter em conta que grande parte da ajuda funciona como apoio a empresas dos próprios países, por estar vinculada a contratos com empresas nacionais e vendas de produtos do país.

constituído o receituário para a "retomada" do crescimento. No Brasil, esse fenômeno ocorreu conjuntamente com a chamada "primarização da pauta de exportações". Segundo dados da Federação das Indústrias do Estado de São Paulo (Fiesp), de janeiro a setembro deste ano apenas um dos dez produtos mais exportados foi manufaturado – automóveis –, enquanto, em 2006, dos dez produtos mais exportados, quatro eram manufaturados. Mesmo no caso dos produtos primários, ocorre uma concentração em minério de ferro, petróleo, soja e cana-de-açúcar.

Devido ao volume de recursos que controlam e manipulam, as empresas transnacionais têm poderes sem precedentes para formular e influir na política econômica e na social, usurpando literalmente as funções e as responsabilidades dos governos nacionais, uma situação que se constitui em clara ameaça aos direitos humanos e à democracia. Nos últimos anos, as notícias de crimes das grandes corporações (Enron, Tycon, World Com. e Parmalat) têm revelado casos de fraudes sistemáticas, corrupção e ganância em extensão e intensidade dificilmente imagináveis. A crise de 2008 mostrou outra face desse descontrole, com as entidades financeiras atuando praticamente sem nenhuma regulação e até jogando contra os interesses dos investidores.

Na ausência de controles e resistência à dominação exercida pelas grandes corporações, as tímidas propostas de "reformar" o sistema de "governança" ou administração dos megaconglomerados têm se fixado na análise do perfil e do comportamento de indivíduos e na sua qualificação ou desqualificação para o cargo de CEO (Chief Executive Officer). Mas as empresas transnacionais continuam a tomar poderes dos governos e a subverter a soberania nacional. Quando o poder público, necessitando de investimentos e acuado pela escassez de recursos, se submete aos interesses das grandes corporações, coloca a democracia sob ameaça; o meio ambiente e a biodiversidade ficam em perigo; e os direitos humanos acabam relegados às calendas gregas.

A atuação dos conglomerados e empresas transnacionais não se limita à esfera econômico-financeira. Suas decisões sobre investir ou desinvestir implicam, em última análise, a prosperidade ou decadência de regiões e cidades, da mesma forma que o peso de seus recursos influi na composição e no funcionamento das instituições políticas. São inúmeros os casos de eleição de "representantes" do povo com campanhas financiadas pelo grande capital, sem falar das práticas de corrupção da administração pública nas mais altas instâncias dos três poderes. As contribuições por parte da associação de promotoras imobiliárias para campanhas eleitorais em São Paulo – prática contrária à lei – indicam que o mesmo processo pode estar ocorrendo na cidade.

Essa assimetria de controle e movimentação de recursos humanos, materiais e financeiros expõe cruamente a ilusão de viver-se em uma sociedade democrática. Na realidade, verifica-se a polarização, acompanhada da exclusão e dos consequentes desequilíbrios sociais, que põe, de um lado, minorias desfrutando de elevados padrões de renda, consumo, estilo de vida e desperdício e, de outro, maiorias carentes de condições básicas de vida. A tendência perversa à expansão da pobreza e à exclusão é agravada pela incapacidade fiscal-financeira do Estado de atender às demandas e expectativas dos desprivilegiados, enquanto cede às pressões de grupos de interesse que, sem a mínima preocupação com os efeitos sociais, clamam por privatização das empresas estatais, desregulação de preços e tarifas e abertura total dos mercados ao livre comércio.

Contornando as restrições legais à constituição de cartéis e monopólios, as grandes corporações desenvolveram formas de capitalização mais adequadas, capazes de diminuir os ressentimentos da opinião pública e a ira de políticos. Por meio da "democratização" do capital, que a todos transformaria em acionistas proprietários, declarou-se a obsolescência da luta de classes.

Na prática, a dispersão do capital entre milhões de pequenos acionistas facilitou o controle exercido por grupos de poucos proprietários e/ou executivos profissionais. Estes seriam a nova elite, mais racional e humana do que os tubarões da época heroica de acumulação primitiva. A dispersão do capital e o controle de conglomerados gigantescos por meio de *holdings* chegou ao ponto em que, no início deste milênio, alguns milhares de grandes organizações controlam a economia mundial e suas operações são capazes de abalar profundamente os mercados "nacionais", em todas as partes do globo.

Baseadas em sua expansão tentacular e articulando múltiplas identidades e lealdades em vários países, as empresas transnacionais lograram um *status* sem fronteira adequado aos seus interesses competitivos. Independentemente do local geográfico de suas operações, os conglomerados transnacionais aproveitam subsidiárias, *joint ventures* e alianças estratégicas para assumir identidades externas, conseguir isenções de taxas e impostos, subsídios para pesquisa e desenvolvimento e apoio governamental em negociações relacionadas com vantagens nos mercados. Assim, o outrora poderoso Estado nação se transforma em instituição auxiliar para apoiar os investimentos e a competitividade das corporações transnacionais.

Os deslocamentos estratégicos dos investimentos industriais provocam instabilidade social e desastres ambientais, enquanto as rápidas mudanças tecnológicas eliminam empregos e engrossam o "exército de reserva" da força de trabalho. Fábricas são fechadas nos países em que existe maior regulação ambiental e mais leis trabalhistas, passando a produção a ser feita em regiões com menor proteção.

A ideologia neoliberal alimenta a ilusão de ganhos para todos pelo incremento do comércio mundial. Na realidade, os ricos levam tudo e os pobres acabam espoliados. Mais lucros para algumas corporações não significam mais investimentos e mais empregos. O capital não tem pátria e, em sua prática, as necessidades e aspirações de seus empregados são desvinculadas das operações econômico-financeiras. Os resultados – gritantes e revoltantes – apontam para um aumento dramático da polarização e da exclusão.

Os pouquíssimos exemplos de uma industrialização tardia bem-sucedida, como a da Coreia do Sul, portanto mais durável do que os meros movimentos especulativos cíclicos ou conjunturais, indicam um conjunto de fatores e políticas sociais e econômicas fundamental para o processo de desenvolvimento.

A base do esforço deve repousar na poupança interna, estimulada por elevações sucessivas da renda da força de trabalho e por um empenho permanente para reduzir as disparidades regionais, sociais e setoriais.

Contudo, a globalização, impulsionada pela expansão do capital em escala planetária, significa não somente a livre circulação de mercadorias, recursos financeiros e tecnologia, mas também abertura de oportunidades para a difusão de conceitos éticos universais, produtos da imaginação e criação da mente humana. Nesse contexto, é possível afirmar que a globalização está disseminando as raízes de uma nova ordem mundial baseada em princípios e valores legitimadores, como os direitos humanos, a democracia e a solidariedade. A existência de novas regiões – por exemplo, a China, o Vietnã, as Filipinas e a Indonésia – na disputa pela produção dos bens antes fabricados na Europa, nos Estados Unidos ou no Japão provoca mudanças nos tecidos sociais desses países. As relações de poder baseadas em estruturas muitas vezes centenárias são abaladas pelo surgimento de novos setores produtivos, Ao mesmo tempo que grupos restritos conseguem obter um quinhão reduzido dos proveitos dessas mudanças, parcelas da sociedade antes situadas à margem do mercado internacional passam a alimentar a expectativa de também fazer parte do grupo dos consumidores.

Outros valores são introduzidos, tanto no sentido de maior diferenciação social – por parte das novas elites, que tentam copiar os padrões considerados luxuosos dos antigos centros de poder econômico – quanto no de exigência de mais justiça na distribuição dos resultados do trabalho. Conceitos como os de direitos humanos e democracia passam a fazer parte das agendas políticas, à revelia das elites dirigentes.

» BRASIL E CHINA

Abril de 2005

A comparação do Brasil com a China impõe-se como um exercício crítico dos caminhos e estratégias de desenvolvimento seguidos pelas duas sociedades nos últimos 25 anos. A relação crescente dos países e o fato de estarem ambos incluídos no mesmo grupo de economias emergentes com maior crescimento econômico, representados pela visita recente a Brasília do presidente chinês Hu Jintao, em novembro de 2004, enseja a oportunidade de uma avaliação comparativa da situação e das perspectivas dos dois países neste início do século XXI.

Em sua visita, o presidente exigiu o reconhecimento do *status* da China como economia de mercado, o que facilitaria seu ingresso na Organização Mundial do Comércio. Sem fazer promessas, ele acenou com o fechamento de contratos comerciais e a viabilização de investimentos chineses no Brasil, particularmente em infraestrutura. Ouviu o pleito do Brasil para obter o apoio da China, quando da reorganização das Nações Unidas, em favor de um assento permanente no Conselho de Segurança, sem manifestar-se a respeito.

Há mais de duas décadas a economia chinesa cresce a uma taxa anual superior a 9%, medida pelo Produto Interno Bruto, para assombro e inveja de economistas e políticos ocidentais. Junto com o crescimento econômico ocorreu no país um acelerado processo de urbanização que transferiu dezenas de milhões de camponeses para as cidades, em ritmo superior ao de qualquer outro país na história recente. Ao mesmo tempo que grandes parcelas da população procuravam melhorar de vida indo para as cidades, expandiu-se o processo de desenvolvimento na direção do interior por milhares de quilômetros ao longo dos rios Yang-tse e Huang-ho, num esforço de acumulação de capital e de investimento superior a 40% do PIB, além de absorver mais da metade dos investimentos diretos estrangeiros (FDI) do mercado mundial. Com ampla oferta de mão de obra relativamente qualificada e o acesso à tecnologia de ponta, a China conseguiu exportar e abarrotar os mercados externos com seus produtos, acumulando um saldo superavitário em sua balança comercial superior a 260 bilhões de dólares anuais nos últimos três anos.

A qualidade de vida de toda a população melhorou nesse período, incluindo uma crescente e próspera classe média. Seu coeficiente de Gini (parâmetro de distribuição da renda criado pelo italiano Corrado Gini, situado entre 0 e 1, em que o 1 é a distribuição equitativa) é igual ao dos Estados Unidos. Apesar de previsões pessimistas que afirmam a insustentabilidade do presente crescimento do PIB e das exportações, os avanços na transformação e expansão do mercado interno reforçam a tendência ao crescimento da economia chinesa, atualmente já a terceira do mundo.

Sem dúvida, a China enfrenta enormes problemas sociais e, sobretudo, ambientais, cujo equacionamento e solução exigirão investimentos e esforços adicionais de planejamento da expansão econômica e social. Nesse período de 25 anos, ela conseguiu incorporar à sociedade 250 milhões a 300 milhões de pessoas como membros produtivos, mais do que o conjunto de todos os países emergentes ou em desenvolvimento. A liderança chinesa, o partido e o governo estão confiantes e decididos a levar a dinâmica do processo de desenvolvimento da costa para o interior, onde se encontra a população mais pobre do país.

Nos anos 1980 e 1990, o Brasil arrastou-se numa recessão econômica – as duas décadas perdidas – na qual ficou exposto a políticas macroeconômicas e cambiais irresponsáveis e ruinosas que deixaram o Tesouro Nacional exaurido e o país endividado. Os sucessivos governos foram obrigados a recorrer ao Fundo Monetário Internacional para evitar o desmoronamento financeiro e o calote aos credores nacionais e internacionais. A inflação funcionou como uma forma perversa de redistribuição de renda e, como saldo dessas políticas macroeconômicas, houve um aumento do número de milionários e também de excluídos, desempregados, sem-terra e sem-teto. O nível das dívidas externa e interna alcançou patamares inéditos na história do país, o que contribuiu para elevar a taxa de risco e a de juros, estrangulando a possibilidade de um crescimento econômico sustentado.

A partir de 2003, o Brasil passou a acumular saldos positivos na balança comercial, mas cada vez mais de *commodities* e de produtos semielaborados de baixo valor agregado, cujos resultados serviram para cumprir os compromissos contraídos com o FMI e os bancos nacionais e internacionais. Ao mesmo tempo, diminuiu o peso dos produtos manufaturados na pauta de exportações, especialmente em favor dos chineses, que ano após ano vêm ganhando espaço na balança comercial brasileira com produtos industrializados. À vaidade dos governantes por terem honrado os compromissos com os credores devem ser contrapostos os custos ambientais e sociais dessa política, que, obviamente, não foram contabilizados.

O avanço da economia brasileira para o interior foi comandado pelo agronegócio, que deixou em seu rastro um imenso vazio demográfico, expulsando as populações nativas, caboclas e indígenas. Ao mesmo tempo, possibilitou a formação de novos latifúndios – foi o caso do “rei” da soja, que ocupou sucessivamente as terras do cerrado e do sul da Amazônia, constituindo uma verdadeira ameaça aos ecossistemas, à biodiversidade, ao clima e à população do país. As tão apregoadas vantagens para o incremento das exportações brasileiras são ilusórias e precárias, devido ao pouco valor agregado e à volatilidade dos preços das *commodities* no mercado mundial.

Cabe fazer um breve balanço social e político a partir da reconquista da democracia no país, com o fim do regime militar em 1985. O aumento do grau de liberdade, em especial para a classe média, foi acompanhado por desemprego, queda da massa salarial e empobrecimento de um número crescente de brasileiros. Para os pobres, os sem-teto, os sem-terra, a liberdade significa poder dormir debaixo de pontes e viadutos ou nas ruas, ainda assim expostos às agressões de capangas contratados por latifundiários ou por assassinos profissionais, como tem ocorrido não só em São Paulo e no Rio de Janeiro como em São Gabriel, no Rio Grande do Sul, nos estados de Mato Grosso do Sul, com os caiovás-guaranis, e do Pará, entre outros locais.

O quadro político nos governos pós-militares permaneceu praticamente inalterado, não obstante a vitória eleitoral do Partido dos Trabalhadores nas eleições de 2002. O Congresso continua dominado pelos representantes das "elites" (os famigerados "trezentos picaretas", segundo o então candidato e atual presidente Luiz Inácio Lula da Silva em frase de 1993 sobre o Congresso Nacional, na época do escândalo dos "anões do orçamento"), que defendem os interesses de uma coalizão difusa, mas sempre alerta, de proprietários de terras, grandes empresas industriais nacionais e transnacionais, da tecnoburocracia civil e militar e da mídia controlada por um oligopólio estreitamente associado aos grupos dominantes. O PT, ou melhor, sua cúpula, acabou cooptado pelo rolo compressor da "elite", endossando seu discurso e suas políticas econômico-financeiras. Assim se ampliou o fosso entre os *have and have not*, os ricos e os pobres, moradores de mansões luxuosas e de favelas.

Como explicar a discrepância no ritmo e na intensidade do desenvolvimento de dois gigantes territoriais com imensos recursos naturais e humanos?

A China passou nos anos 1960 pelo movimento da Revolução Cultural, sob a liderança do presidente Mao Tse-tung, mobilizando e despertando politicamente dezenas de milhões de camponeses, trabalhadores e estudantes. Ao mesmo tempo, foram varridas do cenário social e político as "elites" tradicionais que por séculos arrastaram a China na mais abjeta miséria e em guerras intermináveis entre generais feudais.

No Brasil, as "elites" se perpetuam e continuam intocáveis depois de abolida a escravidão e proclamada a República, fatos ocorridos sem nenhuma participação das massas populares. O país permanece assim, apesar da urbanização e industrialização no século XX, uma sociedade profundamente dividida, desigual e injusta.

Por outro lado, apesar das crueldades e injustiças cometidas durante a Revolução Cultural, a China emergiu como uma sociedade coesa e solidária, com seus membros mais conscientes do legado histórico e da identidade nacional e cultural do país.

Na fase de transição para uma sociedade industrial moderna, a presença do Estado com sua capacidade de planejar, orientar e regulamentar os investimentos produtivos teria sido o fator fundamental para o surgimento da potência hegemônica chinesa no cenário internacional, à semelhança do Japão no século XIX.

E a ação do poder público, apoiada no consenso da população, cria oportunidades para planejar e fiscalizar a aplicação de recursos materiais, humanos e financeiros que garantam o êxito na condução do processo de desenvolvimento.

» PARA ONDE VAI A VENEZUELA?

Junho de 2005

O relativo otimismo do século XXI, iniciado sob a hegemonia econômica e militar inconteste dos Estados Unidos, abalou-se com o atentado terrorista às torres do World Trade Center de Nova York em 11 de setembro de 2001. Crime que foi seguido de campanhas militares no Afeganistão e no Iraque cujo desfecho permanece imprevisível.

No mundo ocidental, assistiu-se a um enfraquecimento dos movimentos sociais atrelados aos respectivos governos social-democratas (Reino Unido e Alemanha) e ao canto de sereia da chamada Terceira Via, proclamada por seus idealizadores Tony Blair e Anthony Giddens, como solução dos conflitos entre o capital e o trabalho, ou entre o mercado e o Estado.

Na América do Sul, após duas décadas de regimes autoritários, o pêndulo político inclinou-se novamente para a esquerda. Numa sequência impressionante, candidatos de esquerda obtiveram vitórias em diversos países do subcontinente, a primeira das quais aconteceu no Chile com a eleição do social-democrata Ricardo Lagos. Logo se juntariam a ele o petista Lula, no Brasil, o ex-peronista Nestor Kirchner, na Argentina, e, por fim, Tabaré Vásquez, no Uruguai. Na Venezuela, pudemos acompanhar a dramática ascensão de Hugo Chávez, eleito em 1998 e reeleito em 2002, depois de ter tentado um golpe no começo dos anos 1990. O atual presidente venezuelano, deposto em 2002 por um golpe militar dado pelas elites econômicas do país apoiadas de forma nada velada pelos Estados Unidos, voltou à Presidência e teve seu mandato confirmado num referendo popular.

Em cada um desses países, os atuais partidos governantes herdaram uma pesada carga de desigualdades sociais e econômicas e a concentração da riqueza e do poder nas mãos de minorias conservadoras que, muito a contragosto e na falta de alternativa, concordaram com os regimes de democracia representativa dominados por partidos de centro-esquerda.

Contudo, uma vez no poder, a "esquerda" parece ter esquecido seu discurso da véspera e não apresenta programas que a diferenciem dos outros partidos e, assim, representem uma verdadeira opção política. Com exceção da Argentina, que ousou desafiar a banca internacional – por simples falta de alternativa –, os governos sul-americanos vêm seguindo os cânones da política econômico-financeira ditados pelo FMI. Os juros elevados, o superávit fiscal, o combate prioritário à inflação com câmbio flutuante e a ausência de controle dos movimentos de capital são comuns aos países governados por partidos da "esquerda".

Até o momento, Chávez é o único que parece ser diferente, centrando os esforços de seu governo no combate à pobreza da maioria dos venezuelanos, aos quais pretende proporcionar acesso à saúde, à educação, à alimentação, ao emprego e à habitação.

Entretanto, cresce na mídia internacional um noticiário agressivo e frequentemente pejorativo contra o governo de Chávez. Ele é acusado de, internamente, reprimir a democracia e, no campo da política externa, fomentar ações que levariam à "desestabilização" da América Latina. Órgãos norte-americanos conservadores falam na ameaçadora possibilidade de Chávez substituir os Estados Unidos pela China como principal comprador do petróleo de seu país – a Venezuela responde por 10% de todo o óleo ali consumido. Outros divulgam notícias sobre o apoio de Chávez às Forças Revolucionárias da Colômbia (Farcs), aos socialistas liderados por Evo Morales na Bolívia e aos sandinistas da Nicarágua – esses dois últimos partidos legalmente constituídos, atuando de acordo com as normas dos respectivos países.

Mas o que incomoda especialmente o Departamento de Estado norte-americano é a aliança, cada vez mais estreita, da Venezuela de Hugo Chávez com a Cuba de Fidel Castro, consolidada por acordos comerciais e de cooperação nas áreas de educação e saúde. O que Cuba poderia oferecer em troca do petróleo cedido pela Venezuela a preços vantajosos? A revista *The Economist*, em reportagem na edição de 14 de maio de 2005, fala em 16 mil médicos cubanos que praticam cirurgias antes inacessíveis para a população carente e organizam os serviços de saúde familiar venezuelanos. Além de médicos, Cuba envia educadores e instrutores para atividades esportivas e recreativas. O mais novo susto nos setores conservadores dos Estados Unidos, gerado por essa incômoda proximidade dos dois países "rebeldes", foi a proclamação conjunta de Fidel Castro e Hugo Chávez a respeito de uma integração alternativa à Área de Livre Comércio das Américas (Alca).

Já os motivos da impopularidade de Chávez na burguesia e na classe média de seu próprio país decorrem de um conjunto de programas sociais financiados com os lucros da estatal petrolífera PDVSA, obtidos pela elevação constante dos preços do petróleo no mercado mundial desde o segundo semestre de 2004. Essas atividades sociais, denominadas "missões", são orientadas para a mobilização e conscientização das comunidades carentes por meio de conselhos, consultas populares e orçamentos participativos.

Entre essas atividades se destacam as educacionais, que procuram resgatar para a atuação social, mediante cursos de alfabetização e de suplementação do ensino médio, os jovens que não conseguiram frequentar escolas e agora recebem bolsas de estudo para evitar sua evasão. Os alunos aprovados prosseguem em cursos do programa de iniciação universitária (Piuni). Merece destaque especial a integração dessa iniciativa com o programa de preparação para a economia solidária e a formação de cooperativas, nos quais são aproveitados recursos humanos preparados pelas "missões" educativas e em seguida orientados para o desenvolvimento local.

Outra área contemplada – a de saúde –, dinamizada pela presença dos médicos cubanos, atende a milhares de pessoas nos bairros e distritos mais carentes, distribui remédios e constrói consultórios devidamente equipados que servem de lugar para reuniões de formação dos agentes de saúde comunitária.

Mais uma "missão", batizada Mercal, relaciona-se com as três anteriormente destacadas ao procurar assegurar o acesso da população a uma alimentação básica sadia. Isso se dá pela criação de uma ampla rede de lojas que atendem a milhares de consumidores de baixa renda, com frutas e verduras plantadas em hortas comunitárias. A melhoria da segurança alimentar e por consequência da saúde anda de mãos dadas com a geração de renda local. Essa preocupação com a população desempregada e com os jovens egressos das escolas resultou também na formação de cooperativas de costura, de fabricação de calçados e de hortas para abastecer com verduras e frutas a rede escolar e as creches.

Tudo isso qualifica indubitavelmente Chávez como um representante dos excluídos, em detrimento da classe média e das elites tradicionais que se juntam em coro para acusar o presidente legalmente eleito de "autocrata" e "exportador da 'revolução' para a América Latina".

Foi essa união de abastados e remediados que levou ao fracassado golpe de 2002, contornado apenas depois do referendo popular de agosto de 2004 que confirmou a legalidade do mandato presidencial, até as eleições em dezembro de 2006. Depois disso, o governo, num rompante populista, declarou a "guerra aos latifúndios" que atingiria somente as terras não produtivas ou com títulos de propriedade ilegais. Mais recentemente, estabeleceu-se um limite de 29% para a taxa de juros e também o controle dos preços e do câmbio. A economia venezuelana cresceu 18% em 2004, sustentada pelos elevados preços do petróleo no mercado mundial – o que, por sua vez, permitiu à PDVSA destinar 3,7 bilhões de dólares aos programas sociais.

A Venezuela continua sendo um país com mais da metade da população extremamente pobre e cujo presidente pretende construir uma "sociedade socialista do século XXI" que transcenderia o sistema capitalista para substituí-lo por uma "economia humana, igualitária e solidária". À parte o discurso, é um fato que Chávez representa a enorme massa de excluídos que desceram dos morros de Caracas para exigir seu retorno após o golpe. Comparado por muitos com caudilhos populistas ao estilo do argentino Perón e do peruano Velásquez, o atual contexto internacional e, nesse, em particular o latino-americano permitem augurar a continuidade do governo Chávez, a ser possivelmente reeleito para um terceiro mandato em 2006, embora em clima de tensão interna crescente.

Tentando avaliar a "Revolução Bolivariana" de Chávez, quais são as características e as chances de vingar? O programa de tevê semanal de quatro horas serve de fórum para o diálogo do presidente com a população. Ademais, há um processo persistente de doutrinação das forças armadas que apoiaram Chávez por ocasião do golpe e de cujos quadros são recrutados os governadores, além de administradores em posições-chave no governo. Essas duas forças podem ser decisivas no confronto que se anuncia para a hora e o momento em que as elites tradicionais – sentindo-se ameaçadas com a perda de seus privilégios históricos – abandonarem de vez a hesitação e recorrerem a meios extralegais para forçar uma mudança política.

» SOBRE PAÍSES EMERGENTES

Julho de 2006, com acréscimos posteriores

A reunião anual do Fórum Econômico Mundial realizada em fins de janeiro em Davos, Suíça, dedicou boa parte das palestras e trabalhos em grupo aos países emergentes. Nessa categoria se encontrariam China, Índia, Brasil, Rússia e um grupo de países menores: Indonésia, Tailândia, Irã, Turquia, Egito e México.

Tentaremos analisar e qualificar esse suposto fenômeno de emergência começando pela China, que apresenta um crescimento econômico exponencial nos últimos quinze anos, pelo menos, com taxas médias de 10% do PIB anualmente.

Como explicar esse fato inédito na história contemporânea?

Em poucos anos, a economia chinesa ultrapassou o Produto Interno Bruto da Itália, França, Inglaterra e Alemanha, tornando-se a terceira entre as nações, superada apenas pelo Japão e pelos Estados Unidos.

Mais do que o notável desempenho da economia, compete apontar os admiráveis resultados sociais das políticas públicas chinesas que lograram incorporar, no mesmo período, 300 milhões de camponeses indigentes à força de trabalho e à sociedade de consumo. O governo investiu e continua a investir pesadamente na educação e formação da mão de obra no país, que é conhecida e respeitada por sua diligência e disciplina.

Ao mesmo tempo, a China envia anualmente dezenas de milhares de estudantes de pós-graduação para as melhores universidades do Ocidente e eles voltam ao seu país – diferentemente dos graduados da África, Ásia e América Latina – com todo o *know-how* adquirido, juntando-se ao enorme potencial de recursos humanos e dedicando-se a adaptar, incorporar e acrescentar inovações tecnológicas às que aprenderam. Junto com essa iniciativa, houve uma expansão contínua do sistema educacional no país, fator primordial do desenvolvimento social e cultural chinês.

Por último, mas não o menos importante, a China investe anualmente 45% a 50% de seu PIB – três vezes mais que o Brasil – nos diversos setores produtivos da economia.

Metade dos investimentos externos do mundo é canalizada para a China, cujo governo favorece o ingresso dos recursos sem deixar de manter o controle rígido da sua entrada e saída, garantindo-lhes por outro lado a rentabilidade.

Fala-se muito da corrupção e da burocracia chinesas, que emperrariam o crescimento do país. Mas qual outro país além desse conseguiu em tempo tão curto reduzir essas disfunções, herança secular endêmica?

As empresas estrangeiras estabelecidas na China são atraídas por seu imenso mercado potencial de 1,3 bilhão de consumidores, muitos dos quais ainda carecem de equipamentos básicos para uma vida decente. Milhões de chineses todos os anos chegam às principais cidades e nessas faltam casas, eletrodomésticos, produtos eletrônicos. Ao mesmo tempo, os que já se encontram estabelecidos nas grandes cidades passaram a ter novos padrões de consumo, querem produtos mais modernos e têm como sonho de aquisição o automóvel – de que a China se tornou o maior produtor mundial.

A política externa chinesa não se rege por ideologia, mas pela defesa do que são considerados seus interesses, como no caso das reações aos países que recebem o Dalai Lama. A China compra petróleo e gás da Rússia, do Cazaquistão, da Nigéria, de Angola e, recentemente, adquiriu parte da empresa subsidiária da espanhola Repsol na Argentina. Mesmo assim, com atuação capitalista, a China parece o melhor exemplo de um capitalismo que se vale da presença decisiva do Estado na planificação, orientação e fiscalização da economia.

A Índia ultrapassou 1 bilhão de habitantes e, apesar de todas as políticas fracassadas de controle da natalidade adotadas no governo de Rajiv Gandhi, filho de Indira e Javarhahl Nehru, sua população continua a crescer a uma taxa anual de aproximadamente 2,5% – o que significa mais 30 milhões de bocas a alimentar por ano.

O crescimento explosivo das cidades, sobretudo das metrópoles – Mumbai, antiga Bombaim, tornou-se uma das maiores do mundo, com 16 milhões de habitantes –, levou muitas famílias a dormir em tendas precárias nas calçadas, sem serviços sanitários adequados. Centenas de milhões de pessoas da população rural, que vivem de uma agricultura de subsistência, são atraídas para as grandes cidades. A metrópole Nova Délhi fervilha de favelados e desabrigados, o que ocorre também em Madras, Calcutá e outras.

Apesar desse imenso fardo social, a Índia, seguindo os padrões de "desenvolvimento" desiguais à sua maneira, construiu um respeitável parque industrial, voltado para a produção de aço, máquinas, armamentos e a montagem de carros. Além disso, vários indianos com espírito apurado para os negócios criaram imensos conglomerados de empresas, tornando-se ricos a tal ponto que é possível compará-los aos marajás do antigo regime colonialista.

Destaque de todos os setores da economia indiana são as indústrias de informática e farmacêutica concentradas na cidade de Bangalore. Nas universidades e escolas técnicas formam-se anualmente dezenas de milhares de engenheiros e técnicos, reconhecidos no mundo inteiro por sua competência e inteligência operacional. Muitos emigram para os Estados Unidos e o Reino Unido, atraídos por altos salários pagos pelas empresas de informática, mas a maioria trabalha em empresas localizadas na região de Bangalore, desenvolvendo todo tipo de equipamentos, chips e softwares por encomenda de empresas estrangeiras situadas no Ocidente, principalmente nos Estados Unidos.

A explicação é simples. Por ano, um engenheiro eletrônico indiano ganha entre 10 mil e 12 mil dólares, enquanto nos Estados Unidos os juniores e egressos das universidades ganham 50 mil a 60 mil dólares. Grande negócio? Como em todas as vantagens aparentes, há também o "tendão de aquiles" – um risco a não ser subestimado. Os engenheiros pesquisadores e técnicos indianos recebem não somente as encomendas das indústrias eletrônicas para executar, mas também a tecnologia embutida que tratam de incorporar e inovar, criando uma forte e dinâmica onda autárquica de produtos eletrônicos capaz de exportá-los para outros países, com as vantagens competitivas do baixo custo. Isso não passa despercebido pelas fábricas e pelos economistas norte-americanos. Charles H. Fine, da Sloan School for Management, do Instituto de Tecnologia de Massachusetts (MIT), fala do *outsourcing trap*, a armadilha das encomendas de peças e componentes feitos pelos centros de tecnologia indianos, e Steven D. Eppinger, da Universidade de Colúmbia, afirmou recentemente numa conferência: "Daqui a poucos anos seremos obrigados a competir e até a comprar produtos eletrônicos e *know-how* dos indianos, perdendo mercados que rendem anualmente dezenas de bilhões de dólares".

Apesar dessas conquistas, a Índia continua a padecer de todos os males do subdesenvolvimento, deixando a maioria da população em estado de pobreza absoluta, o que pressupõe má nutrição, analfabetismo, doenças, ambiente de miséria, alta mortalidade infantil e baixa expectativa de vida. Considerada "a maior democracia do mundo", seu regime econômico-político nos tempos da dinastia Nehru foi extremamente rígido, centralizado e autocrático, com um Estado que, onipresente, era ainda assim ineficiente e caracterizado por corrupção em grande escala.

Somente na última década, após a vitória nas eleições do Bharatija Janata Party, com o governo de Atal Behari Vajpayee, a política indiana em relação aos investimentos estrangeiros teve mudanças, tornando o país mais aberto e receptivo e menos xenófobo e controlador. Em consequência, houve um afluxo de recursos externos, impulsionando as taxas de crescimento econômico para 5% a 6% ao ano. A crise internacional teve efeito reduzido na economia da Índia: o crescimento do PIB atingiu 9,4% em 2007, passando para 7,3% em 2008, 5,4% em 2009 e voltando a aumentar em 2010, ano em que chegou a 7,2%.[7] Uma menor dependência das exportações em relação

[7] Dados publicados na revista virtual *Economy Watch*.

à China – o consumo doméstico indiano representa 57% do PIB do país, enquanto na China é de 35% – faz que o país necessite de menores fluxos de capital. Foram criadas zonas econômicas especiais, em que o investimento é considerado como se ocorresse no exterior. No entanto, há limitações para o investimento externo: fora das ZEE, apenas na área de software os estrangeiros podem ter 100% do capital, desde que não seja para a defesa ou para a indústria espacial. No comércio, é vedada a participação estrangeira, a não ser que a empresa tenha por objetivo a exportação – o que limita a participação a 51% do capital. No imobiliário, o investimento estrangeiro é restrito. No setor financeiro, estrangeiros apenas podem ter 20% de bancos e 26% de empresas de seguro.

Como em todos os casos de países de industrialização recente, o processo indiano passa por acelerada automatização e informatização, o que faz com que o crescimento econômico absorva apenas uma pequena parcela do imenso contingente da massa de indigentes desprovidos de educação escolar adequada. O restante permanece no estado de miséria, sem perspectiva de melhora previsível. Assim, a Índia continuaria país emergente, incapaz de superar as barreiras do atraso secular, herança do regime colonial e de castas.

Embora oficialmente abolidos pelo Congresso em 1949, ano da independência, a discriminação e os preconceitos contra os que nascem nas castas mais baixas, sobretudo os chamados "intocáveis", se mantêm em vigor, particularmente na seleção de possíveis candidatos ao matrimônio, escolhidos desde a primeira infância e prometidos pelas famílias. As mulheres, na grande maioria, são submetidas a controle rígido dos maridos e de seus familiares. Em algumas localidades do interior continua o costume bárbaro de queimar a viúva juntamente com o marido falecido, na mesma pira.

Finalmente, além dos problemas regionais e sociais, na Índia existem dezesseis línguas oficiais diferentes, todas impressas nas moedas, sendo o inglês o idioma de comunicação mais difundido. Cada língua reflete uma realidade cultural e uma tradição distinta e há inimizades históricas, entre outras dificuldades para a unificação da mensagem. O mais grave problema, contudo, é o conflito religioso latente da maioria hindu com uma minoria substancial de 130 milhões de muçulmanos que permanecem no país, mesmo após a separação e três guerras com o Paquistão. É um grupo que vive constantemente acuado, como testemunhou, entre outros fatos, a queima de uma mesquita Babri, em Ayodyia, em 6 de dezembro de 1992, seguida de lutas de rua que provocaram mais de duas mil mortes. Dez anos depois ainda ocorriam choques de hinduístas e muçulmanos tendo como motivo o massacre na mesquita. Com a terceira população muçulmana do mundo, atrás da Indonésia e do Paquistão, a Índia enfrenta um problema que se afigura sem solução, especialmente após o aparecimento de grupos fundamentalistas nos dois campos. Embora a tensão e o conflito com o Paquistão pela posse da Caxemira tenham amainado depois de um encontro histórico do presidente-general paquistanês Pervez Musharrar com o primeiro-ministro indiano Vajpayee em 2001, em Nova Délhi e Agra, os dois países mantêm enormes exércitos, forças navais e aeronáutica, o que implica despesas excessivas para o orçamento público, em detrimento das políticas sociais e dos investimentos em infraestrutura.

E O BRASIL?

É sintomático que na reunião deste ano do Fórum Econômico Mundial em Davos, na Suíça, a situação do Brasil tenha merecido escassa atenção dos participantes, empresários, executivos e políticos, contrariamente ao que se deu em 2005, quando o presidente Luiz Inácio Lula da Silva proferiu discurso sobre a eliminação da fome e a criação de um fundo especial para esse fim pelas Nações Unidas. Neste ano, o Brasil não esteve na pauta das discussões e a pequena delegação oficial que trouxe, de quatro pessoas, não primou em suas intervenções pelo otimismo em relação ao futuro do país por ela representado.

Em nome de uma suspeita legalidade para honrar compromissos assumidos com o capital, não se cumprem as promessas feitas à população carente, que, pelas estatísticas oficiais, se eleva a 50 milhões de pessoas. Ao mesmo tempo, ocorre uma concentração violenta de renda e de terras nas mãos de ínfima parcela da população, reduzindo ao extremo a possibilidade de um futuro desenvolvimento do país.

Por isso, soam ridículas as declarações e discursos do presidente Lula, afirmando que o Brasil entrou na rota de crescimento sustentado com distribuição de renda. O presidente orgulha-se de seu país não ser caloteiro – uma crítica velada à Argentina de Kirchner, que ousou desafiar os credores externos e o FMI, conseguindo cancelar parte substancial da sua dívida, aproximadamente 70 bilhões de dólares, e alongando os prazos de pagamento do resto da dívida para trinta anos. Mesmo assim, a economia da Argentina cresce à média de 7% nos últimos três anos, enquanto o Brasil continua com uma taxa média anual de 2,5%. Na verdade, o governo Lula completou e unificou os diversos programas de assistencialismo iniciados no governo anterior, de Fernando Henrique Cardoso, estendendo a "bolsa família" a 12 milhões de famílias. Resgatando-as de uma situação de fome crônica, a mesma política, incerta quanto o futuro, transformou esses 30 milhões de beneficiados em clientes permanentes do Estado assistencialista e presas fáceis das suas ambições eleitoreiras. Contando com o apoio dessa massa de deserdados e da "elite" que se locupleta vorazmente com os rendimentos das suas aplicações financeiras, Lula espera reeleger-se em outubro, ajudado pela inexpressividade política dos potenciais candidatos de oposição, talvez com exceção do prefeito José Serra, de São Paulo, temido pela elite que receia sua independência e suas ideias "desenvolvimentistas".

Se Lula for reeleito, o que é possível com as CPIs emperradas e sem perspectiva de mudanças, a mesma política econômico-financeira, monetária e cambial instrumentada por Palocci e Meirelles continuará por mais quatro anos.

Não havendo condições de concorrência com os produtos importados a preços mais baixos do que a produção nacional, nem recursos suficientes para investimentos básicos em habitação, saneamento, saúde, educação e infraestrutura, a economia brasileira está sendo sucateada, processo sustentado com as privatizações onerosas de empresas estatais e o desmantelamento e a alienação da indústria nacional, comprada por empresas e conglomerados estrangeiros. Com base em recursos fornecidos a taxas de juro bonificadas, estão sendo formadas as primeiras grandes empresas multinacionais com origem no Brasil, que repetem o comportamento das empresas com origem no exterior, tirando do governo as possibilidades de um planejamento racional.

Ademais, ocorre a transferência da propriedade das empresas nacionais para conglomerados que operam em escala global e planejam seus investimentos de acordo com as vantagens "comparativas". Os conglomerados procuram aproveitar ao máximo a existência de uma infraestrutura razoável, com mão de obra qualificada e relativamente mal paga (a exemplo do que aconteceu nos países que foram satélites da antiga União Soviética, na Europa oriental), e beneficiam-se de subsídios e isenções fiscais por longos períodos, concedidos pelos governos estaduais e nacionais que, ávidos por atrair investimentos estrangeiros, supõem desse modo trazer o desenvolvimento.

Essa "guerra fiscal" continua em ritmo acelerado, privando os governos de recursos indispensáveis para obras, serviços públicos e uma verdadeira política de incorporação da massa de excluídos na condição de cidadãos e consumidores. Sem essas políticas, o discurso demagógico sobre desenvolvimento sustentado fica esvaziado de seu significado e alcance.

A título de exemplo, acrescento algumas informações sobre outros países supostamente emergentes: Rússia, México, Indonésia, Tailândia, Paquistão, Irã e Egito. Desses, somente a Rússia, depois da derrocada da União Soviética nos anos 1990, passa por um período de produtiva expansão econômica, baseada em sua produção e nas suas reservas de gás e petróleo. A alta contínua dos preços de combustíveis tem resultado numa enxurrada de dólares, permitindo ao país acumular uma razoável reserva de moeda estrangeira.

O presidente Vladimir Putin, antigo agente da KGB, a polícia secreta do regime stalinista, mantém com mão de ferro a hegemonia do governo e das empresas estatais, sobretudo de gás e petróleo, completando-a com o domínio absoluto do Legislativo e do Judiciário, que reprime no estilo antigo qualquer manifestação de oposição. Exemplo disso é o caso da companhia de petróleo Yukos, cujo presidente Mikhail Khodorovski ousou declarar a intenção de se candidatar nas próximas eleições à presidência do país. Khodorovski está preso, acusado de sonegação, com multas que praticamente expropriaram sua empresa gigantesca de gás e petróleo, transferindo o controle acionista para o Estado.

Esse procedimento inclui a mais violenta e brutal repressão de minorias que ousam reivindicar autonomia com independência da Rússia, como aconteceu em Beslan e continua a acontecer na Chechênia e em outras regiões.

As características do atual regime político russo não auguram possibilidades de uma verdadeira democratização e abertura ao exterior. Convidado a participar do G7, o clube dos países mais ricos, Putin aproveita para exercer seu projeto de restauração da hegemonia do regime totalitário anterior, cuja derrocada ele declarou, em discurso público, ter sido a maior tragédia da história. Ao mesmo tempo, a Rússia, sentada sobre imensas reservas de gás e petróleo, procura reconquistar sua hegemonia de grande potência, construindo gasodutos de milhares de quilômetros pelos quais flui o material que abastece hoje a maioria das empresas e casas dos países da Europa oriental e ocidental. Ela mostrou a sua arbitrariedade ao cortar, em pleno inverno de 2005, o abastecimento de gás para a Ucrânia. Além de aumentar os preços do combustível, seu objetivo era castigar os ucranianos pela ousadia da "revolução laranja", que colocou no poder o candidato Viktor Iushenko, partidário da abertura para o Ocidente e contrário ao poder opressivo da Rússia. Assim como o regime stalinista foi herdeiro da autocracia secular dos czares, o governo Putin mantém as características de comportamento arbitrário, repressivo e absolutista.

Finalmente, algumas considerações sobre os outros países emergentes – México, Paquistão, Indonésia, Tailândia, Turquia, Irã e Egito. Todos estão assoberbados por dívidas, ineficiência e corrupção da burocracia política e por imensos problemas sociais cujo equacionamento e solução parecem a cada dia mais distantes. No México é o próprio Estado que se encontra ameaçado pelo crescente poder dos cartéis do tráfico de drogas que abastece o mercado norte-americano. No Paquistão, os efeitos da guerra no vizinho Afeganistão e o alinhamento de setores do regime com os talibãs são desagregadores do Estado. Na Indonésia, a recente democracia encontra-se pouco consolidada, sendo necessária uma sensível melhora no nível de vida da população para torná-la viável. Na Tailândia há sinais de uma crise política que ameaça a governabilidade. Na Turquia, vive-se o conflito latente do governo muçulmano com a hierarquia secular do Exército, tendo por base política partidos que foram retirados do poder devido à corrupção. No Irã, a Guarda Revolucionária acaba por ser um Estado dentro do Estado, com poderes crescentes, regendo-se por normas alheias às leis, embora estas sejam uma tradução dos princípios religiosos que afirmam defender. No Egito, a instabilidade reflete-se na sucessão do presidente vitalício Hosni Mubarak.

Em conclusão, em vez de emergentes, esses países estão "subemergidos", marcados pela barbárie, o caos social e conflitos étnicos, religiosos e sociais de proporções gigantescas. Além de regimes autoritários, têm a presença ostensiva dos militares, que exercem um papel decisivo na divisão dos poderes e das posições políticas nos respectivos cenários nacionais.

» RÉQUIEM PARA A UNIÃO EUROPEIA: UMA LIÇÃO PARA O MERCOSUL?

Abril de 2007

Em recentes referendos populares, a Constituição da União Europeia foi rejeitada na França e nos Países Baixos por expressiva votação, 55% e 62%, respectivamente. Tal rejeição constitui um duro golpe para todos os que sonharam com uma união cada vez mais estreita dos povos, construída na longa caminhada desde a Benelux (união aduaneira da Bélgica, Países Baixos e Luxemburgo), a Comunidade do Carvão e do Aço (CCA), nos anos 1950, e o mercado comum de seis países (Alemanha, França, Itália e os três da Benelux) criado pelo Tratado de Roma, em 1957.

O caminho na direção dos Estados Unidos da Europa na aparência se abria para a integração de um espaço geopolítico com população e Produto Interno Bruto superiores aos dos Estados Unidos. Uma União Europeia realmente unificada constituiria fator de equilíbrio político e militar em relação à hegemonia norte-americana no contexto de um mundo pluripolar. Tal caminho parecia pavimentado após a ampliação do Mercado Comum Europeu para quinze membros – com o ingresso da Espanha, Portugal, Grécia, Áustria, Irlanda e países escandinavos – e a criação da moeda comum, o euro.

A recusa em adotar o euro por parte da Grã-Bretanha e da Suécia já prenunciava dificuldades no caminho da integração e, em 2002, a decisão de incorporar dez países da Europa Central (Polônia, República Tcheca, Hungria, Eslovênia, Eslováquia e os países bálticos), antigos participantes da União Soviética, certamente não colaborou para reduzir as tensões e os conflitos latentes.

Em 2001, numa reunião no Palácio de Laeken, em Bruxelas, os chefes de governo decidiram elaborar uma Constituição da União Europeia por uma comissão que o ex-presidente francês Valéry Giscard d'Estaing comandou. A primeira versão dessa Constituição foi apresentada e recusada em 2003 e, após inúmeras emendas, voltou a ser apresentada, no começo de 2005, aos povos de cada país-membro do bloco convocados a aprová-la ou recusá-la por meio de referendo. Apesar da aprovação em alguns dos países recém-ingressados, a rejeição da Constituição por dois países fundadores assinala de modo irretorquível que desmoronou o sonho de uma união sempre mais coesa, já que, para entrar em vigor, a Constituição necessita da aprovação de cada um dos 25 países-membros da organização.

O que foi rejeitado e por quê? O texto da Constituição, um calhamaço de duzentas páginas, contém cláusulas que definem os direitos dos cidadãos e o papel e poderes das instituições da União Europeia a ser administrados e supervisionados pelo secretariado com sede em Bruxelas.

Além de preconceitos atávicos e divergências políticas existentes no interior do bloco, que não podem ser dirimidos por decreto, os críticos atribuem esse resultado negativo à falta de democracia e transparência nas relações da União Europeia com os governos nacionais. Nessas condições, seria inviável conceder mais poderes para as instituições supranacionais (leia-se, a eurocracia) que controlariam o processo de integração em todas as suas dimensões. Ademais, a União Europeia foi incapaz de definir uma política de defesa comum quando eclodiu o conflito no Iraque. Enquanto a Grã-Bretanha participou ativamente da invasão ao lado das tropas norte-americanas, a França e a Alemanha lideraram o grupo de oposição à guerra, endossado pela China e pela Rússia.

Essa mesma divisão ocorre quando os partidários de um liberalismo que privilegia o "mercado" se chocam com os que querem uma Europa "social", ou seja, a manutenção do Estado do Bem-estar Social e o controle público dos setores estratégicos da economia. Os primeiros esperavam que a incorporação de mais dez países à União Europeia ajudaria a dinamizar as economias estagnadas e permitiria maior liberalização do comércio e dos serviços, mas com isso o que se conseguiu foi aumentar o potencial de conflito político e a xenofobia no interior do bloco, na medida em que a população dos países fundadores passou a culpar os novos membros – no geral menos industrializados – pelos índices de desemprego e pelo agravamento dos problemas sociais. A rejeição da Constituição em dois dos países fundadores da União Europeia representa não somente uma postura contrária às reformas liberalizantes do "mercado", mas sobretudo um protesto em face da ausência de democracia num documento redigido à revelia dos povos.

Há riscos de novas manifestações contrárias à Constituição, caso o referendo venha a ser realizado na Dinamarca, Grã-Bretanha, Polônia e República Tcheca, o que leva a supor o adiamento ou a suspensão do processo de consultas populares. Os que votaram contra a Constituição da União Europeia aproveitaram essa primeira chance em que foram autorizados a manifestar sua opinião sobre a eurocracia de Bruxelas e seu poder centralizador e o fizeram de modo consciente, rejeitando-a. Afinal, as contradições mais profundas no interior das sociedades europeias não foram superadas pela integração sucessiva de quinze países e, em seguida, de 25 – existem planos para incluir a Turquia no bloco.

A contínua expansão do espaço geoeconômico favorece principalmente as grandes empresas e conglomerados, em detrimento das pequenas e médias empresas (PMEs). Os agricultores, organizados em empresas de agricultura familiar, resistem teimosamente ao corte dos subsídios, tanto na França quanto na Alemanha. Os sindicatos dos trabalhadores dos países mais industrializados da União Europeia receiam que a mão de obra mais barata vinda dos países do Leste Europeu acabe provocando a perda de suas conquistas trabalhistas. Parte disso já tem acontecido, na medida em que várias das grandes empresas do setor automotivo deslocaram seus investimentos para a Eslováquia, a República Tcheca e a Polônia, na intenção de aproveitar a disponibilidade de operários qualificados, disciplinados e dispostos a trabalhar por menos da metade dos salários recebidos nos países ocidentais. Os sustentáculos da integração são os acadêmicos, intelectuais, políticos e profissionais que compõem os quadros da eurocracia com sede em Bruxelas e em Estrasburgo.

A integração de povos de cultura e idioma diferentes não é um fenômeno novo na história do mundo ocidental. Antes da Primeira Guerra Mundial, os impérios britânico, austro-húngaro e czarista impuseram regimes autocráticos e opressores aos povos conquistados. Foi justamente o desmoronamento do império britânico, após a Segunda Guerra Mundial, que levou à criação da Organização das Nações Unidas e à preconização da autodeterminação dos povos e minorias como um princípio legal. Meio século ainda seria necessário para ocorrer a desintegração da ex-União Soviética e da Iugoslávia e a eclosão de movimentos nacionalistas "tardios" em países de economia frágil e sistemas políticos autoritários. A emergência desses novos estados nacionais (hoje, são aproximadamente 190 os países-membros nas Nações Unidas, contra apenas 47 na época de sua fundação, em 1947) ocorre no contexto da globalização caracterizado pela alta competitividade e a disputa pelo controle de mercados globais constantemente dinamizados por inovações tecnológicas e lances especulativos do capital financeiro.

Nem a classe capitalista nem a tecnocracia dos diversos países estão dispostas a abrir mão de seus privilégios em favor das supostas vantagens da integração. Por outro lado, as esperanças depositadas na vocação internacionalista da classe trabalhadora, como se manifestou nos documentos da Segunda e da Terceira Internacional ("Proletários de todos os países, uni-vos!"), desmoronaram com a adesão dos partidos social-democratas à convocação para se alistarem no esforço de guerra contra os "inimigos" na Primeira Guerra Mundial e, novamente, na Segunda Guerra, quando foram incitados a defender as respectivas pátrias tanto do fascismo italiano e do nazismo alemão quanto do stalinismo soviético. Hoje, quando, em tempos de globalização, os sindicatos nacionais procuram defender seus empregos e suas conquistas do Estado do Bem-estar Social, esse internacionalismo dos trabalhadores torna-se uma perspectiva ainda mais distante.

A dinâmica das relações internacionais manifesta-se por tendências contraditórias. Enquanto ocorre um movimento poderoso de integração econômica e financeira impulsionado pelas necessidades de concentração e expansão do grande capital, os diferentes graus de modernidade alcançados pelos países menos desenvolvidos resultam em desintegração e fragmentação. A tendência para a criação de associações regionais de países, como a Associação de Livre Comércio da América do Norte (Nafta), a União Europeia e o Mercosul, é contrabalançada por movimentos de afirmação étnica, religiosa ou nacionalista que desafiam regimes políticos estabelecidos e, como nos casos da ex-União Soviética e da Iugoslávia, provocaram violentos conflitos, guerras e massacres de civis indefesos. Mesmo nos países da União Europeia, o separatismo basco, escocês e lombardo continua forte em plena era de integração regional.

Para superar essas tendências centrífugas, seria necessário um longo processo de debates públicos envolvendo todos os setores da sociedade. Entretanto, a Constituição Europeia foi redigida a portas fechadas, sem a participação das populações. Por isso, quando finalmente consultados, esses povos responderam com um inequívoco "não".

O voto da França e dos Países Baixos significa o fim da União Europeia? Fala-se de uma repetição da consulta, mas o certo é que, embora continuem as transações comerciais e financeiras do capital transnacional, o sonho dos Estados Unidos da Europa foi adiado. O voto contrário à Constituição teria sido uma vitória da democracia? Uma interpretação mais correta dos resultados seria de que os cidadãos franceses e holandeses querem saber para onde os levará esse processo de integração que interfere constantemente em suas vidas. Eles temem a transferência dos direitos de soberania ao secretariado hermético de Bruxelas e certamente hesitam em assumir os custos sociais e culturais da ausência de políticas compensatórias prometidas pelos neoliberais, capaz de privá-los das conquistas do Estado do Bem-estar Social.

E O MERCOSUL?

A crise que ora atravessa o projeto de integração europeia encerra lições para as aspirações análogas no hemisfério meridional das Américas, particularmente o Mercosul. A trajetória do Mercosul deve ser analisada à luz da instabilidade social e política crônica dos países desse subcontinente, cuja economia parece irremediavelmente condenada ao subdesenvolvimento.

As desigualdades gritantes na distribuição da renda e a falta de acesso a serviços que atendam às necessidades básicas dos povos da região sacodem periodicamente os respectivos sistemas políticos pseudodemocráticos dos países, historicamente controlados por oligarquias demagógicas e corruptas. Nos primeiros meses de 2005, além das convulsões que vêm sacudindo a Bolívia, o presidente do Equador foi deposto, a guerra civil na Colômbia continua, a aprovação do presidente do Peru caiu vertiginosamente e continua crescendo a pressão dos Estados Unidos sobre a Venezuela, cujo presidente é acusado de exportar a revolução "bolivariana" para o restante da América do Sul.

Nesse contexto, o Mercosul, após mais de uma década de avanços e retrocessos, pautados pelo estado das economias dos dois principais países do Cone Sul, a Argentina e o Brasil, passa por uma fase de questionamentos da sua viabilidade e do seu futuro. Apesar da construção de um conjunto arquitetônico monumental na cidade de São Paulo, que deveria abrigar o Parlamento das quatro nações associadas – Argentina, Brasil, Paraguai e Uruguai –, o Mercosul não conseguiu criar, mesmo na aparência, uma instituição supranacional de coordenação política, porque suas duas economias principais seguem caminhos e objetivos diferentes. Enquanto a Argentina visa prioritariamente à expansão de seus mercados de exportação de produtos agropecuários, o Brasil vislumbra no Mercosul um patamar para a sua estratégia geopolítica, em busca de um assento permanente no Conselho de Segurança das Nações Unidas.

As dificuldades crescentes até no intercâmbio de mercadorias dos parceiros apareceram nos últimos anos, quando as importações de produtos eletrodomésticos e automotivos brasileiros ameaçavam sufocar as empresas argentinas. Os empresários dos dois países, com exceção das empresas transnacionais, não estão dispostos a abrir mão da soberania nacional em favor de instituições jurídicas e políticas regionais. Ademais, não foi criado um fundo de compensação e reconversão de empresas e setores atingidos pelo processo de integração, nos seus estágios iniciais de união aduaneira e de zona de livre comércio. Faltam projetos ou mesmo estudos sobre a construção de uma infraestrutura integrada nos setores de energia, transportes e comunicações – espinha dorsal de um processo de aproximação dos povos e de suas culturas, muito além de meras trocas comerciais. As pressões para liberalizar as tarifas tendem a enfraquecer o país cuja economia não é complementar e cujo nível tecnológico diferente impede a integração de cadeias produtivas. O enfraquecimento da economia nacional inviabiliza os esforços de construção de sociedades mais equilibradas e justas, de acordo com as preferências, interesses e aspirações de autonomia política da imensa maioria das populações.

Na ausência de relações democráticas baseadas na participação da sociedade civil nas decisões, a integração segue o modelo tradicional de imposição "de cima para baixo", sem consulta aos seus legítimos representantes. Além das diferenças geográficas e econômicas significativas – extensão territorial, número de habitantes, recursos naturais e estrutura produtiva –, os países do Mercosul apresentam um quadro institucional legal bastante distinto no que tange à legislação trabalhista e tributária e as políticas econômicas, monetárias e cambiais seguem em trilhas diferentes. A preocupação em manter e fortalecer o Mercosul, tendo em vista as negociações com os Estados Unidos sobre a Alca (Área de Livre Comércio das Américas), sofreu sério abalo com as manifestações dos governantes da Argentina e do Uruguai sobre a aceleração do processo de negociação, até 2003 e 2004 respectivamente, o que deixaria o Brasil numa situação pouco confortável.

Os atores sociais dominantes – as elites empresariais industriais e agroexportadoras e a tecnocracia – não foram capazes de reforçar a coesão interna de sua sociedade e, ao mesmo tempo, fortalecer e dar poder aos órgãos de tomada de decisão em nível regional. Assim, o Mercosul ingressa no século XXI sem os instrumentos jurídicos e institucionais para enfrentar um desafio que é duplo: negociar acordos com os Estados Unidos e a União Europeia sem ter atraído outros países da América do Sul para sua órbita. Penosamente construído ao longo dos últimos quinze anos, o Mercosul está esfacelado e prestes a enterrar o sonho dos povos sul-americanos de conseguir seu desenvolvimento soberano e independente.

Os projetos de integração regional baseiam-se nas premissas de crescimento econômico com mais exportações, equilíbrio fiscal e desenvolvimento de tecnologias de ponta com validade e eficácia ainda não comprovadas. O sistema político está em crise permanente, incapaz de atender ao clamor por mais igualdade, democracia participativa e justiça social. Tanto o Mercosul quanto a proposta de criação da Alca são imposições "de cima para baixo", criadas sem ouvir ou consultar os representantes legítimos das respectivas sociedades civis. Tecnocratas, empresários e diplomatas arrogam-se o direito de definir os rumos e diretrizes que vão afetar os destinos de milhões de pessoas, em franco desrespeito aos princípios básicos das sociedades democráticas e sua Constituição.

A elaboração de uma Constituição não pode ser considerada um *blueprint*, um manual de prescrições jurídicas, em vez de uma plataforma de debates. O que almejamos com a criação dos Estados Unidos da América do Sul? Almejamos uma administração altamente centralizadora, como a de Bruxelas em relação à União Europeia, ou um modelo descentralizado, com ampla autonomia dos países-membros? Como funcionará o futuro Parlamento? Será eleito com base no número de habitantes de cada país? Os governos nacionais teriam direito a veto nas decisões tomadas pelo Parlamento, como ocorre na União Europeia?

Passaram quinze anos desde o Tratado de Assunção (1991) e de suas promessas retóricas de desenvolvimento com justiça social e chegou-se ao século XXI com uma estrutura social extremamente assimétrica e padrões de produção e consumo que dividem a sociedade em dois mundos antagônicos, caracterizados pela segregação e exclusão.

A organização da produção e do comércio sob a tutela e o controle do setor financeiro sujeita a vida social às vicissitudes dos movimentos especulativos do capital financeiro nacional e internacional. A fragilidade política da sociedade civil impede um processo de integração mais vigoroso, capaz de incorporar as regiões historicamente atrasadas em seu desenvolvimento, e o atraso político reforça as tendências centrífugas e as disparidades regionais e sociais, cada vez mais agravadas pela concentração do capital em escala global.

Os governos sul-americanos, mesmo quando formalmente democráticos, têm resistido às tentativas de ampliar o controle do cidadão sobre os atos do poder público, para conferir-lhes maior transparência, até mesmo nos gastos e nas receitas. Decisões importantes, como a privatização de empresas estatais, a desregulamentação dos setores de energia e comunicações e a concessão de apoio a instituições financeiras falidas, foram tomadas sem deliberação prévia do Congresso.

O Mercosul, apesar de toda a retórica dos governantes, não passou das primeiras etapas – Área de Preferência Tarifária e Zona de Livre Comércio –, devido às pressões de setores prejudicados que exigiam "salvaguardas". E não foram concretizados nem a União Aduaneira, pressupondo uma tarifa externa comum em relação a terceiros países, nem o Mercado Comum, com a adoção de uma política comercial comum e a livre mobilidade dos fatores de produção nos quatro países-membros. O avanço do processo de integração pela harmonização das respectivas legislações nacionais e a coordenação das políticas macroeconômicas foi sustado, representando um claro recuo no caminho do equacionamento e da solução dos problemas comuns do subcontinente.

» GUERRA SEM FIM: O ATOLEIRO NO AFEGANISTÃO

Setembro de 2008

O recrudescimento do conflito no Afeganistão, com violentos ataques do Talibã causando vítimas nas tropas da Organização do Tratado do Atlântico Norte (Otan) e, sobretudo, na população civil, coloca uma dúvida crucial na eficácia das operações militares, sete anos depois da invasão do país em 2001. Apesar da presença de 35 mil soldados, em sua maioria norte-americanos mas também ingleses, holandeses, canadenses e poloneses, as chances de uma solução do conflito parecem cada vez mais remotas. Enquanto o comando americano exige reforços de seus parceiros da Otan, além de apostar na retirada e transferência de tropas do Iraque, vários países aliados têm transmitido sinais inconfundíveis de sua próxima retirada do país, economicamente destruído, socialmente desarticulado, politicamente instável e, portanto, militarmente inseguro.

O Talibã, derrotado pela invasão americana, encontrara refúgio nas terras montanhosas e inóspitas do Paquistão, onde recebeu recursos financeiros e humanos do Irã e da Arábia Saudita que lhe permitiram reorganizar-se, treinar melhor suas milícias e voltar a ameaçar as rotas de transporte e até cidades desprovidas da proteção por parte do governo central e das tropas de ocupação. Tornando-se mais forte, ameaça várias áreas, antes consideradas seguras, inclusive os arredores da capital Kabul.

Após sete anos de conflito, com inúmeras vítimas e refugiados entre a população civil, o país parece novamente numa situação de caos, tão recorrente em sua atribulada história do último século.

Situado no sudoeste da Ásia, com um território de 711 mil km^2 e 25 milhões de habitantes, o país é atravessado pela cordilheira de Hindu Kush e o famoso Kyber Pass, que serviu historicamente de rota de comércio da seda entre o Oriente Médio e a China e também dos guerreiros mongóis que vinham do leste. O Afeganistão tem fronteira com o Irã no oeste, o Paquistão no leste e as republiquetas surgidas após o desmoronamento da União Soviética, o Turquemenistão, o Quirguizistão e o Tadjiquistão, no norte.

Conquistado por Alexandre Magno por volta de 330 antes da era cristã, o país sofreu inúmeras invasões e dominação estrangeira, até a conquista pelos árabes no século VII da era cristã, que converteram ao islã a população tribal e nômade. No início do século XIII, o país foi invadido e devastado pelos mongóis, até que em 1747 surgiu um chefe afegão, Ahmed Shah, da dinastia Durrani, que estabeleceu a capital em Kandahar e conseguiu unificar o país.

A Grã-Bretanha tentou conquistar o Afeganistão no fim do século XIX, ficando com o controle da sua política exterior até o fim da Primeira Guerra Mundial. Os anos entre as duas guerras foram caracterizados por uma relativa estabilidade sob o reino do monarca Zahir Shah. Em 1953, o general Daoud, primo do rei, tomou o poder como primeiro-ministro e conseguiu ajuda econômica e militar da União Soviética, cuja política em relação ao Afeganistão seguiu as linhas e os interesses do regime imperial czarista. Em 1973, Daoud depôs Zahir Shah, tomando o poder mediante um golpe militar. Daoud foi assassinado em 1978 e proclamou-se a República Democrática, governada por um conselho revolucionário presidido por Nur Mohammad al Tariki, que foi fuzilado em 1979 por uma facção favorável aos Estados Unidos, o que levou à invasão do país pelas tropas soviéticas.

Nos dez anos de ocupação pelas tropas da ex-União Soviética, os Estados Unidos armaram os guerrilheiros Mujahedin que travaram uma "guerra santa" (Jihad) contra as forças governamentais e os soviéticos. Em consequência desse conflito interminável, 5 milhões de pessoas fugiram para o Paquistão e o Irã, até a retirada das tropas soviéticas em 1989, que sofreram pesadas perdas de homens e equipamentos, deixando o país dividido e convulsionado por conflitos sangrentos entre facções rivais das diferentes tribos.

Os combates se agravaram com a emergência do Talibã – grupo islâmico extremista que conquistou o poder e impôs um regime de terror –, aplicando rigorosamente os preceitos da Sharia – a lei do Alcorão, com restrições severas às mulheres, obrigadas a vestir a *burkha* e impedidas de ter acesso a escolas e ao trabalho profissional. Transgressores das leis foram sumariamente castigados com extrema crueldade, cortando-se os braços de ladrões, apedrejando até a morte mulheres adúlteras e executando em praça pública os inimigos do regime.

O Talibã – movimento de estudantes islâmicos sunitas fundamentalistas – tomou o poder após uma guerra civil seguinte à retirada das tropas soviéticas. Mesmo depois de derrubado pelas tropas americanas, conseguiu reagrupar-se e continuar a combater os invasores nos refúgios nas regiões montanhosas da fronteira com o Paquistão. Entre os militantes "jihadistas" formou-se, em 1998, o grupo radical Al Qaeda, que planejou e executou o ataque às torres do World Trade Center, em Nova York.

Em abril de 2008, por ocasião de uma parada militar a que assistia, o presidente Hamid Karzai escapou por pouco de um atentado dos insurgentes. Desde 2006, as tropas da Otan enfrentam uma insurreição do Talibã que causou milhares de mortos entre a população civil e, também, perdas pesadas às tropas da Otan. Apesar do poder de fogo muito superior que lhes permite ganhar batalhas, o sentimento nas tropas e mesmo no comando da Otan é de que estão perdendo a guerra. Os analistas e observadores do conflito consideram que as forças estrangeiras são mais parte do problema do que a sua solução. Por outro lado, o Talibã exige a retirada das tropas estrangeiras para iniciar negociações de paz. Propõe-se uma solução política semelhante à que se tentou no Iraque, literalmente comprando o apoio dos chefes tribais. Mas no Afeganistão tal estratégia não surtirá efeito por falta de autoridade do governo central, pela lentidão da reconstrução do país e pela ineficiência das forças armadas, com armamentos que lhes permitiriam enfrentar e eventualmente vencer os guerrilheiros do Talibã.

Enquanto milhares de civis são mortos nos combates, os membros das organizações internacionais de assistência às vítimas e das organizações não governamentais de ajuda não se arriscam a sair de suas bases; entre os diplomatas estrangeiros em Kabul, o sentimento de uma próxima derrota militar está presente em todas as conversações. Não há sinal de que o Talibã esteja disposto a negociar, apesar de tentativas de contato do presidente Hamid Karzai, procurando isolar os elementos radicais e extremistas para entrar em negociação com os mais moderados. A negociação pressupõe um mínimo de segurança proporcionada pelo governo e o restabelecimento de sua credibilidade para conseguir o apoio da maioria da população. Conter a ofensiva do Talibã e reverter essa situação exigiria mudanças nas forças armadas afegãs para que assumam progressivamente a luta contra os insurgentes extremistas. Mas o regime de Karzai, apoiado por George W. Bush, tem sofrido de falta de eficácia no combate à corrupção, mesmo quando recursos financeiros foram colocados à disposição.

Qual será a atitude do novo presidente a ser eleito em 4 de novembro próximo? Os americanos não parecem inclinados a abandonar a luta e os dois candidatos à Presidência têm prometido reforços para as tropas que lutam no Afeganistão. Mas suas preocupações não se referem apenas ao Talibã: os parceiros britânicos parecem cansados da luta. Altos oficiais têm manifestado pessimismo quanto à solução do conflito por meio da força militar e apontam para a necessidade de uma solução política, dividindo o poder com o Talibã. As áreas ocupadas pelo Talibã são mais bem administradas e mais seguras em função do seu regime brutal e autoritário, enquanto nas outras regiões prevalecem a violência e os atentados de homens-bomba. Mesmo derrotando grupos de insurgentes, os ocidentais deparam com inúmeras lutas tribais, antes reprimidas pelo Talibã.

Seria necessário um profundo estudo antropológico para compreender a complexa estrutura e dinâmica social da sociedade tribal no Afeganistão; 40% da população pertence à etnia dos Pashtuns, 30% são Tadjiks e uma minoria é constituída pelos Hazaras, considerados inferiores pelos outros. Mas os Pashtuns se dividem em sessenta tribos e quatrocentos clãs que estão em conflito permanente uns com os outros. O Talibã procurou manter-se acima das lutas tribais, que considera um desvio dos preceitos da Sharia, e procura ganhar o apoio da população, embora seja mais autoritário, negando os direitos básicos às mulheres: educação escolar e participação na vida profissional. Relaxou as proibições de ver tevê, ouvir música e lançar pipas e, enquanto compra armas e munição de policiais e soldados, mantém a lei e a ordem nos territórios por ele controlados, em oposição às rivalidades e conflitos de facções tribais.

Estima-se que 20% a 30% da população apoia o Talibã, cujas forças são estimadas em 10 mil a 20 mil homens espalhados pelas diferentes províncias, tornando quase impossível a tarefa de controle do país pelas forças da Otan. Milhares de novos recrutas são treinados nas "madrassas", escolas mantidas com recursos provindos do exterior e do comércio de ópio, que asseguram vantagens na luta contra os estrangeiros, sobretudo nas regiões montanhosas, onde os modernos armamentos militares da Otan são de pouca eficácia.

O plantio e comércio de ópio representam um terço do PIB e seu refino e tráfico alimentam a corrupção e o crime contra os quais o governo de Hamid Karzai parece incapaz de agir de forma eficaz. Acusado de incompetência e corrupção, o governo de Karzai procura desviar o descontentamento da população com a alta dos preços de alimentos, a distribuição desigual da ajuda externa e a corrupção da administração, ameaçando invadir o Paquistão para caçar os rebeldes do Talibã que cruzam com facilidade a fronteira oriental, onde têm seus esconderijos.

Apesar dos 20 mil soldados afegãos e da Otan que defendem Kabul, os diplomatas estrangeiros e o comando militar estabelecidos em hotel de cinco estrelas transformado em fortaleza não estão seguros, como comprovou um atentado suicida de quatro homens-bomba do Talibã que invadiram a entrada e a piscina do hotel antes de se explodirem, matando oito funcionários e hóspedes, no início deste ano.

Entretanto, uma retirada das tropas da Otan agora não seria apenas sinal inequívoco da perda de poderio e prestígio dos americanos, mas também um golpe fatal para a população do Afeganistão, recentemente libertado do regime de crueldade medieval do Talibã.

Haveria um fim à vista?

» GUERRA DOS CEM ANOS

Janeiro de 2009

A história da humanidade no último milênio pode ser lida como uma sucessão interminável de guerras, invasões, destruições e massacres, particularmente no continente europeu. O início do século XI foi marcado pelas primeiras cruzadas, que se estenderam até o século XIV, tendo como objetivo assegurar o domínio cristão sobre os lugares sagrados da Palestina, controlados então pelos muçulmanos. No caminho para a Terra Santa, os cruzados massacraram judeus, cristãos e muçulmanos com extrema brutalidade, movidos mais pela cobiça de riquezas arrancadas das vítimas do que pelo propósito de conquistar a região.

Nos séculos XI a XIII, as populações viveram sob a constante ameaça de invasões das hordas mongóis, lideradas por Gengis Khan e, posteriormente, por seu neto Kublai Khan, cujos guerreiros chegaram ao mar Báltico. No século XII surgiram as tribos guerreiras seljúcidas, vindas do Turquemenistão, para conquistar um vasto território que se estendeu da Ásia Menor e da Mesopotâmia até Bizâncio. Os turcos seljúcidas foram seguidos pelos otomanos, que continuaram a expansão por meio de um poderoso exército de cavaleiros bem armados que conquistou os Bálcãs e os países do Mediterrâneo até o norte da África, alcançando por duas vezes as portas de Viena (1527 e 1683), último baluarte da civilização ocidental. Embora derrotados pelas tropas do império dos Habsburgos, ajudados pelos poloneses, os turcos mantiveram sob o seu domínio os países dos Bálcãs até o século XIX.

Do lado ocidental, entre 1340 e 1450, França e Inglaterra travaram inúmeras batalhas, devido às tentativas dos reis ingleses de dominar extensas províncias francesas como Bretanha, Gascogne e Normandia.

No século XVII, a Guerra dos Trinta Anos dos reis católicos com os protestantes devastou a Europa central; o conflito só terminou com o Tratado de Vestfália (1648), assinado na cidade de Münster, do qual se originou a Europa moderna dos estados nacionais.

Nos séculos XIX e XX, na luta pela hegemonia continental, França e Alemanha enfrentaram-se em três guerras sangrentas. A primeira, em 1870-1871, terminou com a derrota das tropas francesas e a anexação da Alsácia e Lorena pela Alemanha. No fim da Primeira Guerra Mundial (1914-1918), que ceifou a vida de milhões de pessoas, esse mesmo território voltou à soberania francesa. A hecatombe da Segunda Guerra Mundial (1939-1945), com dezenas de milhões de vítimas entre soldados e civis, restituiu o território disputado à França, mas dos escombros do que foi o conflito bélico mais devastador germinou a ideia da associação dos dois países sob a liderança de Konrad Adenauer e Guy Mollet, da qual resultaram a Comunidade do Carvão e do Aço, o Mercado Comum Europeu e, finalmente, a União Europeia.

Louvando-se nesses antecedentes históricos, seria possível extrapolar para o atual conflito entre Israel e palestinos, que também já dura mais de cem anos?

No dia 18 de janeiro de 2009, anunciou-se a declaração de Israel de uma trégua temporária em Gaza, com cessar-fogo condicionado à reciprocidade do Hamás, que prontamente rejeitou a proposta. Embora o cessar-fogo tenha sido declarado unilateralmente por Israel, os Estados Unidos e o Egito, que o negociaram, confirmaram uma reunião que deve demonstrar o apoio da comunidade internacional à iniciativa. Dessa reunião, prevista para os próximos dias em Sharm el Sheikh, no Egito, participarão líderes de países como França, Alemanha, Inglaterra, Turquia, Itália e República Tcheca, que exerce atualmente a presidência da Comunidade Europeia, o secretário das Nações Unidas, Ban Ki Moon, e o presidente da Autoridade Nacional Palestina, Mahmoud Abbas. O comunicado não menciona a presença de representantes do Hamás, que não é reconhecido pela comunidade internacional.

Concomitantemente a essas medidas, anunciou-se um acordo assinado entre Estados Unidos e Israel contrário ao rearmamento do Hamás. O acordo, firmado em Washington pela secretária de Estado americana Condoleezza Rice e a chanceler israelense Tzipi Livni, estabelece a cooperação dos dois países se Israel aceitar o cessar-fogo na Faixa de Gaza.

O desarmamento do Hamás constitui a principal exigência de Israel para sustar a ofensiva que durou três semanas e custou a vida de mais de 1.200 palestinos, entre civis e combatentes da organização. Faz parte do acordo o bloqueio dos túneis na fronteira entre a Faixa de Gaza e o Egito, que foram usados para o contrabando de armas além do fornecimento de combustíveis e alimentos. O texto coloca o patrulhamento da fronteira com o Egito como condição indispensável, para cuja concretização pede a colaboração da Organização do Tratado do Atlântico Norte (Otan). A assinatura da trégua entre as duas partes em conflito seria seguida de negociações para pôr fim ao bloqueio de Gaza e possibilitar o envio de monitores internacionais para a fronteira.

O líder do Hamás, Khaled Meshal, exilado na Síria, teria oferecido uma trégua renovável por um ano e condicionada à retirada das tropas israelenses de Gaza e ao levantamento do bloqueio do território. O Egito e os observadores internacionais usarão equipamentos modernos, fornecidos pelos Estados Unidos, para detectar infiltrações de armas.

Seria esse o primeiro passo em direção à paz e, assim, ao fim do conflito que já dura cem anos?

No começo do século XX, os "pioneiros" – fundadores das primeiras colônias e fazendas coletivistas – criaram grupos armados de defesa (Hashomer) para proteger-se dos ataques de árabes. O movimento irredentista árabe era hostil à expansão das colônias judaicas em terras compradas dos *effendis*, proprietários ausentes que viviam nas cidades de Beirute e Damasco. Em 1929, ocorreram vários ataques a assentamentos judaicos e nas cidades de Hebron e Jerusalém.

Em 1935-1936 ocorreram novos ataques noturnos às fazendas coletivistas (Kibutzim), que a polícia britânica se mostrou incapaz de reprimir. Uma comissão inglesa chefiada pelo lorde Peel publicou um "Livro Branco" em que recomendava ao Parlamento a proibição da imigração judaica para aplacar a ira dos palestinos. Estes foram incitados para a luta pelo "Mufti" – autoridade religiosa máxima – de Jerusalém, que na Segunda Guerra Mundial procurou asilo na Alemanha nazista.

Pouco tempo depois, no fim da Segunda Guerra Mundial, a Grã-Bretanha resolveu devolver às Nações Unidas o mandato de proteção à Palestina assinado em Assembleia Geral de novembro de 1947, no qual se decidiu a partilha da região em dois estados. Essa decisão foi rejeitada pelos países árabes, enquanto os judeus proclamaram, em 15 de maio de 1948, a sua independência e a criação do Estado de Israel. A segunda metade do século XX e o começo do século XXI registraram uma sequência interminável de conflitos – 1948, 1956, 1967, 1973, 1982, 2006 e o atual, de 2008. Nos intervalos houve inúmeros atentados a bomba, assaltos e as "Intifadas", que causaram vítimas dos dois lados e levaram à evicção de mais palestinos de suas terras, tornando-os eternos párias precariamente abrigados em campos de refugiados nos países vizinhos. Apesar das muitas tentativas diplomáticas para resolver a questão do Estado palestino, elas fracassaram devido à intransigência dos líderes dos dois lados, mesmo com o reconhecimento de Israel por Yasser Arafat, líder da Organização para a Libertação da Palestina, e com o abandono oficial do objetivo de "jogar os judeus ao mar".

A operação militar de dezembro último configura a quarta vez que Israel invade a Faixa de Gaza. A primeira foi em 1948, na guerra de independência; a segunda, em 1956, quando, com a França e a Inglaterra, os israelenses invadiram Gaza para recapturar o Canal de Suez nacionalizado por Nasser. Em 1967, na "guerra dos seis dias", ocorreu outra invasão que levou à ocupação do território por 38 anos, até a retirada unilateral comandada por Ariel Sharon em 2005. O confronto atual deu-se em resposta a bombardeios diários por meio de foguetes Quassam de pequeno alcance disparados por palestinos de colônias israelenses situadas na fronteira, cuja eliminação seria um dos objetivos principais da ação militar de Israel. Ficou patente que o governo desse país cedeu às pressões crescentes da opinião pública às vésperas de eleições gerais para o Parlamento, marcadas para fevereiro próximo e cujos resultados terão grande impacto no seu futuro político. Deve-se ter em mente que, ao longo dos últimos anos, sobretudo no governo exercido pelo Likud, cresceram as pressões para ocupar mais terras dos árabes, abandonadas ou conquistadas nos conflitos e alimentadas pelo sonho de Israel nas fronteiras bíblicas, defendido pelos extremistas de direita e pelos ortodoxos religiosos.

As sucessivas insurreições ("Intifadas") nos anos 1980 e a mais violenta, de 2001-2003, desfizeram a ilusão de poder manter os palestinos submissos à dominação de Israel e apontaram para a necessidade de se chegar a um acordo de paz final, com a criação de um Estado palestino, a negociação da retirada dos assentamentos implantados na Cisjordânia, a partilha de Jerusalém, considerada por muitos israelenses um sacrilégio, e o estabelecimento de fronteiras seguras garantidas internacionalmente.

Apesar da disposição e do apoio dos países árabes a uma solução negociada, comprometendo-se a reconhecer Israel e a estabelecer relações diplomáticas com o Estado judeu em troca do retorno às fronteiras pré-1967 e da criação de um Estado palestino, as resistências internas dos dois lados são muito grandes. A recusa do Hamás de reconhecer Israel e sua disposição de lutar pela libertação de toda a Palestina têm impedido um avanço na direção de um tratado de paz garantido pelas Nações Unidas, pelos países árabes e pelas potências ocidentais.

Em 2002, a Liga Árabe reunida em Beirute formalizou uma proposta de normalização das relações diplomáticas e comerciais em troca da retirada de Israel dos territórios ocupados em 1967, que foi rejeitada pelo então governo de Israel sob a chefia de Ariel Sharon.

A recusa de Israel fortaleceu o Hamás, grupo mais radical e intransigente, em detrimento da facção mais moderada, o Fatah, que acabou expulso da Faixa de Gaza.

Tanto na guerra no Líbano ao Hezbollah, o "partido de deus", em 2006, quanto no conflito atual em Gaza, os combatentes têm desenvolvido uma tática militar contra a qual os bombardeios da força aérea e da artilharia pesada se mostram pouco eficientes. Por outro lado, um combate de guerrilhas, defendendo cada casa e edifício, entrincheirando-se em túneis subterrâneos, teria um elevado custo em vidas de soldados, inaceitável pela população de Israel.

Enquanto continuam a cair foguetes Quassam em assentamentos israelenses, respondidos por pesados bombardeios da força aérea de Israel, tem-se criado uma situação em que ambos os lados se mostram ansiosos por uma trégua, mesmo temporária, na expectativa de estabelecer negociações que levem à criação do Estado palestino e à celebração da paz.

O Hamás, a exemplo do mundo árabe, estava dividido quanto a "como" pôr fim ao conflito. Tal como Israel, o Hamás procurou obter o máximo de ganhos políticos com o desfecho da guerra. Mas, enquanto os combatentes na Faixa de Gaza mandaram sinais urgentes para terminar depressa o banho de sangue, seus líderes no exílio insistiram na continuação da luta até a consecução de suas exigências. A pressão externa de países que apoiaram a mediação do Egito para conseguir a aceitação dos termos da trégua que deixaria o Hamás no controle do território, embora sem condições de continuar a guerra, prevaleceu sobre os grupos mais intransigentes. Tanto o Egito quanto a Turquia se esforçaram para convencer Khaled Menshal, o líder do Hamás asilado na Síria, a diminuir suas reivindicações, tendo em vista a situação catastrófica em Gaza. Os esforços diplomáticos visam a uma trégua de vários dias, seguida por amplas conversações para resolver as questões sobre o controle das fronteiras, e a um cessar-fogo de longa duração. Essa mudança para uma posição mais moderada do Hamás se deve à percepção de que a tática de ganhar maior apoio internacional, incluindo o do Egito, não produziu os efeitos esperados. O conflito revelou também a divisão das forças empenhadas na região, ficando de um lado a Arábia Saudita, o Egito e a Autoridade Nacional Palestina, que acusaram o Hamás de agir no interesse do outro lado – do Irã, da Síria e do Hezbollah. A tensão entre os árabes explica a chamada da intermediação da Turquia, que mantém relações com Israel e o Hamás. Tal como o Hezbollah, que cantou vitória no confronto com Israel em 2006 no sul do Líbano, também o Hamás poderia declarar-se vitorioso, embora as opções estratégicas continuem com as forças de defesa de Israel.

Indubitavelmente, o presidente Barack Obama, que toma posse hoje, 20 de janeiro de 2009, a ONU e os países árabes devem exercer todo o seu poder de influência para conseguir uma solução pacífica desse conflito que se arrasta há mais de cem anos.

» O SOL BRILHA NO ORIENTE

Setembro de 2010

Enquanto os mercados ainda sentem os efeitos da pior crise financeira das últimas décadas e ainda ronda o temor de uma nova recessão, a mídia chinesa divulga "a idade de ouro do desenvolvimento" para os países asiáticos. O Produto Interno Bruto chinês cresceu no primeiro semestre de 2010 a uma taxa de 11,7% comparada com a do ano anterior. E os recém-industrializados "tigres" – Coreia do Sul, Taiwan, Hong Kong e Cingapura –, assim como quase todos os países do sudeste da Ásia, parecem plenamente recuperados da crise econômica que varreu o mundo em 2008-2009. Mesmo a Tailândia, conturbada por graves problemas políticos, cresceu 9,1% no segundo trimestre de 2010. Pode parecer que esses países estão imunes à crise dos países ricos do Ocidente. Afinal, a China conseguiu superar o Japão, alcançando a posição de segunda maior economia do mundo, e poderá continuar a estimular as economias dessa região.

Efetivamente, o sudeste asiático passou por profundas transformações desde o ingresso da China na Organização Mundial do Comércio e sua ascendência e hegemonia econômica evoluíram mais rapidamente do que em qualquer outra parte do mundo, apesar de ainda se manter um déficit na balança comercial com os parceiros regionais. A China é atualmente o maior parceiro comercial da Austrália e da Índia; é o maior mercado para as exportações japonesas, coreanas e taiwanesas; é o segundo maior importador da Malásia e da Tailândia e o terceiro da Indonésia e das Filipinas. A visão otimista da "idade de ouro" tem permeado as deliberações do Sexto Fórum Pequim-Tóquio, realizado recentemente na capital japonesa.

Entretanto, convém adotar certa cautela diante do otimismo triunfalista. Algumas das altas taxas de crescimento no sudeste asiático são devidas também às baixas bases sobre as quais foram calculadas. Assim, a taxa de Cingapura, de 17,9% no primeiro semestre de 2010, parece menos espetacular se comparada com a taxa negativa de 5,3% no ano anterior. Quando houve a queda geral do comércio em 2008-2009, as taxas de crescimento da região também caíram. A estreita dependência do comércio continua: à parte as taxas da China e da Índia, que cresceram no segundo trimestre de 2010 alcançando 8,8%, os outros países da região continuam dependentes da demanda externa. Apesar do aumento das vendas para a China, os mais importantes mercados para as exportações são ainda os do G3 – Estados Unidos, União Europeia e Japão. As exportações dos países asiáticos para a China podem ser divididas em três categorias: o Japão e a Coreia do Sul nela encontram um imenso mercado para bens de capital, máquinas e equipamentos. Austrália e Indonésia fornecem *commodities* e matérias-primas como carvão, estanho, minério de ferro e óleo de palma. Muitos países asiáticos exportadores vendem componentes – partes de uma cadeia de suprimentos que reaparecem depois como produtos montados "*made in* China" nos mercados compradores. Estimativas feitas na Malásia, por exemplo, apontam que 60% de suas exportações para a China são destinadas a produtos vendidos no G3. Esse índice não passa de 30% das reexportações de componentes da Indonésia. O Banco do Desenvolvimento da Ásia analisa a interdependência e importância da China no comércio regional, embora continue a sua dependência da economia mundial. Outros estudos sobre a importância da China no comércio da região apontam para o número crescente de turistas, as oportunidades de investimentos e a demanda por serviços como fontes de otimismo para os homens de negócios da região.

Realmente, após três décadas de crescimento, o PIB da China apresenta apenas 10% do PIB nominal global, mas, com a expansão de seu mercado interno e a contínua absorção de dezenas de milhões de pessoas da área rural que migram para o mercado urbano-industrial, tornando-se consumidores com poder aquisitivo, o avanço da China e, com ela, dos países da região do sudeste asiático parece destinado a alterar a relação de forças

Tabela comparativa das economias orientais

País	População	Área	Taxa de crescimento do PIB (2010)*	PIB nominal	Paridade do poder de compra	Balança comercial	Balança conta corrente	PIB *per capita*	PIB *per capita*
	(milhões)	(mil km²)	(em %)	(milhões US$)	(milhões US$)	(bilhões US$)	(bilhões US$)	(nominal US$)	(PPC US$)
China	1.340,0	9.600,0	9,2	5.580	9.815	174,0	282,2	4.170	7.350
Índia	1.184,0	3.287,7	8,0	1.468	3.876	-117,0	-38,4	1.240	3.270
Indonésia	243,0	1.922,0	5,9	594	993	19,5	9,7	2.440	4.090
Hong Kong	7,3	1,1	5,2	218	306	-42,5	17,0	30.720	43.180
Malásia	29,0	330,0	6,8	220	401	35,9	29,2	7.630	13.880
Japão	127,0	370,0	3,2	5.128	4.228	81,7	175,2	40.440	33.940
Cingapura	5,0	0,6	12,3	178	199	16,8	37,0	35.630	39.720
Coreia do Sul	49,5	98,5	6,3	882	1.421	40,2	34,1	17.810	28.700
Filipinas	100,0	300,0	3,7	166	344	n/d	n/d	1.660	9.430
Taiwan	23,0	36,0	7,7	376	824	14,7	40,4	16.430	36.000
Vietnã	88,0	329,5	6,0	101	274	n/d	n/d	1.150	3.120
Tailândia	67,5	511,7	4,1	274	555	12,9	12,8	4.060	8.230

Fontes: The Economist – The World in 2010, Londres 2010 (compilação dos dados pelo autor); United Nations Year Book 2010 (PPC: Paridade do Poder de Compra); Revistas The Economist, vários números.

(A taxa de crescimento do PIB – estimativa baseada nos dados do 1º semestre)

econômicas, com o deslocamento do principal eixo de produção, comércio e serviços para o Oriente.

A tabela da página anterior constitui uma demonstração eloquente do dinamismo das economias da região, sobretudo quando comparado com o fraco desempenho dos países da Organização para a Cooperação e o Desenvolvimento Econômico (OCDE). A comparação dos dois blocos fica ainda mais desfavorável quando os valores são contabilizados pelo PPC (PPP) – Paridade do Poder de Compra. O PIB da China eleva-se a 10 trilhões de dólares, contra 14 trilhões dos Estados Unidos. Ao continuarem as atuais tendências, dentro de dez anos a China ultrapassará os Estados Unidos como primeira potência econômica do mundo. Os países do leste e do sudeste asiático, com exceção do Japão, dispõem de uma força de trabalho jovem e ávida de ingressar no mercado de trabalho urbano-industrial como consumidores, alimentando o circuito "virtuoso" de investimento e crescimento econômicos.

Outro fator que pesa na comparação com o Ocidente é o volume de reservas em divisas – leia-se, em dólares americanos – dos países asiáticos. China, Japão, Coreia do Sul, Taiwan e os "tigres" menores, Hong Kong e Cingapura, detêm 75% das reservas mundiais em cambiais, grande parte em consequência do endividamento dos Estados Unidos e do seu déficit no orçamento público. As cifras das respectivas balanças comerciais e de contas correntes levam à inferência inevitável da transferência da dinâmica do desenvolvimento para o Oriente. Segundo as estatísticas das Nações Unidas, os países em desenvolvimento detêm 4,3 trilhões de dólares em reservas, das quais a China tem 2 trilhões; a Índia, 300 bilhões; o Japão, 993 bilhões; a Rússia, 433 bilhões; e a Coreia do Sul, 264 bilhões. Como uma espécie de seguro contra impactos externos, foram criados "fundos soberanos", cujos maiores detentores são os Emirados Árabes Unidos, com 875 bilhões de dólares; a Noruega, com 341 bilhões; Cingapura, com 330 bilhões; a Arábia Saudita, com 300 bilhões; e o Kuwait, com 300 bilhões. Segundo o jornal de São Paulo *Valor Econômico*, de 28 de janeiro de 2010, a maior parcela desses recursos está concentrada em seis países: China, Japão, Taiwan, Coreia do Sul, Rússia e Cingapura, o que confirma a nossa tese sobre o deslocamento futuro do principal eixo de atividades econômicas do Atlântico para o Pacífico.

:: PARTE 2 ::

PROBLEMAS SOCIAIS

» A ESQUERDA "NEOCLÁSSICA"

Fevereiro de 2004

Em artigo recente ("O governo Lula e a conciliação das elites", *Folha de S.Paulo*, 18-1-2004), o ministro Tarso Genro, com incontestável argúcia, tenta realizar um exercício de malabarismo intelectual para convencer as vozes mais críticas da política do governo Lula, acusando-as de resvalar para o oportunismo e o pragmatismo "útil", típico dos governos anteriores. Em defesa do governo e de suas políticas, polemiza com a oposição interna do PT e seus pressupostos ideológicos – nem sempre explícitos – numa discussão sobre as estratégias de desenvolvimento.

Segundo Tarso Genro, não haveria condições de governabilidade sem um acordo com os empresários e tampouco poderia haver crescimento econômico sem uma inserção no mundo capitalista. Ao optar por uma política mais autônoma, rompendo com o capitalismo financeiro internacional, o governo perderia o apoio da classe média e dos trabalhadores e, com isso, as condições de governabilidade (curiosamente, foi exatamente isso que sugeriu o megainvestidor George Soros em uma intervenção recente no Fórum Econômico Mundial realizado em Davos, na Suíça). Medidas socializantes (?) levariam ao rompimento da coalizão atual de forças que dá sustento ao governo Lula no Congresso e poderiam conduzir o país ao desastre, perdendo a singular oportunidade de retirá-lo do atraso e da estagnação.

Embora reconheça a validade da preocupação refletida nas críticas da esquerda, o ministro recorre a um discurso rebuscado para ocultar a guinada conservadora na política do PT, ao entrar no segundo ano do governo Lula. Admite até, com base em antecedentes históricos, a possibilidade de uma conciliação dos "de cima" para resolver a questão do crescimento econômico, porém sem distribuição de renda e sem a democratização do Estado.

Para dar sustento teórico ao seu discurso, Tarso Genro proclama a necessidade de avaliar as mudanças ocorridas nos últimos trinta anos, repisando em sua argumentação o discurso dos defensores da "terceira via", inclusive o do ex-presidente Fernando Henrique Cardoso. O "novo" contexto exigiria, para resolver a questão democrática sem guerra civil, um novo bloco dirigente, com uma classe empresarial capaz de competir no mercado internacional; um Estado forte, capaz de exercer o controle público e social, e uma estrutura de classes interna, baseada num forte mercado interno, com renda bem distribuída... Somente amparada nesse "novo contrato social", seria possível transitar para outro modelo econômico e um futuro democrático do país.

Tarso Genro proclama a "eliminação" do capitalismo e do socialismo da cena global, para justificar sua nova ideologia. É verdade, o socialismo "real" fracassou, mas nem por isso desapareceram as relações de produção e exploração do sistema capitalista. Ao contrário, a expansão do capitalismo oligopolista segue imperturbável em seu rumo, produzindo mais riquezas e mais miséria, numa dinâmica perversa, polarizadora e excludente, em escala global. Em termos concretos, do contexto nacional, significa um aumento constante do número de desempregados, desabrigados e carentes do mínimo necessário para uma existência decente. A diminuição da renda média do trabalho e a consequente redução da massa salarial, enquanto aumentam os lucros dos bancos e dos grandes complexos agroindustriais, são mais reveladoras dos rumos da política econômico-financeira do que os discursos dos políticos, hoje reforçados pelos ex-oposicionistas do PT.

Há alguns anos, o então deputado federal Lula caracterizou a maioria de seus colegas no Congresso como "picaretas". Hoje, vários deles, mesmo aqueles que constituíram a "tropa de choque" de Fernando Collor de Mello, fazem parte do bloco que apoia o governo do PT. E onde ficou o suposto patriotismo dos empresários que passariam a investir em empreendimentos produtivos, atendendo ao apelo do ministro? Sem dúvida, na dinâmica do sistema capitalista, o investimento constitui a chave-mestra do crescimento da economia. Mas a experiência secular e sempre recorrente nos ensina que os donos do capital não respondem a apelos patrióticos para investir nos setores produtivos. Preferem os títulos do governo, com altas taxas de juros, especulam com câmbio ou, melhor ainda, expatriam seus recursos para os paraísos fiscais. Investimentos produtivos, somente quando o retorno é rápido, elevado e sem risco.

Em que pesem os apelos do governo e os discursos patéticos dos novos donos do poder, os investimentos produtivos no Brasil (e, por extensão, também na América Latina) continuam num patamar muito baixo, insuficiente para estimular a retomada do crescimento. Ao mesmo tempo, continua a drenagem impiedosa dos parcos recursos do país para atender ao serviço das dívidas externa e interna, inviabilizando uma mudança na política econômica que seria condição *sine qua non* para a construção de uma sociedade verdadeiramente democrática. O governo revela-se incapaz de controlar o fluxo de capitais e a concentração crescente de recursos nas mãos de relativamente poucos mas poderosos conglomerados, empresas e bancos transnacionais, cujas atividades têm impactos extremamente negativos nas economias nacionais, mormente nos países emergentes.

Diariamente circulam pelo espaço virtual mais de 1 trilhão de dólares, elevando ou derrubando as cotações das moedas nacionais e os preços de bens e serviços, sem que a maioria dos governos nacionais tenha condições (ou vontade) de sustar esse fluxo pernicioso. Somente o controle seletivo da movimentação de capitais, tal como fazem a China e a Índia, que estabelecem prazos mínimos de permanência dos investimentos no país, permitiria ao governo planejar melhor suas atividades a prazos mais longos.

A esperada resistência das instituições financeiras, nacionais e internacionais teria que ser enfrentada se o governo e a sociedade brasileiros pretenderem efetivamente mudar a sua política econômica e reduzir a sua dependência de fontes externas. Estimativas do próprio BC apontam que os desembolsos com juros e amortização da dívida externa exigirão em 2004 por volta de 55 bilhões de dólares – 11 bilhões a mais do que em 2003. Novamente, o governo terá de frear a economia para poupar e alcançar o superávit fiscal exigido pelo FMI, mantendo elevada a taxa de juros e cortando os gastos sociais e os investimentos em infraestrutura.

Para escapar dessa armadilha e evitar uma explosão social, o governo do PT deveria examinar seriamente a oportunidade de declarar uma moratória, como fizeram a Argentina no ano passado e a Rússia após a crise e o colapso de suas finanças em 1998.

Para completar essas medidas de redenção da economia nacional – a fiscalização dos movimentos de capitais estrangeiros e uma moratória – seria necessário também elevar a carga tributária, única forma de assegurar maior autonomia e redução da dependência externa do Estado brasileiro.

Os debates travados no Congresso sobre a reforma tributária levam a antecipar a resistência encarniçada a uma eventual proposta do Executivo de elevar as alíquotas do imposto de renda, com o surrado argumento da perda de competitividade internacional.

Entretanto, a revista britânica *The Economist*, de 25 de outubro de 2003, publicou uma tabela comparativa da carga tributária em vários países. Segundo a revista, a carga tributária em termos percentuais do PIB é de 50% na Suécia e Dinamarca, de 46% na Bélgica, 44% na França e na Áustria, e 40% na Itália e nos Países Baixos. Em vez de perder competitividade internacional, esses países ostentam os melhores índices do IDH (do desenvolvimento humano), segundo levantamentos do Programa das Nações Unidas para o Desenvolvimento. Suas populações usufruem melhor qualidade de vida, com mais segurança e menos desemprego.

Cabe indagar ao ministro sobre o papel da "classe empresarial forte e do novo bloco dirigente" no tão esperado processo de desenvolvimento econômico. A taxa de investimentos nacionais é cronicamente inferior ao mínimo necessário para induzir o crescimento e a criação de empregos.

É ilusão construir um plano de desenvolvimento a partir do aporte de recursos do exterior (os empréstimos e financiamentos privados e públicos – IDE). Em pouco tempo os juros, dividendos, *royalties* e amortizações terão consumido as eventuais receitas provenientes desses investimentos, deixando o país ainda mais endividado.

Ao mesmo tempo, prossegue a "precarização" do trabalho, alimentada por demissões contínuas de mão de obra. Revelou-se uma balela a aposta na vinda de capital estrangeiro supostamente atraído pelas privatizações de empresas estatais, porque em vários casos a participação financeira do BNDES foi fundamental para o êxito das operações lesa-pátria. Por mais que esse governo proclame o "espetáculo do crescimento", as poupanças das elites brasileiras continuam no exterior, esperando a salvação pelo investimento estrangeiro. Soa patética a afirmação do ministro a respeito da "economia dinâmica e socialmente integradora" que geraria empregos, renda e, portanto, inclusão social, em consequência do novo pacto social.

Enquanto o governo não for capaz de induzir e estimular o processo de poupança nacional, não haverá futuro para o crescimento autossustentado e a autonomia política da sociedade brasileira.

Parece difícil imaginar que Tarso Genro ignore as mazelas e os escândalos desse mesmo capitalismo parasita e predatório, que sacudiram recentemente as economias e as bolsas de valores em praticamente todos os países. Basta lembrar os casos emblemáticos da Enron, World Com., Tyco nos Estados Unidos, da Vivendi na França e, mais recentemente, da Parmalat na Itália, com repercussões globais, mesmo no Brasil. Envolvidas estavam também as maiores firmas de auditoria – Grant Thornton, Arthur Andersen, Deloitte & Touch –, sem falar no papel dos bancos, na transferência de recursos para os paraísos fiscais, nas fraudes de contabilidade e na elaboração de balanços e outras informações falsificadas. No caso do Brasil, pode-se refrescar a memória relembrando os casos escabrosos do Banco Nacional, Econômico da Bahia e Comércio e Indústria, sem falar do escândalo da roubalheira praticada pelos donos do Banco Marka-Cinda...

Como explicar, então, essa guinada ideológica da liderança do PT no curto espaço de um ano no governo? Tarso Genro pauta a inviabilidade de uma nova ordem, porque "o mundo está dominado pelo consumismo individual, o egoísmo e a ausência de solidariedade", e, assim, pretende justificar a adesão dos dirigentes do PT à armadilha da nova ordem, último reduto da barbárie capitalista.

A crise da ideologia socialista serve aos donos do poder em sua trajetória para se transformarem em uma nova tecnocracia a serviço dos poderosos e de si próprios, como tantas vezes ocorreu na história, quando movimentos revolucionários se esgotaram e seus líderes se tornaram outros déspotas (não necessariamente esclarecidos). Em vez de construir um novo bloco social e político, prestam-se à cooptação e, com o apoio das elites tradicionais, procedem ao esmagamento da oposição interna, enquanto, para a massa crescente de deserdados, sobram as migalhas dos programas de "alívio da pobreza".

Apesar de três anos de Fórum Social Mundial em Porto Alegre e, este ano, em Mumbai, na Índia, não se fala mais de democracia participativa no âmbito do governo. Tal como Fernando Henrique Cardoso, que disse aos empresários da Fiesp "esqueçam o que eu escrevi", também os dirigentes do PT parecem ter chegado à conclusão de que "um outro mundo *não* é mais possível".

» A RESPONSABILIDADE SOCIAL DAS EMPRESAS

Fevereiro de 2005

A revista britânica *The Economist* traz no número de 22 de janeiro um artigo interessante e polêmico sobre a responsabilidade social das empresas (RSE). Segundo seu autor, não caberia às empresas envolver-se em obras sociais, assistenciais ou filantrópicas, que devem ficar ao encargo do poder público em seus diferentes níveis, municipal, estadual e federal. A melhor e mais eficiente forma de contribuir para o bem-estar social, diz também o artigo, seria produzir lucros tendo em vista distribuí-los aos proprietários e acionistas das empresas.

A manifestação da revista ocorre em um momento histórico e conjuntural, quando a RSE entrou no vocabulário e no discurso de executivos, ativistas e representantes do poder público para significar o comportamento "politicamente correto" e eticamente desejável, à luz da situação de profunda e crescente miséria que caracteriza a condição existencial de uma ampla camada da população brasileira e, por extensão, de todos os países do chamado Terceiro Mundo. Procuremos, portanto, examinar mais detidamente o discurso e a prática da RSE. A intensa campanha pelos meios de comunicação levaria a crer que a era do capitalismo "selvagem" acabou e estaríamos caminhando finalmente para a solução dos problemas sociais e ambientais, contanto que as empresas, mais racionais e eficientes, assumam de fato suas responsabilidades.

Por coincidência ou não, a mídia brasileira noticiara nas últimas semanas de 2004 relatos nada abonadores sobre a contaminação, com resíduos industriais tóxicos, de centenas de pessoas na Vila Carioca do município de Paulínia, São Paulo. Foram lembrados também os casos mal resolvidos de doenças de pele e de pulmões de ex-trabalhadores e moradores em Cubatão, também em São Paulo, todos vítimas de detritos tóxicos jogados em terrenos próximos a uma indústria multinacional de produtos petroquímicos.

Mais recentemente, vários canais de tevê comentaram as práticas de produtores de aves congeladas que lhes teriam artificialmente aumentado o peso injetando certa quantidade de água antes do abate, com posterior congelamento para fins de comercialização. Ademais, os jornais divulgaram amplo noticiário sobre a maquiagem de produtos por uma extensa lista de empresas, algumas multinacionais, que estariam sendo investigadas pelos órgãos competentes do governo federal. Produtos maquiados seriam os que tiveram reduzida a sua quantidade padrão ou a sua composição padrão sem informar devidamente os consumidores potenciais. Na lista publicada constam produtos alimentícios, de higiene pessoal, de limpeza e de ração animal.

O conteúdo – peso ou quantidade dos produtos – teria sido diminuído, havendo em alguns casos aumento do tamanho das embalagens apesar disso. Segundo o diretor do Departamento de Proteção e Defesa do Consumidor, mesmo que os preços fossem reduzidos proporcionalmente, a informação pertinente teria de ser prestada de forma clara, precisa e ostensiva, sem a qual o consumidor estaria sendo lesado em seu direito de escolha. Dois anos atrás, algumas empresas produtoras de papel higiênico, geralmente apresentado em rolos de 40 metros, passaram a diminuir a quantidade para 30 metros sem avisar os consumidores e mantendo os preços originais.

Tornou-se praxe das grandes empresas, sobretudo as multinacionais, publicar anualmente vistosos relatórios de suas atividades e resultados econômico-financeiros, dando destaque em várias páginas ao cumprimento da suposta responsabilidade social.

Um número reduzido de empresas – por volta de 150 – faz parte da Ethos, organização não governamental que preconiza a adoção de uma conduta mais racional e humana das empresas.

No último Fórum Econômico Mundial, realizado anualmente em janeiro em Davos, na Suíça, houve muitos discursos de executivos, políticos e acadêmicos que insistiram na necessidade de que as empresas assumam mais responsabilidade na condução de políticas sociais e ambientais. De fato, relatórios sobre o chamado "balanço social" das empresas apontam projetos educacionais, crianças uniformizadas que participam de grupos de dança, música, capoeira e outras atividades recreativas. Em alguns casos há projetos ambientais como o plantio de florestas (para fins industriais) e outros, de proteção do meio ambiente, tudo no esforço de convencer a opinião pública, por meio de intensa campanha da mídia, da seriedade e respeitabilidade do comportamento social e ambiental das empresas. Mas a lista de seu comportamento radicalmente contrário à responsabilidade social é infindável e encabeçada por madeireiras que atuam na Amazônia. Ao desmatar de forma selvagem, ao queimar vastas áreas que rapidamente se tornam desertos, elas também expulsam pequenos lavradores e populações indígenas, cometendo verdadeiros crimes contra o homem, a natureza e a sociedade.

No ano passado tivemos a oportunidade de participar de uma festividade que celebrava o aniversário de uma das maiores empresas multinacionais na área de equipamentos pesados. No discurso do presidente, mereceu destaque um projeto educacional mantido pela empresa para trinta e poucas crianças, que cantaram em coro para os convidados. Na continuidade das informações prestadas pelo executivo chefe fomos informados de que a empresa se viu obrigada a demitir quatrocentos empregados em função da racionalização e reengenharia necessárias para a redução de custos operacionais.

Apontada a contradição entre a "boa ação" e as consequências sociais das demissões, essa obviamente não foi esclarecida, porque, em última análise, ela reside no próprio sistema de produção, acumulação e reprodução do capital. Vistos sob esse prisma, os esforços das empresas industriais, comerciais e de serviços para patrocinar projetos sociais – escolas, cursos, práticas de esporte e atividades culturais – não são capazes de ocultar a busca do verdadeiro motivo, ou seja, a promoção e a publicidade institucionais dirigidas para os consumidores, sobretudo da classe média.

Para a empresa ser bem-sucedida em seus objetivos, precisa trabalhar a percepção que dela tem a opinião pública quanto a seu comportamento "politicamente correto". Entretanto, ainda segundo a revista *The Economist*, o total dos gastos das maiores empresas com projetos de responsabilidade social não ultrapassou 0,97% de seus lucros, sem falar das possibilidades de abatimento de impostos das somas gastas em projetos sociais ou culturais. Longe de visarem o bem-estar geral e dos pobres em particular, as empresas se dedicam de corpo e alma ao que o professor Joel Bakan, da Universidade da Colúmbia Britânica, definiu em seu livro como a procura patológica de lucro e de poder, sem preocupação com as consequências danosas que possam advir a terceiros. O professor Bakan afirma que a RSE não passa de um engodo e que, para realmente defender os interesses da maioria da população, são necessários regulamentos draconianos bastante problemáticos, tendo em vista o poder financeiro das empresas, muitas vezes superior aos orçamentos minguados do poder público e capaz de corromper funcionários e legisladores.

Outro livro que relata o envolvimento de empresas da indústria química em casos de empregados intoxicados por metais pesados foi lançado em 2004 pela Editora da Universidade da Califórnia sob o título *Deceit and Denial: the Deadly Politics of Industrial Pollution* ("Logro e desmentido: a política mortífera da poluição industrial"). Escrito por dois professores, Gerald Markovitz e David Rosner, um de História e o outro de Ética em Saúde Pública, causou enorme impacto e polêmica devido à desmedida reação das empresas responsáveis pela produção e venda de produtos cancerígenos. Os argumentos das empresas, semelhantes aos utilizados anteriormente em casos de intoxicação por chumbo, amianto e tabaco, referem a "insuficiência" de provas científicas, o que leva a processos longos na Justiça, apesar do sofrimento dos consumidores e trabalhadores. Estes, acometidos de doenças e invalidez por terem sido expostos às substâncias químicas tóxicas, definham na lenta espera do desfecho judicial, enquanto as empresas adotam todas as medidas "legais" para proteger-se das reivindicações dos trabalhadores e consumidores.

Na última década do século XX, especialmente após a Conferência sobre o Meio Ambiente e o Desenvolvimento (Rio de Janeiro, 1992), o conceito de desenvolvimento sustentável tem sido incorporado ao discurso de executivos das maiores empresas que pretendem proteger e conservar o meio ambiente.

Ao verificar o estado do meio ambiente nas áreas de exploração de petróleo, de mineração, de produção de substâncias químicas ou agrotóxicos, fica patente a disparidade entre o discurso e a prática. Como diz cinicamente *The Economist*, todas as práticas de conservação e proteção do meio ambiente custam dinheiro e, assim, tendem a reduzir os lucros, o que prejudicaria os interesses dos acionistas. Um bom exemplo da força desse argumento se encontra na recente polêmica travada na mídia e em alguns parlamentos nacionais sobre o aquecimento global terrestre causado pelo efeito estufa. A recusa dos Estados Unidos em assinar o Protocolo de Quioto, embora esse país seja responsável por 25% das emissões de CO_2 e de outros poluentes devido ao uso irrestrito de fontes energéticas à base de combustíveis fósseis, é publicamente justificada pela necessidade de não prejudicar a economia, ou seja, as empresas. A maioria dos cientistas aponta para os perigos do efeito estufa nas próximas décadas, sem encontrar ouvidos de políticos e governantes. Os homens de negócios, sempre segundo *The Economist*, fazem em sua conduta do dia a dia uma distinção muito sutil entre o legal e o ético, sem ultrapassar os limites da "decência". Assim, ao especular com os recursos das empresas ou bancos, apropriando-se de lucros gerados ilegalmente (vejam-se os casos da Enron, MCI, Parmalat, Banco Santos e outros), criam-se imensas fortunas nas mãos de poucos, enquanto seus funcionários, acionistas e fornecedores sofrem pesados prejuízos.

O que levaria os homens de negócios, geralmente cautelosos e racionais na escolha de oportunidades de investimento, a confiar seu dinheiro a especuladores e aventureiros no mundo das finanças? É que, no início das operações, os clientes são atraídos pela promessa de altas taxas de retorno (10% a 12% ao ano em dólares), enquanto os bancos oficiais, na Europa e nos Estados Unidos, oferecem 2% a 4% no máximo. Quando se dá a inadimplência do investidor ou do banco, poucos são os clientes que vão buscar seus direitos na Justiça, porque não teriam como comprovar a origem legal do dinheiro, geralmente produto do "caixa dois" das empresas.

O famigerado "caixa dois", os tristemente lembrados casos da CC-5 e da CPI do Banestado, as operações Anaconda e tantas outras levam a questionar a responsabilidade social das empresas.

Quem sabe, a melhor forma de as empresas agirem com responsabilidade social seria:

- pagando salários decentes aos seus funcionários;
- pagando regularmente seus impostos e tributos;
- recolhendo sem artimanhas as contribuições à Previdência Social.

Dariam assim um digno exemplo de conduta socialmente responsável para todos os cidadãos.

» O DECLÍNIO DA CLASSE MÉDIA

Maio de 2005

A tão aclamada globalização da economia, transformada em bandeira de governos neoliberais e, mesmo, de trabalhistas, seja na Grã-Bretanha, seja no Brasil, arrastou a classe trabalhadora, profundamente atingida pela reengenharia, à flexibilização das relações de trabalho e à terceirização.

A mobilidade do capital e a sua capacidade de transferir ativos e instalações de um país para outro, aproveitando-se de níveis salariais diferentes e de subsídios, incentivos e isenções fiscais dos governos locais e nacionais, conseguiram reduzir dramaticamente a renda média dos operários da indústria, premidos também pelo desemprego estrutural e tecnológico.

Não foi somente o operariado que sofreu os impactos negativos da reestruturação da economia e da nova divisão internacional do trabalho. Uma grande parcela da classe média, escolarizada e qualificada, acabou sendo gradualmente proletarizada e socialmente degradada.

O capital monetário foge para os mercados especulativos porque os investimentos em novas fábricas se tornaram menos rentáveis. Enquanto uma parte crescente da sociedade fica fora da produção e empobrece, do outro lado se realiza uma acumulação e transferência de capital para as "bolhas financeiras". O colapso da nova economia e o estouro dessas bolhas tiveram impactos profundos na queda da classe média, particularmente entre funcionários públicos e empregados de empresas privadas.

A expansão da economia capitalista no século XX parecia criar um mercado de trabalho ilimitado nos setores de produção e de serviços para a nova classe média. Sem possuir meios de produção próprios, como os artesãos e pequenos comerciantes, os membros da nova classe média ocuparam as funções de supervisores, gerentes e técnicos, contando com o seu "capital humano", ou seja, a sua qualificação profissional adquirida em instituições de ensino médio e superior.

As recorrentes crises econômicas do sistema capitalista e o progressivo desmantelamento do Estado de Bem-estar Social atingiram amplos segmentos da classe média, forçada a um recuo nas expectativas em face da disposição crescente de "enxugar" as empresas, privadas e públicas, por meio da reengenharia e da terceirização.

A onda de desemprego atinge também os centros do capitalismo avançado, seus técnicos, professores, advogados, médicos, jornalistas e funcionários, bem como uma parte do pequeno empresariado, artesãos e comerciantes.

Com a crise econômica, esses profissionais são obrigados a recorrer à poupança privada e, frequentemente, a abandonar seu patrimônio imobiliário, em busca de aluguéis mais baixos em cortiços e bairros pobres. A perda de *status* leva à radicalização política da classe média, reforçando as correntes conservadoras, racistas e chauvinistas, a exemplo do que ocorreu recentemente na França e em outros países europeus. Antes da Segunda Guerra Mundial, seus elementos desclassificados e pauperizados aderiram às tropas de choque dos regimes totalitários, nazista e fascista.

Entretanto, a classe média em declínio não quer ser associada com as camadas sociais mais baixas, geralmente imigrantes de regiões pobres que despertam preconceitos e práticas discriminatórias.

No século XX, as sociedades em processo de industrialização eram divididas entre capitalistas e trabalhadores, assegurando certa estabilidade política ao sistema. Com a expansão do capital oligopolizado e a tendência crescente à sua concentração, diminuiu o número de capitalistas pequenos proprietários, que cederam o lugar aos conglomerados e às sociedades anônimas burocraticamente administradas por gerentes (os *managers*), considerados uma nova classe social na década de 1950.

A antiga classe de "pequenos burgueses" – artesãos, comerciantes, profissionais liberais e funcionários públicos – perdeu seus meios de produção e veio engrossar as fileiras dos partidos radicais, de esquerda ou de direita, minando o precário equilíbrio dos regimes democráticos.

O debate no começo do século XX entre Karl Kautsky e Eduard Bernstein, teóricos da social-democracia na Alemanha, sobre a classe média emergente de trabalhadores e funcionários em decorrência da tecnificação da produção, apontou para as novas categorias sociais, conforme descritas também nas obras de C. Wright Mills em *A nova classe média* (*White Collar*) e de James Burnham em *A revolução dos gerentes*.

A miséria social e econômica transformou-se em grave crise também nos países desenvolvidos, incluindo os da União Europeia, o que leva a manifestações agudas racistas e nacionalistas. Os membros da classe média qualificada em declínio não querem se aliar às camadas mais baixas e se refugiam no conservadorismo e chauvinismo com nostalgia do antigo nacionalismo, contra a ideologia dominante da globalização, enquanto o discurso sobre "empreendedorismo" procura manter viva a ideologia do sistema capitalista e encobrir o fracasso de suas práticas.

No início do século XX, a classe média aumentou em números absolutos, em função das novas formas de organização, tecnificação e administração da produção. No período pós-guerra (1950), os "milagres" econômicos na Alemanha, na Itália e em outros países abriram oportunidades de trabalho nos setores de lazer, turismo e serviços em geral para a mão de obra mais escolarizada e graduada no ensino superior. A proletarização das camadas mais qualificadas coincide com a introdução de inovações técnicas na produção industrial e com a perda dos meios de produção pela pequena burguesia, detentora do chamado "capital humano".

As discussões no meio da social-democracia alemã sobre os destinos da classe média já ocorreram no início do século passado entre Kautsky e Bernstein. Enquanto o primeiro apontava para a tendência à proletarização da classe média, Bernstein apostava na estabilização do sistema capitalista, em sua capacidade de realizar reformas sociais e de absorver novos contingentes de mão de obra.

O enfraquecimento do Estado em consequência da crise econômica na década de 1980 revelou a falta de recursos orçamentários decorrente do encolhimento da produção e da redução de serviços sociais considerados "supérfluos". O Estado "enxuto" dispõe de menos verbas para a educação, saúde e cultura, assinalando o desaparecimento do Estado de Bem-estar Social. Com isso, surge o desemprego de acadêmicos e técnicos qualificados na onda de privatizações e da terceirização, que tendem a desvalorizar o "capital humano" e a transformar seus portadores, segundo Robert Kurz, em "diaristas intelectuais".

As incertezas que pairam sobre o futuro da economia e da sociedade no Brasil se tornaram patentes quando o governo alardeou, em 2004, uma taxa de crescimento da economia de 4,5% e prometeu mais de 5% para 2005. A queda da taxa em 1,2% no terceiro trimestre augura problemas em 2006, já que o ritmo atual de expansão da economia é insuficiente para absorver os jovens que pretendem ingressar no mercado de trabalho.

Além do desempenho pífio da economia nos últimos vinte anos, verifica-se uma tendência perversa de transferência de renda da produção e do consumo para os setores mais rentáveis, ou seja, a especulação do capital financeiro nacional e internacional contemplado com taxas de juros elevadas.

O número de famílias com renda média de mais de 1.000 reais/mês tem declinado constantemente, enquanto aumenta o número de milionários. Em consequência, assiste-se à erosão da classe média e à sua proletarização.

Segundo estudo de um economista da Unicamp (*Folha de S.Paulo*, 14-11-2004), nos últimos anos a classe média brasileira teria perdido um terço de sua renda e 2,5 milhões de pessoas perderam a condição de classe média (renda mensal superior a 1.000 reais). Com isso, perderam também a possibilidade de enviar seus filhos para escolas particulares e deixaram de frequentar cinemas, teatros e clubes. Estima-se que, nos últimos cinco anos, mais de 4 milhões de pessoas tenham abandonado planos privados de saúde.

A escolarização, conquistada a duras penas e com muita luta, da qual se esperava um retorno sobre o investimento, está sendo desvalorizada pelos baixos salários ou o desemprego. Esse processo não deve ser debitado somente ao governo Lula. Já no segundo período do governo Fernando Henrique Cardoso, a deterioração das condições de vida da classe média avançou rapidamente, o que motivou o seu apoio ao Partido dos Trabalhadores nas eleições de 2002, quando os efeitos de "estabilização" do Plano Real foram agravados pela política cambial e a consequente desvalorização da moeda nacional.

A tendência à proletarização da classe média é um fenômeno universal e ocorre nos Estados Unidos, na União Europeia e, com mais intensidade, nos países emergentes como o Brasil. A queda prolongada do nível de emprego e de renda atinge não apenas a massa dos pobres que sobrevivem à custa de políticas compensatórias, mas também as camadas da população que já haviam alcançado padrões socioeconômicos mais favoráveis.

A cada período de estagnação ou retração do PIB, uma parcela da classe média é reduzida à condição de proletários, com impactos devastadores em sua autoestima. Em 2002, aproximadamente 57 milhões de brasileiros pertenciam à classe média, com renda mensal acima de 1.000 reais. Em 2003 eram 54,4 milhões e em 2004 ficaram reduzidos a 53 milhões.

Enquanto a economia mundial cresce a 4% ao ano e os países emergentes (China, Índia) crescem a mais de 9% em média nos últimos dez ou quinze anos, o Brasil continua a padecer com taxas de crescimento de 2,5% anuais, em que pese o *boom* das exportações agropecuárias. Uma nova crise da economia mundial afetará inevitavelmente as exportações brasileiras – único setor que apresenta desempenho favorável, embora com custos ambientais crescentes.

E enquanto, antes, o desemprego atingia sobretudo as categorias de trabalhadores menos qualificados, com escolaridade incompleta e ocupados em tarefas manuais, ele, hoje, se estende cada vez mais às camadas "qualificadas" de técnicos, professores, profissionais liberais, funcionários públicos e parte do pequeno empresariado.

A concentração da produção e dos serviços em grandes unidades torna impossível conhecer o funcionamento de todos os setores da empresa, enquanto a reengenharia e a racionalização diminuem as possibilidades de promoção. Nessas condições, a expansão da rede educacional leva a maior desemprego e não à ascensão social, mesmo de trabalhadores e funcionários mais qualificados.

Incapaz de resistir às pressões da economia globalizada, à eliminação das barreiras alfandegárias e à busca desenfreada de maior produtividade apesar dos enormes custos sociais, a classe média, individualista e sem tradição de organização e lutas sindicalistas, acaba empurrada para a arena política, em busca de soluções para seus problemas existenciais. Almeja o retorno à estabilidade e segurança econômicas, mas deve enfrentar as incertezas do mercado de trabalho no qual a instrução escolar não garante mais a ascensão social. Acrescente-se a isso a insegurança física nas grandes cidades e se entenderá a nostalgia do passado, da ordem e da estabilidade.

Frustrados com as notícias sobre a corrupção em diferentes níveis e setores de governo, os membros da classe média ficam descrentes e desencantados com o regime democrático parlamentar, tornando-se presa fácil de demagogos populistas ou de “homens fortes”, pretensos salvadores da pátria.

» A CRISE DO PARTIDO DOS TRABALHADORES

Julho de 2005

Como explicar a transformação sofrida pelo Partido dos Trabalhadores nestes dois anos e meio desde que chegou ao poder? Afinal, o PT continua sendo o único partido de massa no Brasil, com mais de 800 mil membros registrados, vindos de lutas reivindicatórias sindicais e políticas travadas no último quartel do século XX.

Apesar de toda a retórica, o PT não tinha um projeto de mudanças sociais e de transformações políticas necessárias para desincumbir-se das tarefas realizadas pela revolução burguesa na Europa ocidental, há 150 ou 200 anos. Embevecido pelo poder, relegou a distribuição das terras e da renda e embarcou no delírio dos economistas, prometendo, além do controle da inflação, o "espetáculo do crescimento" e 10 milhões de empregos. Perdeu uma oportunidade histórica única de varrer o "entulho" do regime escravagista que se manteve intato através das lutas pela Independência, da Abolição e da Proclamação da República. Mário Covas falara da necessidade de um "choque de capitalismo" para sacudir as bases das oligarquias tradicionais e induzir a trajetória de um capitalismo moderno, fundamentado em relações sociais mais democráticas.

A democracia é considerada a forma superior da organização social e política das sociedades modernas do mundo ocidental a partir do rompimento das relações feudais pelas revoluções burguesas. Foram essas que abriram os diques para o ingresso da pequena burguesia e dos trabalhadores no cenário político, mostrando o caminho da mobilidade e ascensão social das massas e da sua participação relativa nas decisões políticas em regimes de democracia representativa.

Mas, no Brasil, em vez de uma sociedade aberta e democrática, assistiu-se a uma divisão mais acentuada das classes sociais, de ricos e pobres, reproduzindo de certa maneira a antiga divisão de senhores e escravos. O sistema partidário e eleitoral e a profissionalização dos políticos, além de manter os currais eleitorais, exigem recursos cada vez mais volumosos para a eleição. Isso torna os partidos e os políticos dependentes das grandes empresas dispostas a investir no "futuro" de seus candidatos. Os vínculos assim criados reforçam as tendências ao clientelismo e ao nepotismo, engrossando os clãs regionais tradicionais ou modernos, cuja maior ambição é perpetuar-se no poder.

Deputados trocando de partido, comércio de legendas e compra de apoio nas votações configuram o triste espetáculo de um Congresso Nacional e de casas legislativas estaduais e municipais dominados, em sua maioria, por supostos representantes do povo cujo maior objetivo é acercar-se da "boca" dos recursos públicos.

Se, antigamente, a divisão da sociedade era mais nítida e clara – o capital contra o trabalho –, hoje as linhas divisórias são mais difusas e o aglutinamento se faz em torno de interesses e lideranças locais ou regionais, o que facilita o controle político pelo rolo compressor do grande capital que controla também os principais meios de comunicação e coopta os governantes reformistas ou "revolucionários" quando chegam ao poder. O Estado, diante das forças onipresentes do mercado, perdeu a sua capacidade de planejar, regular, orientar e fiscalizar a alocação de recursos públicos e privados; não consegue mais equilibrar o mercado de trabalho e a distribuição da renda.

A crise atual está sendo atribuída a conspirações da oposição, que se empenharia em desestabilizar o governo e criar um clima de golpe, mas a cada dia fica mais patente que o problema tem raízes internas: a falta de preparo, de visão e de um projeto que levou a cúpula do PT, esquecendo os preceitos mínimos de ética, a se aliar com os antigos adversários – os famigerados "trezentos picaretas" – e, por intermédio destes, o capital financeiro nacional e internacional. Preso na camisa de força da política macroeconômica a serviço do capital financeiro, o governo de "esquerda" do PT não conseguiu formular uma política transformadora e independente que priorizasse as necessidades básicas dos excluídos, dos sem-terra, sem-teto e, sobretudo, dos desempregados.

A instabilidade política se reflete no cenário econômico historicamente prejudicado pela baixa propensão ao investimento produtivo dos empresários brasileiros, hoje agravada pela fuga de capitais para os paraísos fiscais e pelo fluxo descontrolado de entrada e saída de capitais especulativos (*hot money*) em consequência da globalização e da política econômica neoliberal.

No fundo, são os mesmos problemas cruciais das frágeis democracias recém-emergidas das trevas dos regimes ditatoriais. Seria possível realizar as transformações estruturais, redistribuindo renda, terras e oportunidades de emprego, e, ao mesmo tempo, respeitar as regras da democracia representativa? Como realizar as reformas política, agrária e urbana em países tão dependentes de crédito e de investimentos externos?

Após dois anos e meio de governo do Partido dos Trabalhadores, é grande o desencanto e a frustração da população em face da perpetuação de seus problemas, enquanto a nova tecnocracia (os 19 mil cargos de "confiança" na administração federal, além dos equivalentes nas administrações estaduais e municipais) procura manter-se no poder mediante alianças esdrúxulas, em nome da governabilidade.

Como tornar mais transparentes as ações do poder público, acompanhar a gestão dos recursos e, eventualmente, punir e substituir administradores e políticos incompetentes ou corruptos, responsabilizando-os pelos rombos e prejuízos nas finanças?

Desde a sua origem, o PT empunhava a bandeira da ética na política e na administração pública. Por isso, soou estranha a declaração do presidente segundo a qual "ninguém é mais ético do que eu neste país", quando se analisam as ações políticas por ele comandadas e limitadas a manobras parlamentares e alianças eleitorais, em lugar da luta por uma sociedade mais aberta e justa. Negociatas de cargos, com "mensalão" ou sem ele, em nome da governabilidade, substituíram a mobilização e a conscientização da sociedade mediante um amplo diálogo sobre as prioridades de desenvolvimento.

A aliança com a direita e o centro embaralhou os rumos políticos do PT, embora deixasse satisfeitas, com a política econômica e financeira, as oligarquias tradicionais. Enquanto, por um lado, Olívio Dutra afirma que "o governo paga pelas más companhias com que se meteu", a direita, por outro lado, e já pensando em 2006, fatura a crise de corrupção ao mesmo tempo que elege Severino Cavalcanti presidente do Câmara, o que paralisou os trabalhos do Legislativo (novamente os "trezentos picaretas"). Fica no ar a pergunta: como enfrentar as elites do poder econômico que sempre mandaram e continuam a mandar no país?

Conseguem cooptar deputados e senadores financiando generosamente suas campanhas eleitorais em troca de "serviços" que prestarão depois. Na verdade, isso não é um fenômeno particular do Brasil. Inúmeros casos de corrupção com fins eleitorais estão sendo relatados pela imprensa mundial, desde os países da América Latina até a Europa, os Estados Unidos e o Japão. O problema vai além de uma reforma política e, sobretudo, do financiamento das campanhas eleitorais com recursos públicos que democratize o acesso e a participação da população no emaranhado do poder. O que está sendo questionado é a própria estrutura e a função do Estado diante da monopolização das posições de mando e do desaparecimento de diferenças ideológicas entre os partidos.

Surgido para evitar a desagregação da sociedade pela luta de classes (Thomas Hobbes, *homo homini lupus*), o Estado moderno estaria supostamente acima dos interesses particularistas, zelando pelo bem-estar geral e proporcionando justiça, segurança e serviços sociais básicos para todos. Na era da industrialização e do desenvolvimento econômico, o Estado assumiria as funções de planejar, regular, orientar e fiscalizar os investimentos, visando à maximização das taxas de crescimento econômico e do bem-estar geral. O fracasso do Estado burguês no cumprimento de suas funções históricas levou ao assalto e à conquista do poder, tanto pelos nazistas e fascistas quanto pelos revolucionários bolcheviques, na primeira metade do século XX. Entretanto, a derrocada dos regimes totalitários e a restauração da democracia representativa não foram suficientes para abrir o caminho da formação de regimes com participação efetiva de todas as camadas da população nos processos decisórios.

O PT representava no cenário latino-americano, quiçá em escala mundial, a visão messiânica e o discurso transformador à semelhança dos partidos revolucionários do século XX. O fracasso no desempenho da tarefa histórica de reordenamento das relações econômicas e políticas provocou a desilusão e até a depressão moral em amplos círculos da esquerda. Independentemente da comprovação ou refutação das acusações de corrupção nas empresas estatais e de pagamentos de "mensalão" a deputados e senadores – a compra de votos não é exatamente um fenômeno inédito no Brasil –, o governo do PT parece ter perdido o rumo ao distanciar-se cada vez mais dos movimentos sociais cuja mobilização e entrada na arena política o levaram ao poder. O desgaste com a refutação das acusações de corrupção e clientelismo, seguido do afastamento de José Dirceu, da demissão da diretoria de Furnas e de outras medidas referentes a dirigentes do partido, repercutiu profundamente no cenário político nacional e abalou a credibilidade da democracia parlamentar e representativa.

Como desatar esse nó da crise política que afeta os fundamentos da sociedade brasileira? A reforma política centrada no financiamento público das campanhas eleitorais e a redução do número de partidos nas casas legislativas – federal e estaduais – não seriam suficientes para restaurar a moral e a decência na vida política brasileira. Por outro lado, a radicalização da democracia direta em todos os níveis – plebiscitos, revogação de mandatos, orçamentos participativos e o compromisso inarredável com a justiça social – parece hoje mais distante, após o abalo que atingiu a credibilidade do Congresso e do próprio Executivo.

» DEPOIS DA QUEDA

Agosto de 2005

O cataclismo que se abateu sobre o Partido dos Trabalhadores, com a revelação de improbidades, tráfico de influência e corrupção de seus dirigentes, teve um impacto arrasador nos militantes que, confusos e desnorteados, se interrogam sobre o futuro político do governo Lula e, por extensão, do país. As promessas de transformação social contidas nos discursos e mensagens messiânicas de sua liderança carismática ficaram reduzidas ao assistencialismo da Bolsa Família e do Fome Zero.

Concomitantemente, o PT transformou-se em mais um desses partidos folclóricos que povoam o cenário político, celebrando alianças espúrias e tornando-se uma máquina eleitoral por meio da qual distribuía milhares de cargos ocupados na burocracia do Estado.

Diante da extensão e profundidade da crise, soam estranhas as declarações de ex-militantes frustrados e abatidos, como as de frei Betto (*Folha de S.Paulo*, 25-7-2005), de que "é hora de começar de novo, renovar a esperança e, sobretudo, não permitir que tudo fique como antes". Também Francisco de Oliveira, ex-ideólogo do PT, proclama: "Temos de inventar novas formas de atividades políticas", mas não esclarece quem seriam os seus atores.

É impossível minimizar a amplitude e profundidade do fracasso do PT e o significado histórico dessa derrota sem sua inserção no contexto universal da dinâmica política caracterizada pela derrocada trágica dos partidos de esquerda. O colapso da ex-URSS e o subsequente desmoronamento dos antigos partidos comunistas foram acompanhados por derrotas do partido socialista francês, do social-democrata alemão e dos socialistas e comunistas na Itália. Diante do assalto do neoliberalismo e incapazes de manter o equilíbrio no conflito do capital com a massa de trabalhadores, os antigos dirigentes dos partidos de esquerda foram cooptados pelos conservadores neoliberais e abriram mão da proposta de transformar os métodos de administração da economia e de reorientar o desenvolvimento social e cultural da sociedade.

Ao renegar a democracia interna e desprezar a participação popular, a "esquerda" desenraizada tornou-se presa fácil da direita neoliberal e conservadora que conta com o apoio poderoso do capital transnacional.

Qual seria o significado do "recomeçar", se não for o resgate da democracia direta e participativa fundada na autogestão e solidariedade de todos os cidadãos? O socialismo não pode ser reduzido à mera nacionalização dos meios de produção. Recusando a histórica divisão de trabalho entre os que pensam e os que fazem, os intelectuais – os tecnocratas – e os trabalhadores manuais, a alternativa humanista que resta é a superação da tendência à burocratização que perpetua as desigualdades e injustiças.

A democracia direta, baseada na autogestão, prevê a possibilidade de destituir quem exerce o poder por delegação e de revogar mandatos de quem não cumpre as promessas eleitorais e as decisões coletivas, resultado de referendo ou plebiscito.

Mas há uma lição mais profunda a ser resgatada da crise e queda do PT. Ao longo do século XX, a ideologia e as práticas políticas referentes à transformação do método de gerenciar a economia e reorientar o desenvolvimento social e cultural da sociedade estavam baseadas na crença do papel central do "partido", revolucionário ou reformista na conquista do Estado, com seu poder de coerção e sua capacidade de realizar as políticas públicas, objetivando o desenvolvimento e a inclusão dos marginalizados.

As experiências históricas, tanto dos partidos revolucionários quanto dos reformistas, mostraram que, uma vez conquistado o poder, os "líderes" portadores da consciência de classe foram cooptados e corrompidos pelas elites, tornando-se instrumentos de dominação e reproduzindo seus padrões de consumo de luxo e desperdício.

Ocupando as posições de mando político, o partido de "esquerda" passa a engrossar e reforçar os objetivos das elites, cujo maior interesse não é mais o projeto nacional de desenvolvimento, substituído pelos cânones do mercado financeiro e dos bancos internacionais.

Os interesses "comuns" na manutenção do *status quo* reúnem uma coalizão poderosa de banqueiros, empresários, tecnocratas e a maior parte da mídia, todos sem nenhuma vocação de alterar as regras do jogo parlamentar. A Câmara e o Senado são compostos em sua maioria de políticos preocupados fundamentalmente com sua reeleição, a prática de nepotismo e a manutenção de seus feudos eleitorais regionais, inviabilizando qualquer tentativa de reformas políticas e estruturais.

Outro fator importante de sustentação do regime são as forças armadas, tradicionalmente conservadoras, sempre prontas para intervir na política e "salvar" a pátria. Fechadas à semelhança de um estamento medieval, têm resistido aos sopros da modernidade para ampliar a sua visão do mundo e os seus currículos para a formação dos quadros de oficiais, tornando-os aptos para discutir seu novo papel nos cenários nacional e internacional.

Os partidos políticos – 27 na atual legislação – representam, em vez de anseios e aspirações populares, os interesses de dezenas de milhares de políticos profissionais – vereadores, deputados estaduais e federais, senadores, prefeitos, governadores, todos empenhados em reeleger-se e continuar a beneficiar-se das vantagens do mandato.

Como enfrentar essa força que parece um obstáculo intransponível no caminho das reformas? O empoderamento da sociedade não se fará com as migalhas jogadas pelos donos do poder e tampouco pelos "revolucionários", transformados de minorias em autocratas, uma vez vitoriosos. O fracasso nas tarefas históricas do PT, que levou o desânimo e o desencanto às fileiras de militantes, significaria o fim da utopia?

A resposta não virá da cabeça iluminada de intelectuais e filósofos – ou do partido portador da consciência –, mas da intervenção direta da sociedade, ao construir as bases de seu poder para contrabalançar o das oligarquias.

Deputados e senadores, na maioria, não representam os eleitores, mas os interesses próprios e os de seus patrocinadores. Num país com grande parte de sua população pobre e em estado de indigência, os vencimentos e regalias dos "representantes do povo" constituem privilégios que estimulam a perpetuação no poder mediante comportamento e atividades nem sempre lícitos ou legais. Por serem "donos" de uma parcela do poder, não recuam diante de atos de corrupção, conivência com ilícitos, tráfico de influência, clientelismo e nepotismo, construindo ao mesmo tempo verdadeiras dinastias nos diversos escalões do governo.

Por isso, as propostas de reforma política eleitoral, embora urgentes e indispensáveis, têm poucas chances de ser aprovadas, por estarem sujeitas à deliberação dos atuais representantes, para os quais constituem uma ameaça à carreira política profissionalizada. Exige-se a redução do número de partidos, a proibição de mudança de legenda, uma vez eleito, o voto distrital, o financiamento público das campanhas vedando o aporte de recursos por entidades privadas, que inevitavelmente cobrarão o retorno de seus investimentos sob a forma de favores e acesso facilitado a obras públicas que lhes proporcionam ganhos consideráveis.

Um exemplo da pusilanimidade e inoperância do Congresso é a CPI do Banestado, que se arrastou por anos procurando levantar os nomes dos responsáveis pela remessa de bilhões de dólares para o exterior. Entretanto, seus resultados nunca foram divulgados com o argumento da divergência nos relatórios finais do presidente e do relator da CPI. Infere-se, porém, que os ditos relatórios implicariam a revelação à sociedade de nomes das elites empresariais e políticas envolvidas.

COMO SAIR DO LABIRINTO?

O sistema político, formalmente democrático, rígido e fossilizado, se autoperpetua por meio da corrupção, falta de transparência e manipulação da população com o auxílio da maioria dos meios de comunicação. Alianças oportunistas e desvinculadas de princípios éticos e políticos claros são constantemente celebradas e refeitas pelas elites conservadoras, atadas e submissas aos ditames e interesses do capital nacional e internacional.

Por outro lado, verifica-se a emergência de estruturas e instituições contestatórias, nacionais e internacionais, comunicando-se e interagindo por meio de comunicação eletrônica. Seu objetivo precípuo é a mobilização da sociedade civil e o engajamento na defesa dos direitos humanos, do meio ambiente, da justiça social e da democracia. A questão da democratização do processo de tomada de decisão relacionada com as condições de vida e de trabalho da população está levando à integração das questões e problemas ambientais e sociais numa luta comum pelos direitos humanos básicos.

Nesse processo de mobilização de cidadãos a agirem em busca de crescente equidade econômica, um meio ambiente limpo e o bem-estar social, o fator central não é um sistema democrático formal, mas a construção e o esforço contínuo de instituições democráticas específicas. A questão principal que surge é como criar instituições democráticas capazes de estimular e induzir um processo de desenvolvimento socialmente equitativo e ecologicamente sustentável e, ao mesmo tempo, conseguir manter o controle e definir os limites políticos das relações de mercado, desiguais, desestabilizantes e corruptores.

Hipotetizamos que o exercício do poder em sociedades complexas não pode ser reduzido a meras manipulações técnicas e administrativas, ignorando-se as aspirações dos atores sociais – os cidadãos. Por isso, um dos problemas centrais das sociedades contemporâneas reside na criação de um sistema de governabilidade democrática em que prevaleçam relações de confiança recíproca dos cidadãos com o poder público, em todas as esferas, desde as interpessoais até as institucionais. Trata-se do nascimento de um novo padrão de atuação política – a democracia participativa. Iniciada em nível local, se estenderá progressivamente pela sociedade mediante "redes" que convergem na constituição de um novo sistema complexo e dinâmico, baseado na autogestão, autonomia cultural e política e interdependência, próprias de uma sociedade democrática, em nível nacional e internacional.

A modernidade neoliberal provocou a desarticulação da luta pelos direitos humanos e a invasão do mundo do trabalho, gradualmente transformado em mundo de pobreza, marginalidade e exclusão.

Os movimentos em prol da emancipação de toda a humanidade e da conquista plena da cidadania procuram resgatar a natureza e a dinâmica indissoluvelmente interligadas de três dimensões, desde os direitos básicos a uma existência materialmente assegurada até a liberdade, a participação democrática e a justiça social. É a concretização do conjunto dessas três reivindicações que constitui o paradigma alternativo ao modelo neoliberal. Essas tarefas ultrapassam o âmbito estreito de programas de caridade e de assistencialismo filantrópico como desenvolvidos por muitas ONGs e pelo próprio poder público.

Na retrospectiva das últimas duas décadas percebemos o avanço paulatino da sociedade civil nas confrontações sobre as esferas de decisão, nisso incluída a alocação de recursos orçamentários. Assim, é possível prever um longo período de *poder dual* em que as autoridades e instituições tradicionais procurem manter o *status quo* na defesa dos interesses das classes proprietárias e da própria tecnocracia a elas aliada. Por outro lado, as múltiplas organizações da sociedade civil adquirem saber e experiência no manejo e na defesa das causas públicas, conquistando maior autonomia e confiança na própria capacidade de gerir seus destinos, no processo de transformação social e política.

» EM DEFESA DA UTOPIA[8]

Setembro de 2005

Recebemos várias interpelações e comentários de amigos e colegas, alguns céticos, outros condescendentes, referentes ao título e conteúdo do livro. Afinal, perguntaram, qual seria o significado da utopia nestes tempos sombrios que vivemos, caracterizados pelo descrédito e desencanto com todas as ideologias, e a descrença nos partidos políticos e na própria democracia representativa?

Respondemos que utopia não é somente um sonho, mas também um protesto de todos aqueles que não se conformam com as injustiças e desigualdades; com a concentração de riquezas, poder e informação nas mãos de poucos, enquanto cresce o número de deserdados e excluídos; com os negócios suspeitos envolvendo bilhões de dólares; com as fusões e privatizações de empresas e transações diárias de mais de 1 trilhão de dólares, de origem e destino desconhecidos da população, duramente atingida pela especulação financeira e cambial. Com o aumento do número de milionários, enquanto cresce o exército de desempregados, de sem-terra e de desabrigados.

Contra a lógica impiedosa dos mercados, os utopistas nos séculos XIX e XX depositaram sua fé no Estado, virtuoso e redentor, capaz de manter o equilíbrio na luta das classes sociais. Conquistado o poder do Estado,

---

[8] Texto da apresentação do livro, com o mesmo título, lido no debate com os professores Paul Singer, Isak Kruglianskas e Hélio Zylberstajn, realizado na Faculdade de Economia, Administração e Contabilidade da Universidade de São Paulo (FEA/USP) no dia 23-9-2005.

estaria aberto o caminho de reformas, garantindo a ordem, a segurança e o bem-estar de todos.

Tarde demais percebemos que o Estado protege os mais ricos e continua a oprimir os mais pobres e fracos devido a uma aliança perversa das elites tradicionais e modernas, os donos das terras e a burguesia industrial, sustentadas e legitimadas por uma tecnocracia que age em nome de uma suposta racionalidade científica e lança mão de tecnologias de organização e comunicação baseadas na microeletrônica.

O assalto ao Estado pelo grande capital iniciou-se nas primeiras décadas do século XX e foi interrompido por um breve período na crise econômica de 1929. Muito a contragosto, os "tubarões" de então (os Vanderbilt, Rockefeller, Carnegie, Frick, Kellogg e outros) foram obrigados a aceitar o *New Deal* de Franklin D. Roosevelt, cujas obras públicas em grande escala visando a aliviar a situação dramática de desemprego foram tachadas de socialistas e antiamericanas. Passados os piores momentos da crise, com os preparativos e a mobilização de milhões de jovens para servir nas forças armadas na Segunda Guerra Mundial, voltaram as ameaças e pressões sobre o Estado por parte do grande capital.

Em 1951, o então presidente dos Estados Unidos, o general Eisenhower, lançou uma advertência e alertou sobre o "complexo industrial-militar", enquanto o economista John K. Galbraith apontava para o papel importante de cientistas e tecnólogos identificados com o grande capital e parceiros dele.

O coroamento desse longo processo talvez se verifique no momento histórico atual, em que a cúpula do governo norte-americano (G. W. Bush, R. Cheeney, C. Rice, D. Rumsfeld e outros) está estreitamente associada aos interesses das empresas petrolíferas e das grandes empreiteiras.

Por outro lado, a conquista do Estado pelos movimentos revolucionários foi duramente atingida com a derrocada do regime de burocracia totalitária da ex-União Soviética, a queda eleitoral dos partidos socialistas e o consequente desmantelamento gradual do Estado de bem-estar.

Nesse contexto, a defesa da utopia equivale à convocação para a luta por justiça social, pela democracia participativa, pelos direitos humanos e por um meio ambiente protegido e preservado. Essas aspirações encerram um legado de todos os movimentos em prol da utopia ao longo dos últimos três séculos, desde os enciclopedistas no século XVIII, os grandes utopistas, Saint Simon, Fourier e Robert Owen, no século XIX, e os movimentos revolucionários do século XX.

Mas como lutar por reformas, se a maioria dos "representantes do povo" é corrupta ou cooptada pelo "mercado" e defende a competitividade em nome de uma suposta maior eficiência e do crescimento econômico sem distribuição de renda?

Quando a maioria da academia e dos intelectuais prefere lavar as mãos e ignorar os efeitos desastrosos de certas inovações tecnológicas e megaprojetos de engenharia, como os de energia nuclear, da indústria espacial e do acelerador de partículas?

Quando, para se eleger deputado, é necessário gastar 1 milhão de reais; para se eleger senador, 2 milhões, e para presidente, 50 milhões, o que leva os candidatos a procurar recursos de empresas, privadas ou estatais, para financiar a sua campanha? Como contrapartida desses "auxílios", a maioria da Câmara e do Senado se empenhará em bloquear propostas consideradas prejudiciais às grandes corporações e à elite em geral. Assistimos assim à falência da democracia formal e representativa.

Fique bem claro: não se trata de casos individuais – o sistema que é corruptor e corrompido! Como romper o círculo vicioso, após a falência da democracia parlamentar representativa?

As premissas do discurso e da indicação de alternativa refutam a tese do "fim da História" e afirmam a emergência da sociedade autogestionária e organizadora da democracia direta. Uma demonstração cabal da viabilidade e atualidade dessa tese é a proposta apresentada por um deputado que colheu mais de duzentas assinaturas de apoio na Câmara; ela preconiza a autoconvocação dos cidadãos para exigir a realização de plebiscito tendo em vista a revogação de mandatos de representantes que não cumprem suas promessas eleitorais.

Estamos vivenciando o fim da intermediação de partidos, "políticos" ou líderes populistas, com a sociedade assumindo o poder e o controle pela instalação da democracia direta. Esses avanços vão trazer um longo período de dualidade de poderes, exercidos pelo sistema emergente e pelo tradicional. Mas nunca na História se ofereceu o poder numa bandeja de prata.

Para os céticos e pessimistas, apontamos as conquistas recentes da sociedade contra os poderosos de plantão, como o tratado de proibição de minas terrestres, a criação da Corte Internacional de Justiça com sede em Roma, a assinatura do Protocolo de Quioto (com exceção dos Estados Unidos e da Austrália), a resistência que levou à retirada do Acordo Multilateral sobre Investimentos e a presença de dezenas de milhares de manifestantes protestando contra as reuniões do FMI, do Banco Mundial e da Organização Multilateral do Comércio nos últimos anos.

Acreditamos que uma nova ordem mundial está emergindo, constituída pela maioria dos atores sociais, na transição de um mundo de quase duzentos Estados Nacionais – a maioria dos quais sem nenhuma viabilidade econômica e política – que pretendem a soberania territorial e política para um mundo planetário, pluralista e interdependente que garanta a autonomia cultural de todos os povos e etnias.

Finalmente, reafirmamos, contra qualquer determinismo biológico, cultural ou racial, que os homens (e mulheres) fazem a sua história, não com todos os graus de liberdade, mas num contexto de condições e circunstâncias herdadas das gerações que nos antecederam.

Ainda assim, será possível transformar o cenário atual, à condição de adquirirmos a ciência ou o conhecimento da dinâmica social, a consciência das tarefas inadiáveis e a capacidade de agirmos coletivamente. Será uma longa e difícil jornada, repleta de obstáculos e contratempos, mas nada é mais gratificante na vida do que caminhar em boa companhia.

» SOBRE DÍVIDAS: EXTERNA, INTERNA E SOCIAL

Março de 2006

Foi proclamada e amplamente divulgada a redução da dívida externa, incluindo a liquidação do débito com o Fundo Monetário Internacional. Mas trata-se de pura pirotecnia: a redução parcial da dívida externa significou na realidade uma transferência para a dívida interna, que chegou a quase 1 trilhão de reais – metade do Produto Interno Bruto anual.

Ainda por cima, foi um mau negócio para o país, ou seja, para os contribuintes e a população em geral, cuja dívida *per capita* aumentou para 50 mil reais, ou, em outras palavras, o brasileiro que ganha um salário mínimo necessitaria pagar a sua dívida em aproximadamente 170 anos!

A transferência da maior parte da dívida externa beneficiaria, como sempre, as elites nesse jogo de especulação e suposta política monetária do governo, rentistas e grandes empresas que aplicam o seu dinheiro no mercado interno, sendo contemplados por altas taxas de juros – atualmente, em março de 2006, de 17,25% ao ano, enquanto as aplicações nos outros países, mais civilizados, alcançam 3,5% a 4% ao ano.

Não é de admirar que os chamados "investimentos externos" se reduzam a aplicações em papéis do governo e dos supostamente "sólidos" bancos brasileiros, com liquidez até agora instantânea e a livre entrada e saída das moedas fortes.

Em vão, o Banco Central tenta assegurar a queda do dólar, poderoso fator de desestímulo às exportações, por meio de leilões de compra. A entrada de dólares parece inesgotável, por causa da voracidade por lucros fáceis e rápidos do capital especulativo. Para cada unidade de moeda estrangeira "investida" no país, o governo está obrigado a emitir o valor equivalente em moeda nacional ou recorrer à colocação de papéis, *bonds*, letras do Tesouro etc., que rendem 18% ao ano, o que explica a elevação constante e irreversível da dívida interna, cujo custo de serviços com os juros pagos constitui o mais sério obstáculo a um crescimento da economia do país.

É por esse motivo que a maioria dos políticos e as classes dominantes, desde os agronegócios até as grandes empresas industriais ou bancos, apoiam, apesar de tímidos protestos isolados, a política econômico-financeira e monetária do governo Lula e, muito provavelmente, lhe darão seu voto à recandidatura nas eleições de outubro vindouro.

Ademais, a política de "compensação" do governo, distribuindo "bolsas família" a quase 9 milhões de famílias – aproximadamente 45 milhões de brasileiros mais pobres –, assegura a Lula seus votos para a eleição, mesmo com a perda parcial de votos da classe média, inclusive de antigos membros do PT.

Com tudo isso, a dívida social do Brasil alcança níveis astronômicos, cujo resgate se distancia a cada dia. Segundo estimativas de agências internacionais e nacionais idôneas, o déficit habitacional se eleva a mais de 8 milhões de unidades, significando, a um custo unitário estimado de 25 mil reais, a necessidade de investir 200 bilhões de reais. Acrescentem-se as despesas correlacionadas em saneamento básico, fornecimento de água potável, iluminação, educação, saúde e, sobretudo, a criação de empregos e a formação de recursos humanos qualificados.

Efetivamente, com vinte anos de estagnação econômica seguidos de três anos de política macroeconômica e monetária neoliberal do governo Lula, obedecendo religiosamente às imposições das políticas financeiras ortodoxas do Fundo Monetário Internacional, o país está exaurido pela pesada carga de juros a "credores" nacionais e internacionais, ou seja, ao capital especulativo que dispõe de imensa liquidez e sempre procura os meios de maximizar seus lucros. O Brasil, com uma taxa de juros oficial de 20% até recentemente (hoje está em 17,25%), tornou-se o mercado predileto para o capital e os investidores, nacionais e estrangeiros. A entrada e a saída livres do capital e suas aplicações em papéis de governo e bancos privados – não em investimentos produtivos – resultaram numa elevada carga fiscal que, combinada com o superávit primário maior do que o programado pelo governo Lula, não conseguiu pagar os juros (160 bilhões de reais em 2005) e, ao mesmo tempo, deixou o país empobrecido e sem recursos para investimentos em infraestrutura e principalmente para o resgate da dívida social.

» O "NEGÓCIO" DE DOAR

Abril de 2006

"É MAIS FÁCIL UM CAMELO PASSAR PELO BURACO DE UMA AGULHA DO QUE ENTRAR UM RICO NAS PORTAS DO CÉU." *Mateus, 19:24*

A revista britânica *The Economist* publicou em 25 de fevereiro um extenso estudo que inspira o título deste comentário: "The Business of Giving: a Survey of Wealth and Philanthropy". Estudo muito oportuno, já que no número de 18 de março a mesma revista apresenta uma lista das dez pessoas mais ricas do mundo, cujas fortunas somadas, oficialmente conhecidas e declaradas, ultrapassam 300 bilhões de dólares. (Obviamente, não é possível computar as somas que circulam pelos paraísos fiscais, circuitos eletrônicos etc. Sempre segundo *The Economist*, citando dados da *Forbes Magazine* de 2005, haveria no mesmo ano 691 bilionários, em dólares, no mundo, comparados aos 423 existentes em 1996.)

Esse aumento rápido (61% em nove anos) do número de bilionários é consequência da imensa criação de riquezas, bens e serviços, no mesmo período e, obviamente, de sua distribuição desigual. No final do século passado, estudos de diferentes órgãos das Nações Unidas apontaram para o fosso crescente entre uma minoria ínfima da população mundial e uma massa de deserdados e marginalizados, "um mundo de perdedores e de ganhadores" (Kliksberg, 2001).

Segundo dados do Banco Mundial (1998), da Organização Mundial da Saúde e outros, 3 bilhões de pessoas, metade da população mundial, recebem uma renda abaixo de 2 dólares diários e carecem de serviços básicos de saneamento e 1,3 bilhão de pessoas não têm acesso à água potável. A pobreza afeta também a nutrição, sendo que, de acordo com estimativas de 1998 do Fundo das Nações Unidas para a Alimentação e Agricultura (FAO), quase 1 bilhão de pessoas padecem de fome crônica.

Essas disparidades são sintetizadas pelo coeficiente de Gini, uma medida que registra a desigualdade na distribuição da renda, sendo 1 o equivalente da desigualdade absoluta, e zero, a igualdade total. Informações também de 1998 do Banco Interamericano de Desenvolvimento (BID) apontam para países com os mais altos coeficientes de Gini na América Latina e, entre esses, o Brasil (coeficiente de 0,60). Paradoxalmente, no governo petista cresceu o número de milionários à razão de 6% ao ano, passando de 75 mil em 2002 para 80 mil no final de 2004 (ver "Sob Lula, cresce o total de milionários", na *Folha de S.Paulo* de 16-5-2004). Uma pesquisa do *World Wealth Report* (Relatório Mundial da Riqueza) estima que a riqueza dos milionários e bilionários no mundo aumentará a uma taxa de 7% ao ano, superando em 2008 o valor de 40 trilhões de dólares.

A tendência ao enriquecimento rápido dos super-ricos é universal e não fica restrita aos Estados Unidos, onde uma legislação extremamente favorável de tributação sobre lucros e capital acelera a acumulação desequilibrada. Dos 691 bilionários, 350 vivem e prosperam fora dos Estados Unidos, na Europa e nos países emergentes.

O direcionamento e as áreas de aplicação do volume de recursos canalizados para fins filantrópicos têm chamado a atenção de estudiosos, políticos e, mais recentemente, de empresários. Um estudo de Lester Salamon, da Johns Hopkins University, sobre doações de caridade em 36 países diferentes evidenciou variações de mais de 1,85% do PIB nos Estados Unidos até 0,11% na Itália. Mesmo assim, esse estudo confirma que os gastos privados e institucionais com filantropia não chegam a uma parcela significativa dos desembolsos orçamentários em bem-estar coletivo pelos governos, o que levanta a questão sobre os impactos reais da filantropia na redução da pobreza, de doenças e da marginalidade. Cabe considerar também que uma parte substancial (até 50% nos Estados Unidos) dos recursos destinados à filantropia engrossa os caixas de organizações religiosas, isentos de impostos, e outra parcela significativa é destinada à promoção de eventos culturais e artísticos que, em última análise, além de favorecerem a classe média, servem ao *marketing* e portanto às vendas das empresas. O volume real de dinheiro canalizado para fins de desenvolvimento social fica extremamente restrito quando confrontado com as necessidades de centenas de milhões de seres humanos.

No Brasil ganhou destaque nos últimos anos o Grupo de Institutos, Fundações e Empresas (Gife), atuante no chamado terceiro setor, ao tentar estabelecer um intercâmbio de experiências e metodologias de centenas de entidades com recursos humanos e financeiros bastante diferenciados. Seu estudo, publicado em 2001 com a colaboração do Synergos, instituto norte-americano sediado em Nova York, permite uma visão panorâmica de "quem é quem" na filantropia e caridade no Brasil, quais são as áreas em que as entidades atuam e qual é o volume de recursos financeiros destinados aos projetos.

A história das fundações com fins filantrópicos data das primeiras décadas do século passado, quando os capitães da indústria norte-americana (cognominados *robber baron* – tubarões) procuraram, já no fim de sua carreira de negócios, aplicar uma parte de seus ganhos acumulados em programas e projetos que permitissem abater somas consideráveis de impostos, resgatar prestígio e admiração nas elites culturais e intelectuais e criar novos centros de poder e influência na sociedade em processo de transformação. Os ativos administrados pelas fundações não pararam de crescer e a legislação americana prescreve que pelo menos 5% dos lucros devem ser aplicados em fins filantrópicos, o que inclui sobretudo doações a entidades religiosas, universidades (as "almas mater") e organizações com fins culturais – orquestras, teatros, museus e exposições de artes plásticas.

No período pós-guerra, as fundações norte-americanas não se limitaram ao território nacional: investimentos relativamente vultosos foram realizados em instituições de saúde pública, educacionais e de pesquisa sobre desenvolvimento social no Brasil, na Índia e no Egito pelas fundações Rockefeller, Ford, Kellogg e MacArthur, entre outras.

Além das vantagens fiscais e do reconhecimento e admiração por seus pares, o que motivaria a generosidade dos doadores-filantropos? Já mencionamos a preferência dos norte-americanos pelas diversas denominações religiosas, mas essa é uma característica dos seguidores de todas as grandes correntes monoteístas, protestantes, judaicas, islâmicas e católicas. Seria a busca de uma "apólice de seguro" para o outro mundo? Muitos dos ricos se sentem afortunados e querem "devolver algo" – ideia radicalmente rejeitada por outros, que são contra uma redistribuição "populista" efetuada pelos que se sentem "culpados". Outro estudo norte-americano sobre filantropia argumenta que grande parte das doações é motivada pelo prazer, a gratificação do "ego" e a busca de prestígio social.

A mais recente tendência inovadora na área da filantropia é a invasão do setor pelo que a revista *The Economist* chama de filantrocapitalismo, em que seus agentes se consideram empreendedores sociais. Procuram criar, tal como no mundo dos negócios, empresas eficientes e competitivas que chegariam até a ser negociadas e cotadas na bolsa de valores. Seus críticos argumentam que as fundações, sem incentivos para ser eficientes e competitivas e com diretorias que se perpetuam no poder, geralmente livres de auditorias e controles públicos, procuram "reinventar a roda", construindo luxuosas sedes ou escritórios, organizando seminários ou conferências "esquisitas" e pagando salários altíssimos para seus filantrocratas profissionais.

Os que propugnam o empreendedorismo na filantropia parecem ignorar que a imensa maioria das instituições que atuam com programas e projetos que procuram resgatar crianças e adolescentes de situações de risco em ambientes de narcotráfico, prostituição e violência, bem como as que militam pela saúde pública, educação decente e questões ambientais, foram construídas e mantidas pelo esforço coletivo e solidário de dezenas de milhares de voluntários(as) – muitas vezes com sacrifícios pessoais de tempo tirado do convívio familiar, de oportunidades de empregos remunerados e, portanto, de renda e de bem-estar material.

A penetração do espírito empresarial capitalista e a busca de eficiência e lucros acabarão inevitavelmente minando os sentimentos e a delicada trama de relações de amizade, cooperação, ajuda mútua e solidariedade que animam esses verdadeiros heróis e visionários, os quais procuram, *pari passu* com suas atividades, desenvolver o espírito comunitário, restabelecer um grau de confiança e ajuda mútua – enfim, reconstruir o capital social roubado ou destruído pelo avanço impiedoso dos processos de urbanização e industrialização, na origem da acumulação selvagem.

Soa no mínimo esdrúxula a injunção para que as ONGs e seus projetos sociais se tornem mais eficientes, adotando os princípios e as práticas da "boa" gestão das empresas privadas. A que eficiência se referem essas propostas? À da indústria automobilística norte-americana, praticamente falida? Ou à das megaempresas World Com. e Enron, vergonhosamente falidas, com seus gestores condenados à prisão pela Justiça dos Estados Unidos? E, para não parecer parcial, convém lembrar o caso do recém-quebrado Banco Santos, que operou com investimentos especulativos, fugindo do alcance do fisco brasileiro em paraísos fiscais. Ou de um ex-vice-presidente da Federação das Indústrias do Estado de São Paulo fugitivo da Justiça por ter sua empresa sonegado impostos durante anos. Projetos sociais e filantrópicos não podem ser avaliados pelos lucros, mas pelo bem-estar individual e coletivo, ou seja, pela inclusão social efetiva que produzem. Seus princípios e práticas estão baseados na participação e autogestão, diametralmente opostos à gestão autocrática das empresas privadas.

Por mais dinheiro que doem, e sabemos que doam apenas uma parte ínfima do que possuem, os "ricos" ajudariam efetivamente ao pagar e não sonegar tributos e impostos, ao pagar salários decentes aos seus empregados e garantir a sua permanência no emprego mediante carteira de trabalho assinada, o que daria direito ao seguro-saúde e à aposentadoria.

Um estudo do *Financial Times*, um dos mais respeitados jornais do mundo, citado por Clóvis Rossi na *Folha de S.Paulo* de 20-7-2005, chama a atenção para o fato de que, das vinte maiores empresas do mundo, somente oito pagam impostos e as outras, respaldadas por escritórios de advocacia e de auditoria, conseguem apresentar declarações que minimizem o pagamento dos seus tributos devidos. Mas todas mantêm espalhafatosos programas de relações públicas e divulgam luxuosos relatórios sobre suas supostas obras de "responsabilidade social"...

Nunca seria demais repetir que a redução das desigualdades, a distribuição da renda e a garantia de emprego devem caminhar juntas com a reconstrução do capital social, base de uma sociedade mais justa e humana.

» ASSISTENCIALISMO OU INCLUSÃO SOCIAL?

Abril de 2006

Recentemente (em fevereiro), o presidente Lula surpreendeu ao afirmar que "o Brasil não tem pressa de crescer com altas taxas", deixando perplexos muitos cidadãos que se lembram de outra bravata presidencial em 2004 sobre o espetacular crescimento econômico brasileiro.

Em ambos os casos fica patente que o presidente e seu governo consideram o crescimento econômico um fim em si, enquanto não passa de um meio para assegurar melhor qualidade de vida e bem-estar para *toda* a população, sobretudo para o imenso contingente de excluídos e desamparados. A esses o governo oferece, com ampla divulgação nacional e internacional, o programa Bolsa Família, que incorporou o Fome Zero, o Bolsa Escola e outros projetos assistenciais, incluindo os aplicados no governo anterior. O argumento preponderante é que o novo programa salva da fome e garante a sobrevivência física de quase 9 milhões de famílias – um quarto da população brasileira – que vivem abaixo da linha da pobreza, com menos de 1 dólar por dia.

Mas quais os efeitos para a cidadania desses milhões de seres, clientes dependentes da benevolência e dos interesses dos políticos?

Seria demais esperar do poder público uma estratégia de políticas sociais que enxergasse o futuro mais distante, em vez de objetivos eleitoreiros imediatos?

Para isso, seria necessário redefinir as prioridades da nação mediante amplo processo participativo, de consultas e audiências públicas abertas a todos e em todas as regiões, o que corresponderia à prática da verdadeira democracia: o governo pelo povo e para o povo.

As prioridades, contrariamente às políticas econômico-financeiras atuais que beneficiam uma minoria ínfima de banqueiros, rentistas, empresas multinacionais e agroexportadores, seriam orientadas para programas de construção popular, provimento de saneamento e água potável, melhoria de serviços de educação e saúde e, não menos importante, para a criação de centros de cultura, esporte e lazer, particularmente nas áreas urbanas degradadas.

Esses objetivos não podem ser equacionados como mera decorrência do crescimento econômico que, dentro do marco do regime de mercado competitivo, leva inevitavelmente à concentração de renda, ao aumento da desigualdade e à deterioração das relações sociais – fatores que estão na origem da marginalidade, da delinquência e dos conflitos sociais.

Outra prioridade é o aperfeiçoamento institucional mediante reformas do judiciário, do código eleitoral, do legislativo, da política para menores – crianças e adolescentes – e tantas outras.

A ignorância e o alheamento dos principais problemas e de suas verdadeiras causas por parte das elites e dos governantes estão na raiz de nosso crônico atraso e "subdesenvolvimento".

Destacam-se, entre outros, a distribuição desigual do produto social; a discriminação no acesso a empregos, à terra, aos serviços de educação e saúde, às oportunidades de participação social e cultural; além dos preconceitos contrários a negros, índios, mulheres e pobres em geral.

Quando pressionadas, as elites e seus intelectuais orgânicos oferecem as respostas convencionais: a pobreza é de responsabilidade individual (os pobres são indolentes e incultos); a educação resolverá os problemas e abrirá as vias de ascensão social; e, para os delinquentes, a sociedade precisa de mais repressão, polícia, prisões e uma postura dura e implacável...

O desconhecimento e a ignorância das verdadeiras causas da anomia social são gritantes: as altas taxas de desemprego, sobretudo entre os jovens de dezoito a 25 anos que crescem sem nenhuma perspectiva de se inserir no mercado de trabalho, e a desestruturação das famílias pobres – quase metade das quais, na ausência de homens, é mantida por mulheres. Os filhos que crescem sem a presença do pai são mais desajustados e tendem para a marginalidade, frequentemente recrutados por narcotraficantes ou gangues de criminosos.

As meninas são presas fáceis para as redes de prostituição infantil de turismo sexual, enquanto ambos, meninas e meninos, são explorados pelo trabalho infantil que prevalece em várias regiões do Brasil, sobretudo as mais pobres.

Os desempregados, jovens e adultos sem instrução escolar em quantidade e qualidade suficientes, percebem que não têm perspectivas de um futuro melhor e perdem a autoestima. A exclusão do mercado de trabalho leva ao retraimento do convívio na sociedade, na própria família e na comunidade. Essa perda de identidade num mundo de incertezas e de violência transforma os indivíduos em inimigos de si mesmos e da sociedade, levando à desagregação social. Os ricos se protegem com carros blindados, grades de ferro e guardas particulares nas residências, enquanto os pobres e os sem-teto são encurralados na periferia das grandes cidades.

Com essa perda de capital social e humano, a sociedade se torna incapaz de superar os desafios do desenvolvimento. O capital social, conceito introduzido recentemente nas análises sociológicas, pode ser aferido pelo grau de cooperação, de ajuda mútua, de confiança no próximo e na comunidade; e de confiança nas instituições, no governo e em suas políticas. A influência do capital social é decisiva para o cumprimento das normas e leis, no comportamento cívico, no respeito aos outros, à propriedade particular e à pública; no engajamento em iniciativas comunitárias, como os conselhos de escola e de centros de saúde.

Uma das tarefas mais urgentes para criar e expandir o capital social seria a formação de jovens instrutores com vocação e competência para desenvolver atividades culturais e esportivas – corais, orquestras, dança, teatro, ginástica, capoeira, competições atléticas – com a juventude da periferia urbana.

Essas atividades coletivas, além da satisfação pessoal de seus praticantes, fomentarão o sentimento e o orgulho de "pertencer"; fortalecerão a solidariedade e o espírito de "nós", em vez de valores egoístas e materialistas preconizados pelo sistema econômico-educacional e político atual.

Contudo, devemos estar conscientes da contradição fundamental e maior obstáculo ao desenvolvimento das sociedades contemporâneas, particularmente na América Latina e no Brasil. Enquanto o discurso do poder público exalta a competição e o crescimento econômico que trarão a distribuição da renda e a justiça social, a realidade crua é que a política econômico-financeira praticada leva à concentração de renda, ao aumento das desigualdades sociais e regionais e à exclusão social da qual nenhuma demagogia ou "milagre" poderá nos redimir.

» EXCLUSÃO SOCIAL

Março de 2007

A divulgação do texto "Assistencialismo ou inclusão social?", de abril de 2006, animou leitores e amigos a cobrar um comentário da questão da exclusão social, fenômeno generalizado no mundo globalizado em praticamente todas as sociedades. Seguem observações para reflexão e discussão.

A percepção dualista de exclusão e inclusão, como se fossem fenômenos polarizados e mundos separados, confunde a política com sentimentos de caridade, a cidadania com filantropia e os direitos humanos com ajuda humanitária, o que leva, em última análise, à perda dos direitos de cidadania dos excluídos.

Os resultados concretos dessas ideias e atitudes se manifestam na pressão de alterar a Consolidação das Leis do Trabalho, com a flexibilização das relações trabalhistas no desemprego e na redução paulatina da massa salarial.

Trata-se de dois processos sociais com dinâmicas assimétricas e diferentes. Enquanto a inclusão social é produto de políticas públicas dirigidas concretamente para o resgate e a incorporação da população marginalizada, oferecendo condições e acesso à organização social, como produtores e consumidores, cidadãos com plenos direitos e senhores de seu destino, a exclusão é o resultado de uma dinâmica "perversa" de acumulação e reprodução do capital cada vez mais aceleradas pela concentração de capitais no regime de mercados e espaços globalizados. A exclusão é inerente ao sistema capitalista, como fenômeno universal e inevitável, expandindo-se em ritmo e intensidade diferentes, ao acompanhar os ciclos de expansão e recessão da economia.

Como medir a exclusão social? No texto "O http://www.abdl.org.br/article/view/2813 'negócio' de doar", de abril de 2006, apontamos para o IDH (Índice de Desenvolvimento Humano, das Nações Unidas), para a taxa de desemprego, mormente entre jovens de 18 a 25 anos, e para a dificuldade no acesso a serviços de educação e saúde; enfim, para a falta de perspectivas que leva os marginalizados econômica, territorial e culturalmente a ingressarem no submundo do narcotráfico, da prostituição e da delinquência. Os efeitos mais devastadores da exclusão social são sentidos, a médio e longo prazos, na destruição e perda de capital humano e de capital social.

As energias e o potencial criativo de milhões de jovens, não utilizados pela falta de acesso à educação e à formação profissional, constituem perdas irreparáveis na tarefa de construir uma força de trabalho diligente e disciplinada, condição primordial para o desenvolvimento. Por outro lado, a desarticulação de famílias e comunidades pelos efeitos prolongados do desemprego e pela falta de renda e de oportunidades de ascensão social e de autorrealização repercute profundamente em todo o tecido da organização social, impedindo manifestações de cooperação e solidariedade, pilares de uma sociedade integrada e coesa.

Mesmo que as taxas de crescimento econômico fossem mais elevadas do que os pífios 2,5% do Brasil nos últimos vinte anos, nenhum desenvolvimento é viável quando 35% a 40% da população se exclui da participação política e cultural, numa espécie de *apartheid* agravado pelos preconceitos de cor, de etnia e de condições econômicas.

Em nossa sociedade, o "social" e os problemas sociais são considerados de categoria inferior, subalterna, e os gastos com programas sociais até prejudicariam os investimentos "produtivos" e geradores de riquezas (de quem?).

A exclusão pode ser analisada em três dimensões, das quais a primeira é a material e objetiva da desigualdade social e econômica, a segunda é a ética da injustiça social e dos preconceitos, e a terceira é a subjetiva, de sofrimentos impostos a milhões de seres humanos.

Uma visão alternativa, política e ética, é consubstanciada na proposta de Amartya Sen, Prêmio Nobel de Economia, de encarar a exclusão não como uma falta de bens e serviços, mas como o bloqueio de possibilidades e opções para a emancipação e autorrealização profissional e pessoal de cada ser humano.

Como enfrentar a exclusão em nossa sociedade? Frequentemente, as políticas públicas em prol de direitos à cidadania são confundidas com a "gestão" da pobreza e a filantropia.

A complexidade dos problemas e a diversidade dos atores sociais envolvidos exigem análises e estudos interdisciplinares que devem orientar as políticas dos diferentes setores – saúde, educação, trabalho, lazer e administração pública.

O trabalho não deve ser encarado apenas como o ganha-pão de cada dia, mas como o espaço no qual cada pessoa pode elaborar suas experiências, horizontes e expectativas de vida.

O desemprego e o trabalho precário e informal, além de desestruturarem a família e a comunidade, impossibilitam pensar o futuro e a carreira – enfim, tornam impossível ter um projeto individual, da família e da sociedade.

Por isso, o papel do Estado, em todos os níveis do poder público, é fundamental na definição de estratégias de combate à exclusão sem cair no assistencialismo populista.

Tarefa primordial constitui o aprimoramento da eficácia da administração pública e o zelo pela igualdade jurídica; o desempenho dos investimentos sociais, criando cooperativas e redes de apoio mútuo, dá reforço aos movimentos sociais que buscam a inclusão.

Uma política dinâmica de inclusão social não depende apenas das diretrizes e ações do governo federal. Ela deve ser desenvolvida também em nível local e microrregional por meio de iniciativas de cooperação e de autogestão.

Não se pode descuidar da dimensão afetiva e intersubjetiva que responde ao desejo de encontrar-se com os outros na comunidade, de readquirir a confiança em si e nos outros e, assim, a autoestima para ser feliz.

Finalmente, será imprescindível a reestruturação das famílias e das comunidades locais, rompendo com a abordagem fragmentada, setorizada e estanque das disciplinas acadêmicas.

Para mudar a cultura da exclusão e da pobreza, é preciso reconstruir as relações sociais pervertidas por um sistema econômico social e ambientalmente desumano e insustentável.

» REFORMA POLÍTICA: SUGESTÕES PARA UM ROTEIRO DE DEBATES PÚBLICOS

Março de 2007

No começo do século XX travaram-se debates acirrados entre os partidários (a maioria) da reforma política, considerada o caminho mais adequado para a mudança social, e, por outro lado, uma minoria composta basicamente de socialistas da Europa oriental, que defendia a necessidade de uma revolução social para tirar o poder autoritário das monarquias e de seu aparelho de repressão e reconstruir uma sociedade justa, baseada na liberdade e na igualdade de todos os cidadãos.

Certamente, não por acaso os defensores das reformas graduais e pacíficas foram os líderes da social-democracia alemã (Karl Kautsky, Eduard Bernstein), enquanto entre os revolucionários se destacaram os bolcheviques russos e os social-revolucionários da Europa oriental.

Não se pretende, neste texto, proceder a uma análise histórica e social da trajetória das duas facções. Os reformistas ocidentais – firmes defensores do Estado burguês – optaram pela defesa das respectivas pátrias ao irromper a Primeira Guerra Mundial, enquanto os revolucionários, sobretudo russos e poloneses, conclamaram abertamente pela recusa do serviço militar e a derrubada dos regimes absolutistas.

A hecatombe da Primeira Guerra enterrou, também, a Segunda Internacional Socialista, timidamente ressuscitada após a queda dos regimes monarquistas na Alemanha, Áustria-Hungria e Rússia.

Entretanto, os regimes burgueses que herdaram o caos pós-guerra se mostraram incapazes de reconstruir as economias devastadas e de controlar o processo inflacionário galopante. Após um curto intervalo de estabilidade econômica, irrompeu a crise de 1929, que preparou o caminho para a ascensão de partidos totalitários na Itália, Alemanha, Áustria e nos Bálcãs.

Na União Soviética, criada após a revolução de 1917, o poder político dos Sovietes (conselhos de operários, soldados e camponeses) foi rapidamente usurpado pelo partido ("portador da consciência de classe") e sua oligarquia. O exercício do poder efetivo passou do Comitê Central e Bureau Político para as mãos do secretário-geral, cujo reino absolutista lembrava os padrões totalitários da era czarista.

A Segunda Guerra Mundial resultou novamente em mais de 50 milhões de vítimas, entre mortos e mutilados, além de refugiados e expulsos de suas terras, no redesenho do mapa e das fronteiras no pós-guerra.

Por quase meio século, os governos soviético e norte-americano disputaram a hegemonia mundial em várias fases da Guerra Fria, cujas repercussões foram sentidas em todos os continentes.

O mundo ocidental e o Japão se beneficiaram do *boom* pós-guerra e dos respectivos "milagres" econômicos que permitiram a concessão de uma série de benefícios sociais (o *welfare state*) que pareciam assegurar a transição pacífica e ordeira para regimes políticos estáveis e democráticos. Em fins do século passado, com o desmoronamento da ex-União Soviética e dos regimes políticos nos países satélites, o caminho parecia livre para a marcha vitoriosa do capitalismo. Mas, na virada do século XXI, a concorrência cada vez mais acirrada pelas inovações tecnológicas e a concentração violenta de capitais trouxeram de volta o espectro do desemprego e o atraso irremediável dos países do chamado Terceiro Mundo. A estagnação econômica e o retrocesso social foram particularmente severos na África, no sul da Ásia e na América Latina.

Nessas regiões, por várias décadas, as sociedades foram vítimas de guerras civis, intervenções estrangeiras e ditaduras militares, apoiadas pelas grandes potências que armaram e treinaram seus generais e mercenários. Suas economias estagnaram, os capitais fugiram para paraísos fiscais e as populações civis foram massacradas pelos grupos de soldados e mercenários rivais.

A restauração de regimes democráticos a partir da década de 1980 foi tímida e dominada pelas forças políticas tradicionais, mantendo inúmeros dispositivos legais que favoreceram as antigas e as novas elites de poder. Isso resultou em um regime de democracia formal supostamente representativo de todos os membros da sociedade. O Estado moderno, ancorado na democracia, garante a liberdade individual. Mas a democracia formal e representativa se mostrou pouco capaz de assegurar o controle dos cidadãos sobre os rumos e o comportamento político das velhas e novas oligarquias, inclusive dos partidos que se autodenominam democráticos, republicanos, liberais, trabalhistas e até socialistas.

No Brasil, a classe política, dividida entre os "donos do poder" tradicionais, os proprietários de terras e latifundiários aliados com as novas elites financeiras, corporativas e tecnocráticas, está hesitando e oscilando em seu clamor por uma reforma política que poderia alterar o precário equilíbrio de forças, resultado das últimas três eleições presidenciais – 1998, 2002 e 2006. Grande parte da oposição literalmente se esfacelou, aderindo ao bloco governista na expectativa de ser contemplada com ministérios, cargos de confiança e outras benesses da proximidade do Poder Executivo.

Curiosamente, após a vitória eleitoral em 2006, o presidente Lula declarou tarefas prioritárias do "novo" governo a reforma política e a tributária. Poucos dias depois, o então ministro de Relações Institucionais e atualmente ministro da Justiça pontificou que para a governabilidade não haveria necessidade de reforma política, acenando assim com uma acomodação da classe política às propostas e planos do Executivo, desde que a distribuição dos cargos e mordomias deles decorrentes fosse adequada e satisfatória para os partidos. Mas de que partidos se trata e a quem representam?

Em seu estudo "Partidos, ideologias e composição social", de 2002, Leôncio Martins Rodrigues lista seis partidos que somam 431 deputados, ou seja, 84% do total dos representantes eleitos. Considerando PFL e PPB da direita, PMDB e PSDB do centro e PT e PDT da esquerda, a Câmara de 2002 oferecia uma divisão de forças que favorecia claramente a aliança da direita com o centro (68%) como oposição ao bloco governista de 16%.

A vitória de Lula no segundo turno das eleições de 2006 alterou profundamente o quadro político, com o esfacelamento da direita e a adesão do centro ao bloco governista, que dispõe não somente de um altíssimo índice de aprovação popular mas também de uma confortável maioria na Câmara dos Deputados para conduzir a sua política de pacificação e de consenso.

Tentaremos, a seguir, apontar os vícios do sistema eleitoral e partidário, dos quais resultam inúmeras incongruências e falhas que reclamam urgentemente a reformulação das regras do jogo para que a sociedade caminhe em direção a uma democracia mais participativa, que assegure o bem-estar e os plenos direitos humanos a toda a população.

O ideal seria instituir e fortalecer a democracia direta, sem mediação institucional, lançando as opções de referendo, plebiscito e iniciativas populares, inicialmente em nível local e microrregional.

Nas democracias mais tradicionais, como na Europa ocidental e na Europa central, a população é chamada, periodicamente, a cada quatro ou cinco anos, a manifestar a sua confiança e preferência por determinados candidatos para governar o país. Os principais candidatos, dois ou três, são líderes de seus respectivos partidos selecionados mediante demorado e complexo processo, no qual têm oportunidade de expor e defender suas críticas ao governo atual e suas propostas e planos, caso sejam eleitos.

Como conduzir democraticamente esse processo de eleições primárias com mais de vinte partidos registrados na Justiça Eleitoral, portanto com direitos de tempo de propaganda gratuita no rádio e na tevê e de arrecadar recursos financeiros de fontes privadas e oficiais para sustentar sua campanha?

Qual é o conteúdo ideológico e programático dessas agremiações, a não ser a defesa de interesses individuais e grupais liderados por caciques regionais?

Como reduzir o número de partidos para evitar os logros e falsidades ideológicas cometidos pela maioria dos candidatos, que chega a mudar várias vezes sua filiação, em desprezo flagrante da absurda "fidelidade partidária"?

A discussão do *quorum* mínimo de eleitores (5%) em várias unidades da Federação, para que os partidos possam apresentar candidatos, exige também a redefinição do sistema eleitoral quanto às candidaturas. Seriam candidatos individuais, na maioria desconhecidos pelo eleitorado, ou cada partido estabeleceria sua lista conforme procedimentos consensuais e regulamentados pela Justiça Eleitoral?

Alguns países têm adaptado o sistema misto, com voto individual ou por lista e, sobretudo, distrital, o que permitiria ao eleitor mais conhecimento e acesso ao seu candidato caso seja eleito.

Um limite à mudança de sigla partidária em sua legislatura deverá constar do compromisso dos candidatos sujeitos a sanções da Justiça Eleitoral em caso de rompimento. Uma proposta de "Código de Defesa do Eleitor", elaborada por Percival Maricato, membro do Programa Nacional de Bases Empresariais, sugere uma série de medidas capazes de reforçar o controle e o acompanhamento do desempenho dos candidatos, uma vez eleitos. O que implica desde uma censura, quando o desempenho for considerado insatisfatório – falta de propostas, de projetos, ausência nas sessões parlamentares e/ou votos contrários aos interesses da população –, até um referendo popular, um plebiscito e o uso do poder convocatório, a ser definido por lei.

Mas numa democracia formal e representativa, caracterizada por um sistema eleitoral viciado e distorcido, quem vai votar e zelar pelo cumprimento das normas restritivas nesse mesmo Congresso?

Pela Constituição, cada Unidade da Federação tem no mínimo oito deputados, independentemente do número de habitantes e eleitores. Assim, Acre, Amapá, Distrito Federal, Mato Grosso do Sul, Rondônia, Roraima, Sergipe e Tocantins têm 64 deputados. Se fosse considerado o quociente eleitoral, teriam apenas 31 no conjunto de 513 deputados.

Quem paga esses deputados e seus votos? Sem programas, ideias ou propostas além das que elevam a sua remuneração (vejam-se os casos de "mensaleiros", da reeleição de Fernando Henrique Cardoso, de sanguessugas), como mudar as regras do jogo pelo voto desses mesmos deputados e senadores que estão atrelados aos "financiadores" de campanha? Uma vez eleitos, devolvem os investimentos na forma de contratos vantajosos para empreiteiras ou do bloqueio de projetos contrários aos interesses dos cultivadores de tabaco, bebidas alcoólicas, remédios, transgênicos, etc. Estima-se que, para eleger-se deputado, é necessário dispor de 1,5 milhão de reais;

para senador, 2,5 milhões; para governador, 15 milhões, e para presidente da República, de 30 a 50 milhões de reais.

O Senado brasileiro é composto de 81 senadores, três de cada Estado, enquanto nos Estados Unidos, com mais de 300 milhões de habitantes, cada unidade elege apenas dois senadores.

Caberia a uma reforma política contemplar:

- A redução do número de partidos, definindo o *quorum* mínimo de eleitores.
- A melhor informação do eleitorado sobre os candidatos a cargos públicos.
- O estabelecimento de regras para manter um período mínimo de "fidelidade" partidária.
- A regulamentação do financiamento das campanhas eleitorais, controlando as contribuições de empresas privadas por meio do famigerado "caixa dois".
- O estabelecimento de normas que assegurem a idoneidade dos candidatos a cargos públicos, como folha corrida ou não terem processos pendentes em tramitação na Justiça, para evitar, caso sejam eleitos, o direito a imunidade parlamentar e a fórum privilegiado na Justiça.
- A exigência rigorosa do candidato eleito declarar os bens antes de assumir, e de manter a conclusão do mandato.
- A avaliação dos governantes e representantes ter condições de elegibilidade, mediante:
  - experiência administrativa e/ou política anterior devidamente avaliada;
  - declaração de bens à Receita Federal no início do mandato;
  - folha corrida, atestado de bons antecedentes, ou seja, nenhuma condenação por atos lesivos, malversação de fundos e outras pendências na Justiça.
- O impedimento da eleição de políticos com processos pendentes que se arrastem durante anos na Justiça, devido à morosidade do sistema e à habilidade dos advogados para impetrar recursos, liminares,

mandado de segurança, *habeas corpus* etc., que obstruem o andamento normal do processo.

- O controle dos gastos exercido não somente pelos órgãos oficiais – CGU, TCU, TCM –, mas também pelos Conselhos Populares por via do Siafi.
- A coibição da mudança de filiação partidária sem consulta ao eleitorado.

No caso de constatação de irregularidades na execução de obras públicas e nos gastos, deve funcionar um mecanismo de afastamento do mandato, por referendo ou consulta popular, enquanto corra o processo na Justiça, tirando dos réus a imunidade parlamentar. O mesmo procedimento deve ser adotado em casos de transgressão da lei e crimes mais graves, levando à revogação imediata do mandato, que seria uma medida para verificar a coerência do programa dos partidos e seus representantes e permitiria evitar fenômenos estranhos como a compra de votos pelo Executivo para assegurar a aprovação de leis de seu interesse (vale lembrar aqui o caso dos "mensaleiros").

- O candidato eleito ser obrigado a prestar contas, periodicamente, de propostas, pronunciamentos ou projetos encaminhados em cada ano.
- Presença (ausência) nas sessões do Legislativo e divulgação do voto obrigatoriamente aberto, a fim de permitir aos eleitores o acompanhamento do desempenho dos parlamentares, prevendo a possibilidade de revogação do mandato.
- Impedimento das práticas de nepotismo, sobretudo nas nomeações para cargos de confiança que dispensam concurso público. Atualmente, são mais de 120 mil cargos nos três níveis de poder que constituem objetos de cobiça e das negociações entre os governos (municipal, estadual e federal) e os partidos da coalizão. A contratação de familiares, parentes, funcionários e cabos eleitorais com recursos públicos será terminantemente proibida, uma vez divulgadas essas práticas à sociedade.
- Alteração na Lei Eleitoral para definir pelo menos uma certa proporção de candidatos eleitos por voto distrital, permitindo maior controle do eleitorado sobre os seus representantes. Para o funciona-

mento do voto distrital ou misto – individual, por lista e distrital – é essencial que haja uma democratização prévia da vida partidária na seleção dos candidatos.

COMO MEDIR A PRODUTIVIDADE OU O DESEMPENHO NO EXERCÍCIO DA FUNÇÃO PÚBLICA

A mídia virtual permite acompanhar o desempenho de cada representante e a sua frequência ou ausência nas sessões parlamentares.

Por que a corrida atrás de cargos públicos, mesmo sabendo que a soma de remunerações/vencimentos nos quatro anos do mandato nunca cobriria os gastos da campanha eleitoral?

- Estima-se que o número de cargos de livre provisionamento sem concurso se eleva a aproximadamente 120 mil, incluindo os assessores e assistentes dos parlamentares desde vereadores até senadores.
- Ademais, o sistema em vigor (embora frequentemente criticado) permite a contratação, para cargos de confiança, de parentes (nepotismo), de funcionários destacados para tarefas estranhas ao Legislativo, como, por exemplo, a atuação como cabos eleitorais, preparando a próxima campanha eleitoral.
- Criam-se verdadeiras dinastias, à semelhança de heranças da propriedade rural no tempo do império e da colônia, em que filhos e netos são preparados para seguir a carreira política, herdando até mesmo o curral eleitoral do coronel patriarca.

Por tudo isso, parece imperiosa a análise da composição socioeconômica dos detentores de cargos públicos, segundo:

- A origem regional.
- O partido de origem e as mudanças de filiação.
- O nível de instrução ou de formação profissional.
- As atividades profissionais antes de ingressar na política.
- A faixa etária – atual e ao iniciar a carreira política.
- O tempo de serviço ou função em cargo público.
- O gênero.

- A relação de parentesco com outros políticos, que permite a troca de favores em nomeação para cargos.
- A "ideologia" ou pronunciamentos referentes à região, ao distrito e à União.
- A defesa de interesses corporativos, como os das indústrias automobilísticas, química (fertilizantes), tabaco, soja, cana, carne, farmacêutica etc.

No comportamento político dos representantes das oligarquias destaca-se a obstrução de legislação de interesse dos trabalhadores, pequenos lavradores, população indígena, MST etc.

- Usurpação ou grilagem de terras nas regiões próprias a monoculturas de soja, cana, gado, desmatamento.
- Apropriação indevida dos recursos naturais, terras, águas, minerais, flora.
- Relatório ambiental (EIA/Rima) obrigatório para a realização de grandes obras, como hidrelétricas para subsidiar energia aos produtores de alumínio, aço e produtos químicos.
- No espaço urbano: sustar e vetar qualquer projeto de zoneamento e regulamentação de uso do solo para construção imobiliária irregular, avaliando seus custos sociais e ambientais.
- Apropriação irregular das riquezas material e simbólica – mídia, tevê, rádio, editoras.
- Funcionamento de *lobbies* poderosos no Congresso que criam vantagens para aplicações financeiras (isentas de impostos) e a livre entrada e saída de capitais, gerando verdadeiras fortunas acumuladas ao longo de gerações.

Às velhas oligarquias de latifundiários e coronéis do império vieram juntar-se as novas oligarquias de fazendeiros engajados na produção de *commodities* para a exportação, integradas por grandes corporações, nacionais e internacionais. Juntaram-se às oligarquias econômicas os grupos e famílias políticos que se perpetuam no poder ao longo de gerações, de pais para filhos e netos.

Afinal, quem manda na política no Brasil?

A bancada ruralista, os representantes dos coronéis do Nordeste, os *lobbies* das indústrias automobilística, química e farmacêutica, de armas, de bebidas e outras.

Em vez de aferir renda *per capita*, deve-se avaliar o patrimônio acumulado *per capita*, como indicador de desigualdade.

O mundo político vive dissociado da sociedade, do que são exemplos as pretensões e reivindicações para elevar os vencimentos dos deputados, juízes, vereadores em proporções múltiplas de reajustes concedidos à imensa maioria da população assalariada. Certamente, confundem seus interesses particulares com os da nação.

As eleições continuam a ocorrer em currais eleitorais, dificilmente acessíveis à mídia e ao conhecimento popular.

Como assegurar então o voto bem informado? Por que a mídia dedica todo o seu espaço a um noticiário viciado pelo consumismo ou a violência, sem reportar as lutas e conquistas das comunidades? Como organizar a população civil para criar seus conselhos – de saúde, educação, segurança pública etc. – exercendo pressão sobre os governantes?

Ao engajar-se nessa luta, a mídia prestaria um serviço inestimável, permitindo o acesso da população às informações essenciais ao bom funcionamento da democracia.

Cabe ao povo, e não ao Congresso, decidir sobre a duração dos mandatos conferidos em eleições. Seriam quatro ou cinco anos? Haveria legitimidade na reeleição? A norma de alternância no poder, dificultando a recondução de dirigentes após cumprir seu mandato, pode criar espaço e dar acesso à juventude, às mulheres e a outros grupos minoritários.

As propostas apresentadas na Câmara variam de quatro a cinco ou a seis anos, argumentando-se pelas vantagens da coincidência dos mandatos. Mas uma questão central é a duração dos mandatos: mal começado o segundo mandato do governo Lula, está aceso o debate sobre a prorrogação e possível reeleição para cargos do Executivo.

As propostas de vigência de mandato variam de um país para outro e obviamente não há consenso sobre uma norma única.

Por que reeleger um presidente, governador ou prefeito? Se o regime for democrático, deverá permitir o revezamento no poder de partidos com ideologias e programas diferentes. Mas eis que o presidente Lula declarou: "Em time que vence (*sic*) não se mexe".

Outro ponto polêmico é a coincidência das datas de eleição, o que permitiria (em tese) uma ampla discussão de problemas e soluções propostos pelos partidos e seus candidatos.

Todo o sistema financeiro deve estar aberto à prestação de contas dos gastos individuais e dos partidos – à semelhança do Siafi, hoje à disposição do público para acompanhar e fiscalizar os gastos dos executivos federal, estadual e municipal.

A abertura ao público das contas – gastos e arrecadação – e das despesas incorridas com as obras, projetos e programas significaria maior controle da sociedade sobre o uso de seus recursos.

No debate a ser conduzido permanentemente, a questão central será: "Que tipo de sociedade queremos construir?".

Posto que a maioria dos "representantes" do povo, no Legislativo, Executivo e também no Judiciário, é visceralmente conservadora, caberia um papel fundamental à mídia: o de suprir as informações e auxiliar a sociedade no controle de seus governantes.

Um balanço dos desafios e problemas políticos no caminho da construção de uma verdadeira democracia poderia facilmente desencorajar os cidadãos preocupados com o futuro da sociedade.

Não são poucas as vozes saudosistas que clamam por maior rigor e repressão ao crime e à corrupção supostamente em vigor no regime ditatorial. Por isso, é preciso redefinir a legislação criminal e as sanções impostas em defesa da sociedade.

Tradicionalmente, o crime era considerado em estreita associação com a pobreza ou as minorias étnicas. O cenário político revela a cada dia os crimes de "colarinho branco", com o envolvimento de políticos, juízes, desembargadores, delegados de polícia e, frequentemente, das "tropas" de policiais civis e militares, associados aos criminosos do tráfico de drogas, armas e exploração de jogos ilegais.

Em caso de corrupção ou prevaricação, com prejuízos para o Tesouro Nacional, deve-se aplicar o "recall", ou a revogação do mandato, já em uso em alguns distritos eleitorais, na Califórnia e nos países escandinavos.

Em retrospectiva histórica dos últimos cinco ou seis milênios de existência de sociedades humanas organizadas, somente nos últimos trezentos anos surgiram ideias e práticas relacionadas com o ideal de uma democracia moderna.

O mundo europeu, centro da então civilização, estava dominado por algumas dezenas de autocratas ou monarcas absolutistas, alguns dos quais entraram na história como "déspotas esclarecidos".

Comparada àquela época, a humanidade avançou e não somente conquistou territórios – desenvolveu novos conhecimentos e tecnologias que estão na origem das sociedades de massas modernas, com todos os seus problemas e também as suas potencialidades, tanto construtivas quanto destrutivas. Várias ideias e propostas devem ser consideradas.

Uma dessas é que a tecnologia moderna da informática tem o potencial de difundir o embate de ideias e ideologias na internet, em todos os bairros e distritos, o que permitiria o acompanhamento e a crítica das oligarquias e dos partidos presentes no Congresso.

Postulamos, em oposição à visão materialista e mecanicista que enfatiza as relações de produção (a infraestrutura) como fator determinante da vida em sociedade – ou seja, também das diversas manifestações da cultura, como a arte, a religião, a filosofia, enfim, a superestrutura –, a supremacia do fator político como regulador das relações sociais, incluindo a alocação diferenciada de recursos financeiros para investimentos na infraestrutura.

A lição a ser aprendida da evolução política dos últimos três séculos é que o futuro não é predeterminado, nem é o produto da ação de poderes sobrenaturais. O destino está em nossas mãos, à condição de que alcancemos níveis de consciência e de motivação para construir uma sociedade humanitarista e solidária.

Queremos uma democracia baseada na participação, cogestão e até autogestão, por meio da mobilização da sociedade civil organizada, com poderes de monitorar e fiscalizar as políticas públicas e garantir o seu caráter universal e redistributivo. Para isso é preciso fortalecer os movimentos sociais em defesa da cidadania, criando conselhos municipais de educação, saúde, habitação, transportes, saneamento e lazer, e prestar atenção às reivindicações dos sem-teto, desempregados, sem-terra e de todo aquele imenso exército de trabalhadores no mercado informal.

Em outras palavras, é urgente reunir a sociedade em torno da "utopia" de um desenvolvimento caracterizado por justiça social, promoção de igualdade e proteção do meio ambiente; enfim, por melhor qualidade de vida.

» O TERCEIRO SETOR E A LUTA POR DEMOCRACIA E JUSTIÇA SOCIAL

Novembro de 2000

O Terceiro Setor está sendo confundido com a sociedade civil. Mas o que é afinal o Terceiro Setor? Quem controla seus programas e projetos? Qual é a fonte de seus recursos? Qual é a mensagem explícita ou subjacente nos discursos de seus porta-vozes?

Os números apresentados por pesquisadores norte-americanos são deveras impressionantes: centenas de milhares de organizações, gerando milhões de empregos e movimentando bilhões de dólares, mas quem as controla efetivamente?

Sem ideologia claramente definida, o Terceiro Setor apresenta vários elementos de um discurso que tende a descaracterizar e a desacreditar a luta política por mudanças do sistema. Seus dirigentes e porta-vozes negam a importância da ideologia (utopia) e da ação do Estado, declarado inimigo da liberdade e da democracia. Negam também a existência de classes sociais e, portanto, da solidariedade, que seria ilusória e ultrapassada pelo discurso da competição e eficiência.

O desmantelamento do Estado levou à polarização da estrutura social: tecnocratas e profissionais ligados às corporações transnacionais e organizações do Terceiro Setor financiadas do exterior e ligadas ao mercado e aos centros do poder político, nacionais e internacionais, controlam os destinos da maioria da população.

A luta não é mais entre as classes nas fábricas e nos canteiros de obra, mas entre o Estado e os desenraizados, desempregados, sem-teto, famintos, deslocados, forçados a produzir e vender para arcar com os custos de sua reprodução social. Como romper o monopólio de poder das elites sobre o Estado, cuja eficácia diminuiu na medida em que foi apropriado privadamente pelas elites de negócios e da política?

Quais seriam os parâmetros do Estado no século XXI, particularmente nos países de desenvolvimento "tardio"? Seria possível e desejável retornar ao passado, construindo um Estado forte (autoritário?) como mentor do processo de desenvolvimento? Se não for viável retornar ao modelo político-administrativo altamente centralizador que aliena os cidadãos do exercício efetivo do poder e das funções próprias à sociedade civil, como poderemos avançar, além da democracia formal, para um sistema político de participação plena dos cidadãos, com ampla autonomia cultural e administrativa e, ainda, solidários e interdependentes?

Em outras palavras, é possível afastar-se do modelo neoliberal e resistir à globalização sem voltar ao Estado autoritário? Ou ainda, é possível conciliar a "mão invisível" do mercado com a mão dura do Estado, num espaço geoeconômico-político em que coexistam o mercado "possível" e o Estado "necessário"? Entre o planejamento impositivo e a democracia do mercado, existiria uma "terceira via"?

A perda de credibilidade do Estado foi consequência de uma sucessão de processos históricos. O desmoronamento das sociedades "socialistas" do Leste Europeu coincidiu com a expansão do neoliberalismo, em escala global. Enquanto se enaltece a produtividade e a competitividade como valores supremos de uma sociedade mercantil e desalmada, faz-se caso omisso das vítimas desse processo ou dos custos sociais causados pela globalização. O Estado perdeu muito de sua capacidade de orientar e regular as atividades sociais, na medida em que foi espoliado e dilapidado pelas elites e não consegue mais atender às necessidades básicas das populações carentes. Uma política fiscal e monetária perversa, invocada para legitimar as privatizações, ou seja, a transferência desavergonhada do patrimônio público construído com os recursos da nação para as mãos da iniciativa privada, afasta as esperanças de se reerguer uma sociedade de bem-estar, fundamentada nos direitos humanos e na responsabilidade e solidariedade de todos os cidadãos.

Mas, se o Estado se mostra incompetente para responder às aspirações da maioria da população (o Quarto Setor, ausente no discurso do Terceiro), também o setor empresarial não está isento de culpa pela situação calamitosa em que nos encontramos. Afinal, qual foi a origem das fortunas bilionárias que constituem os pilares do poder econômico e, por que não, político das grandes fundações? E de que forma cresce e se multiplica esse patrimônio senão pelos investimentos especulativos e negócios que primam por apelos à produtividade, competitividade e precarização do trabalho, que fazem milhões de vítimas da "racionalização" das empresas, com o sucateamento de recursos humanos desempregados na corrida perversa e sem limites por mais mercados e lucros?

Bastariam obras filantrópicas e instituições de caridade para remediar os estragos causados pela acumulação que amplia o fosso entre ricos e pobres, poderosos e fracos, informados e analfabetos?

Longe de nós minimizar a importância e o alcance de entidades filantrópicas e dos projetos relevantes em prol de crianças e adolescentes, abandonados pelo poder público nas grandes metrópoles. Mas é preciso dimensionar e contextualizar esse tipo de ação à luz dos problemas de ordem e raízes estruturais muito mais amplos. Por mais bem-sucedidas e difundidas pelo país que fossem essas atividades, não conseguiriam isentar Estado e empresas de suas responsabilidades históricas perante a sociedade civil.

Se as empresas pagassem salários decentes, não sonegassem impostos e contribuições para os fundos de seguridade social e, sobretudo, sustassem a corrida irracional atrás de mais "produtividade", via enxugamento da organização ou reengenharia, sem preocupar-se com os custos sociais, a demanda por serviços filantrópicos e auxílios de caridade seria bem menor. Por outro lado, cumpre-nos obrigar o Estado a mudar suas políticas e redefinir as prioridades que hoje refletem mais os interesses dos grupos hegemônicos do que as necessidades e aspirações das camadas mais carentes da população.

O argumento pode parecer contraditório: como esperar que o Estado burocrático e centralizador, controlado e dominado pelas elites conservadoras e tradicionais, mude suas políticas e prioridades para beneficiar as camadas menos favorecidas e, portanto, mais carentes da sociedade?

A luta pela democracia, pela justiça social e pelos direitos humanos passa necessariamente pela reforma do Estado, do sistema eleitoral e da representatividade política, como condição *sine qua non* de acesso de todos os cidadãos aos mecanismos decisórios e da conquista do direito de participação plena na alocação de recursos sempre escassos. Como resultado dessas transformações, deve surgir um Estado democrático e descentralizado, composto de inúmeras comunidades usufruindo da mais ampla autonomia na gestão de seus destinos, porém conscientes da necessidade de cooperação e interdependência, para assegurar a sobrevivência de todos.

O embate dessas questões e desafios será travado na arena política e no confronto de ideologias ou visões de mundo alternativas. Que mundo, que sociedade queremos construir?

A LUTA PELA HEGEMONIA POLÍTICA

Não sendo resultado da vontade explícita da população, as decisões governamentais sobre as prioridades na alocação e gestão de recursos públicos, nacionais e externos dificilmente lograriam apoio e aprovação da maioria, se esta fosse consultada mediante processos democráticos participativos.

O funcionamento do Congresso e das assembleias legislativas cria aparências de legalidade e de legitimidade das ações do governo, mormente na esfera de políticas públicas sociais. Contudo, inúmeras maquinações, fraudes e ilusões vendidas pela mídia a serviço dos donos do poder constituem o verdadeiro sustentáculo do regime. Este, por meio de uma aliança contínua das elites conservadoras com a tecnocracia, impõe a total submissão das políticas econômicas e sociais aos ditames e interesses de grupos e conglomerados financeiros nacionais e internacionais, enfraquecendo, assim, a soberania nacional e alastrando a mais grave crise social da nossa história.

Para a imensa maioria dos dirigentes das fundações, instituições filantrópicas, universidades e organizações não governamentais que compõem o Terceiro Setor, a luta de classes seria um atavismo, já que os pobres estariam fartos das ideologias e dos políticos tradicionais. Ao investir seus recursos em atividades assistenciais e filantrópicas, os dirigentes do Terceiro Setor são atores políticos cujos projetos, programas de treinamento e seminários não produzem impactos econômicos ou sociais importantes, nem nas ONGs nem na sociedade, a fim de diminuir os níveis de pobreza. Contudo, suas atividades desviam as pessoas da luta política pela qual se constroem as verdadeiras divisões sociais, entre os que recebem renda, juros, benefícios e outras vantagens e os que procuram melhorar os salários, elevar os gastos sociais e aumentar os investimentos produtivos.

As fontes de recursos – empresas e fundações nacionais e internacionais – favorecem projetos e programas com o objetivo de *neutralizar a oposição política*. Da mesma forma, procura-se controlar a produção intelectual com o financiamento de pesquisas aceitáveis pelos grupos de poder dominantes. Os estudos que apontam as contradições do sistema – a contínua transferência de recursos para o exterior para pagar a dívida, os "cemitérios" industriais e a decadência de regiões outrora prósperas – são ignorados ou minimizados no afã de atrair investimentos estrangeiros, acenando com baixos salários devido à precarização das relações de trabalho, com a ausência de padrões e normas de preservação ambiental e, sobretudo, com os incentivos, subsídios e isenções de tributos e impostos. Voltamos, assim, à fase pré-nacional, colonial, transformando todo o território em um imenso campo de exploração de recursos naturais, com sua população desprovida de direitos e de acesso às riquezas.

A doutrina neoliberal atua em duas frentes, a econômica e a cultural-política, e em dois níveis, o regime e as bases populares. O comando e a direção da implantação das políticas estão nas mãos dos grandes centros financeiros do mundo, associados aos exportadores locais e aos conglomerados industriais e financeiros, nacionais e transnacionais. A classe política, em sua maioria, adere e promove a ideologia antiestatal, semeando confusão e descrédito na ação do Estado. Por outro lado, as organizações não governamentais dependem das fontes de recursos nas mãos dos neoliberais, criando uma tensão e potenciais conflitos pela lealdade das lideranças locais e da comunidade de ativistas.

As ONGs e seus patrocinadores divulgam relatórios sobre o sucesso de projetos filantrópicos e assistenciais, mas não mencionam os fracassos e as consequências sociais do fechamento de indústrias, da queda do consumo popular, do aumento de importações de bens de luxo e do endividamento contínuo do Tesouro Nacional. A maioria das ONGs é cada vez mais um mero instrumento do neoliberalismo e procura acatar as demandas dos doadores e seus avaliadores de projetos para assegurar a continuação do apoio financeiro aos programas e projetos. Seus dirigentes não participam da resistência à desestatização e desnacionalização das empresas públicas. Seus interesses estão concentrados em projetos privados e, em suas manifestações públicas, apoiam o discurso da privatização.

São poucas as organizações que envidam esforços para desenvolver estratégias alternativas para chegar ao poder local em aliança com o poder estatal, defendendo a propriedade pública e nacional das corporações transnacionais.

O Terceiro Setor tende a despolitizar amplos contingentes da população na medida em que seus dirigentes e porta-vozes se abstêm de participar das lutas políticas: dos professores pela escola pública, dos sindicatos contra uma política trabalhista perversa e da sociedade civil em geral opondo-se aos cortes do orçamento nas despesas sociais promovidos por um governo que os neoliberais controlam. Desviando a atenção dos problemas reais, o governo neoliberal pode transferir recursos para socorrer bancos privados, conceder créditos a baixo custo aos exportadores e subsídios generosos às empresas estrangeiras.

As organizações do Terceiro Setor promovem a ideia da responsabilidade privada pelos problemas sociais e da importância dos recursos privados para resolver esses problemas. Além de minarem a ideia da responsabilidade do governo de zelar pelos cidadãos carentes, proporcionando-lhes condições de vida digna e de bem-estar, legitimam as políticas discriminatórias a favor dos ricos e contra as camadas mais carentes.

OS MOVIMENTOS DE EMANCIPAÇÃO POLÍTICA

Os programas e projetos do Terceiro Setor tentam mobilizar as pessoas para produzir às margens do sistema, sem motivá-las a lutar pelo controle dos meios básicos de produção. A ênfase é concentrada na assistência técnica e na viabilidade financeira dos projetos e não nas condições estruturais que configuram a vida cotidiana.

No discurso, apropriam-se da linguagem da esquerda, falando de comunidade, empoderamento, desenvolvimento sustentável e liderança, enquanto subordinam a prática a políticas não contestatórias polêmicas, em estreita colaboração com os doadores. Competindo com os movimentos sociais e políticos, tendem a ganhar ascendência e influência entre os pobres e marginalizados, as minorias e os grupos étnicos e religiosos, e desviam a atenção das causas e das possíveis soluções dos problemas da pobreza. Esses seriam devidos à falta de iniciativa individual e não ao desperdício de recursos, ao consumo conspícuo e à transferência de recursos para o exterior. Fomentando o espírito de competição entre projetos e comunidades por recursos escassos, enfraquecem os esforços em prol de cooperação e de solidariedade. Paradoxalmente, a proliferação de organizações do Terceiro Setor tende a enfraquecer as comunidades pobres, impedindo-as de enxergar de modo mais amplo o quadro social que as aflige e de organizar-se para enfrentar o sistema na área política.

No discurso oficial e do Terceiro Setor, figuram os excluídos, a discriminação e a pobreza, sem contudo abordar as causas sistêmicas que produzem essas condições aviltantes e injustas. Cria-se assim um mundo de aparências de solidariedade e de ação social que dissimulam o conformismo conservador e a submissão à estrutura de poder, nacional e internacional.

O declínio de ações políticas independentes e contestatórias coincide com a expansão e crescimento das organizações do Terceiro Setor, tendo por base os financiamentos do neoliberalismo, enquanto aumenta a pobreza por toda parte. Seus líderes se colocam em posições de interstícios do poder, incapazes de formular propostas e estratégias alternativas. São atraídos pelas ofertas de salários relativamente altos, prestígio e reconhecimento pelos doadores, enquanto os movimentos políticos populares oferecem poucos benefícios materiais ou até exigem sacrifícios. A função real e concreta das organizações não governamentais e do Terceiro Setor se reduz, na melhor das hipóteses, à mitigação, nunca à solução dos problemas sociais.

Seus militantes, subjetivamente movidos pelas melhores intenções, não vão além de um serviço modesto, irregular e, às vezes, até pernicioso.

Por isso, necessitamos e queremos um novo contrato social que defina claramente as relações do Estado com a sociedade civil. Esse contrato será ancorado numa ordem social e jurídica que respeite os direitos humanos de todos os membros da nação. Diferentemente da situação atual, em que políticas e prioridades são ditadas por interesses e alianças espúrias do capital financeiro com a tecnocracia, o novo contrato social será regido pelos valores de justiça e de solidariedade, em oposição à corrida insensata e ruinosa seguindo a lógica do mercado.

A insensibilidade dos atuais governantes diante do drama dos deserdados – desempregados, desabrigados, flagelados e famintos – só encontra paralelo na arrogância e no desprezo da "plebe" demonstrados pelas elites feudais decadentes ou pelos senhores escravocratas.

As classes trabalhadoras e contingentes crescentes de excluídos perderam, há muito, a confiança nas promessas eleitoreiras dos governantes, o que os empurra inevitavelmente para ações políticas contestatórias.

O novo contrato social deve permitir a formação de alianças majoritárias no Congresso e na sociedade, capazes de subordinar o Estado aos interesses e aspirações da maioria da população, em busca de sua emancipação, como parceiros de uma nova ordem mundial emergente, baseada na liberdade, cooperação e interdependência.

O Terceiro Setor – de que lado fica?

» A VOLTA DO ESTADO

Agosto de 2010

Após um quarto de século de reino absoluto do neoliberalismo, exaltando as virtudes do "mercado", do livre comércio e da mobilidade irrestrita do capital que levaram à globalização celebrada no Consenso de Washington (1982) e qualificada por Francis Fukuyama como "o fim da História", eis que a presença do Estado na economia está sendo exigida e até implorada por governos e empresas em todas as latitudes.

O economista alemão Georg Friedrich List (1789-1846) foi o precursor de uma corrente no pensamento econômico que defende o protecionismo pelo Estado de indústrias nascentes, sem condições de conter a concorrência de empresas estrangeiras. Sua obra inspirou os teóricos do desenvolvimento até o século XX e foi a mais traduzida, com exceção dos livros de Karl Marx. Um dos pontos mais polêmicos nos debates sobre política industrial e econômica refere-se às relações que devem prevalecer entre as empresas e o poder público. No contexto da economia transnacionalizada e dominada por poderosos conglomerados que operam em escala global, cabe ao Estado uma série de funções que viabilizem e sustentem a acumulação em nível nacional.

Nos países de capitalismo "tardio", a intervenção do Estado ultrapassa amplamente o âmbito tradicional das tarefas de proporcionar a infraestrutura e o marco jurídico legal das relações industriais para assumir com frequência o papel empresarial, em especial nos projetos que exigem recursos de vulto para investimentos de longa maturação e de baixa taxa de retorno.

Ademais, do poder público é exigido o financiamento de projetos e programas, nos mais variados setores da economia, a taxas de juros favorecidas que representam um subsídio e apoio importantes para os empreendimentos privados. O Banco Nacional do Desenvolvimento Econômico e Social (BNDES) tem atuação destacada na concessão de créditos subsidiados, particularmente às grandes empresas líderes em seus mercados e com projetos de expansão em escala global.

Estudiosos e políticos estão empenhados na leitura da obra de Thomas Hobbes (1588-1679), sobretudo *Leviatã* (1651), em que o filósofo defende o absolutismo estatal do rei, condição indispensável para a existência do Estado soberano, garantidor da paz. Segundo Hobbes, somente o Estado eclesiástico e civil pode assegurar a estrutura básica da sociedade organizada, impedindo a luta fratricida do *homo homini lupus*, um homem lobo de outro homem. O livro saiu apenas três anos depois da assinatura do Tratado de Westfália, que encerrou a Guerra dos Trinta Anos e deu origem ao Estado nacional moderno.

Em termos concretos, a nova crise do sistema capitalista, que irrompeu em 2007 e se alastra até os nossos dias, atinge sobretudo os países ricos da Organização para a Cooperação e o Desenvolvimento Econômico (OCDE) e leva os estudiosos e políticos a repensarem o papel do Estado na política econômica, financeira e industrial, sendo esta última o tema-chave para o crescimento dos países. Ao aceitar que a intervenção do Estado nos setores e empresas atingidos pela crise poderia induzir esse crescimento e gerar empregos, a demanda por uma política industrial está de volta. Para conter a investida agressiva de competidores estrangeiros, o governo japonês procura estreitar os laços do Estado com as empresas. O resgate de empresas falidas nos Estados Unidos, como a Fanny May e a Freddy Mac, dois gigantes do setor imobiliário, e da General Motors e da AIG, além de inúmeros bancos socorridos pelo Federal Reserve Bank, confirmou o papel central do Estado mesmo nas economias mais liberais e adeptas do *laissez faire*.

Por outro lado, não escapou dos governos e políticos ocidentais o sucesso dos países emergentes, os BRICs (Brasil, Rússia, Índia e China), nos quais a onipresença do Estado permitiu que saíssem ilesos do cataclismo financeiro internacional. Atualmente, as sedes de um terço das maiores empresas se situam nos países emergentes e têm o Estado como seu principal acionista. Na China, na Índia e na Rússia, onde o Estado sempre teve papel preponderante na economia, mesmo após o desmoronamento da ex-União Soviética, e no Brasil, onde a intervenção governamental é marcante pela agressiva política de financiamentos do BNDES, o impulso e a sustentação dados à economia pelo Estado são incontestáveis.

Em alguns países (Estados Unidos e Israel, por exemplo), a contribuição dos governos para a formação de redes de capital de risco foi importante, enquanto na União Europeia as normas estabelecidas colocam limites para a concessão de favores a empresas selecionadas, como foi o caso da Opel na Alemanha, que ameaçou romper as regras do mercado único da União Europeia. A maior presença do Estado nos setores produtivos não deve eximi-lo da obrigação de prover a infraestrutura e o apoio à inovação mediante o fomento à educação, à pesquisa e ao desenvolvimento.

Não foi somente o governo alemão que procurou infringir as regras da União Europeia. O governo francês, por meio de um Fundo Estratégico de Investimentos (FSI) criado pelo presidente Nicolas Sarkozy em 2008, investiu 2,2 bilhões de euros para socorrer uma indústria de brinquedos que repatriaria empregos da China para a França. O governo de Barack Obama afirmou, em 2009, a necessidade de "decisões estratégicas para salvar indústrias estratégicas". Seu plano de estímulos prevê bilhões de dólares para a inovação nos setores de energia renovável, trens de alta velocidade e veículos automotivos avançados. O governo japonês, por intermédio do Ministério da Economia, Comércio e Indústria (Meti), anunciou uma estratégia para combater a investida agressiva das indústrias dos Estados Unidos, Grã-Bretanha, França, Alemanha e Coreia do Sul. Como os Estados Unidos, os países europeus têm derramado grandes somas de dinheiro para salvar bancos e indústrias.

A palavra "política industrial" não é mais tabu e os governos planejam exercer um controle mais rígido das empresas das quais participam como acionistas. Emulando a França, o governo trabalhista do Reino Unido criou um FSI para injetar dinheiro público em empresas industriais particulares.

O governo conservador, de David Cameron, embora rejeite no discurso o "novo intervencionismo", mantém as principais diretrizes dos trabalhistas. Os países pobres do Terceiro Mundo sempre tentaram promover indústrias selecionadas como um caminho para acelerar seu desenvolvimento. Até o Banco Mundial, após proclamar por décadas a ineficácia das políticas industriais, está agora recomendando sua aplicação.

Nos países ricos, quatro fatores estimulam uma política industrial. Em primeiro lugar, o estado enfraquecido da economia mundial, que coloca pressão sobre os governos para reduzir o desemprego e estimular o crescimento. O apoio a empresas selecionadas seria o meio para salvar empregos e ajudar na defesa diante dos concorrentes estrangeiros. Em segundo lugar, países como Estados Unidos e Reino Unido querem redirecionar sua economia dos setores de finanças e imobiliário para a manufatura, com base em tecnologias "limpas". Quase todas as economias planejam ganhar maior participação nos mercados e criar empregos "verdes". Em terceiro lugar, o fomento mediante políticas industriais tem efeitos multiplicadores. Para responder à acusação de socorrer apenas grandes empresas, como a General Motors e a AIG – companhia de seguros –, o governo Obama criou um fundo de 30 bilhões de dólares para empréstimos a pequenas empresas. E, por último, os países ricos procuram emular as políticas bem-sucedidas de economias de rápido crescimento, como a China, a Índia e a Coreia do Sul. A administração do governo Obama, além de destinar recursos às pequenas empresas, pretende criar uma rede de "incubadoras", à semelhança do processo que deu certo em Israel. A França apoia a indústria nuclear, os trens ultrarrápidos e a Airbus, com aviões desenvolvidos por um consórcio franco-alemão e espanhol.

A mais temida estratégia industrial é a chinesa, que injetou centenas de bilhões nas indústrias de base, como telecomunicações, informática, siderúrgica e veículos automotivos. O país ostenta as maiores taxas de crescimento – mais de 10% ao ano –, o maior banco do mundo, é o maior produtor de aparelhos celulares e detém as maiores reservas em divisas. A indústria nuclear japonesa, considerada líder em seu ramo, ficou abalada com o sucesso da Coreia do Sul, que ganhou os contratos de construção de quatro reatores numa licitação nos Emirados Árabes Unidos. Depois de recuar de uma intervenção explícita na economia, o Meti japonês divulgou sua estratégia para promover cinco setores considerados estratégicos: infraestrutura, meio ambiente, serviços médicos, indústria cultural e as áreas de robótica e espacial, que devem resultar, segundo as projeções, em 2,58 milhões de novos empregos em 2020. Investimentos na criação de empregos "verdes" figuram na lista de prioridades, sobretudo na China e nos Estados Unidos. Criar empregos rapidamente tornou-se prioritário.

As lições do passado são evidentes: quanto mais as inovações explorem as vantagens comparativas da economia, maiores são as chances de sucesso. O Banco Mundial cita como exemplo o caso do Chile, que mudou seu perfil industrial de setores tradicionais, como a mineração, madeira, pesca e agricultura, para o beneficiamento de alumínio, criadouros de salmão e a indústria vinícola. Parece que a política industrial funciona melhor quando os governos apoiam setores nos quais têm vantagens comparativas, competência e interesses vitais, como o suprimento de energia e a tecnologia militar.

Mais importantes do que o financiamento são as medidas operacionais a ser implantadas pelo poder público:

- Realizar diagnósticos setoriais periódicos, levantando informações sobre o estado dos mercados, as matérias-primas e as inovações tecnológicas, e identificar os elos fracos na estrutura industrial que tornam a economia mais vulnerável em época de crise.
- Planejar e programar os investimentos, tendo em vista a integração contínua do parque industrial nacional na forma de complexos industriais dimensionados e equipados de acordo com os requisitos de eficiência e qualidade do mercado mundial.
- Analisar e monitorar os mercados nacional e internacional, para detectar mudanças nos produtos, matérias-primas, tecnologias e fontes energéticas.
- Operar bancos de dados relevantes para a administração dos negócios, especialmente em áreas de grande dinamismo tecnológico e mercadológico.

- Desenvolver capacidade tecnológica autônoma (o que não significa autarquia), tendo em vista a crescente concorrência nos mercados globais.

O apoio do Estado a indústrias "nascentes", proporcionando capital e protegendo seus produtos da concorrência estrangeira, assim como financiando projetos de P&D, muitas vezes a fundo perdido, afigura-se inevitável para assegurar o êxito na entrada em mercados cada vez mais competitivos.

Seria ilusão, contudo, acreditar que uma política industrial por si só, por mais competente e eficaz que seja, possa superar as profundas contradições estruturais do sistema capitalista. Evidências estatísticas comprovam a aceleração dos processos de fusão, incorporação e compra de empresas, justamente na época de crise do sistema, contribuindo poderosamente para a tendência histórica à concentração do capital nas mãos de poucos, enquanto aumentam a miséria, o desemprego e as privações de centenas de milhões de seres humanos em todos os países.

Uma política industrial bem-sucedida pode aliviar as crises conjunturais da economia, mas não consegue resolver os problemas centrais e fundamentais das sociedades contemporâneas, caracterizadas por desigualdades gritantes na distribuição de renda e dos bens materiais e simbólicos gerados pelo trabalho coletivo. A contradição revela-se em todos os níveis da vida social: por um lado, estimula-se e incentiva-se a competição como princípio mestre da luta pela sobrevivência; por outro, apregoa-se a necessidade de praticar a cooperação, a participação e a solidariedade em nível local, nacional e internacional. A mola mestra do planejamento – a alocação racional de recursos – deixa de funcionar quando o objetivo é vencer a concorrência, independentemente das perdas causadas aos vencidos. Entretanto, uma retrospectiva da história e a análise desapaixonada do contexto político atual tornam clara a necessidade inexorável da cooperação global para evitar conflitos sociais, confrontações bélicas e a destruição do meio ambiente, salvando o nosso hábitat e cumprindo o nosso destino comum de um planeta só.

:: PARTE 3 ::

PRODUÇÃO E TECNOLOGIA

» PRODUÇÃO LIMPA: EM DIREÇÃO A UM NOVO PARADIGMA

Março de 2002

> PROBLEMAS NÃO PODEM SER SOLUCIONADOS A PARTIR DO REFERENCIAL NO QUAL FORAM GERADOS... PARA SOBREVIVER, PRECISAMOS DE UM NOVO MODO DE PENSAR... *Albert Einstein*

PRODUÇÃO LIMPA E CONSUMO SUSTENTÁVEL

Desde 1989, quando foi realizado o primeiro seminário internacional sobre Produção Limpa, na Inglaterra, houve várias outras reuniões e conferências em Seul, Coreia do Sul (1998), Malmoe, Suécia (1999), e Montreal, Canadá (2000).

Atualmente, existem centenas de associações empresariais, governamentais e de organizações não governamentais em muitos países que inscrevem a luta por padrões de produção mais limpos em seus programas de prevenção da poluição e de conservação do meio ambiente.

A próxima Conferência Mundial sobre Desenvolvimento Sustentável, a realizar-se em Joannesburgo, África do Sul, de 26 de agosto a 4 de setembro de 2002, propicia o ensejo de passar em revista alguns problemas e desafios na implementação de novos padrões de Produção Limpa, bem como os avanços alcançados – modestos –, para com isso traçar as estratégias e diretrizes indispensáveis a assegurar condições e qualidade de vida dignas e humanas, extensivas a todos os habitantes do globo.

A crescente integração das economias em um mercado internacionalizado efetivamente produz mais riquezas e maior volume de transações comerciais. Mas, paradoxalmente, gera também mais pobreza e exclusão, que aumentam, em ritmo e intensidade, mais do que a riqueza material. Afluência (para não dizer desperdício) e desigualdade são cada vez mais polarizadas e concentradas em nossa sociedade, tornando-se maiores obstáculos de um processo de desenvolvimento sustentável ou "durável", como dizem os franceses.

Urbanização desenfreada e industrialização não planejada, consideradas manifestações do progresso civilizatório, não resolvem os problemas quando geradas nos padrões do paradigma capitalista. Ao contrário, levam a um desenvolvimento "perverso" que potencializa a polarização e a marginalização e agrava as contradições sociais, provocando tensões e conflitos políticos.

Sem mecanismos regulatórios e de controle, situação típica de países e regiões periféricos, a industrialização produz efeitos enormemente prejudiciais ao meio ambiente e, consequentemente, à saúde da população.

À insuficiência de serviços básicos de saneamento, de coleta e destinação do lixo e às condições precárias de moradia, tradicionalmente relacionadas com a pobreza e o subdesenvolvimento, somam-se a poluição química e física do ar, da água e da terra, provocando uma vasta gama de doenças e deformações congênitas.

Mas é contraproducente abordar os problemas de um ponto de vista fragmentado, reducionista e unidimensional. O enfoque alternativo de uma abordagem sistêmica multidisciplinar e interdisciplinar abre novas perspectivas para a compreensão dos processos complexos e seus fatores determinantes, com profundas repercussões na teoria e na prática da ação social transformadora, levando à construção de um modelo de sociedade includente e democrática, que respeite a liberdade e a diversidade de seus membros.

A nova abordagem epistemológica-metodológica permitirá reequacionar as relações da sociedade com a natureza sob o ângulo da diversidade, complexidade e sustentabilidade. Ademais, nos levará a questionar a concentração do poder (sob a aparência de democracia formal), que é responsável pela exclusão e a degradação social e ambiental. Finalmente, concorrerá para o aprofundamento e a incorporação de elementos teóricos, pedagógicos, políticos e sociais que superem a fragmentação do conhecimento, da ciência e da cultura promovida pelo pensamento único do neoliberalismo.

As diferentes reuniões internacionais enfatizaram a necessidade das mudanças de padrões de produção e consumo e, sobretudo, da urgência de se enfrentar o problema da pobreza. Não bastam mais declarações – a questão é: como implementar as resoluções?

Seguem algumas sugestões para encaminhar os debates sobre medidas mais concretas:

- Incorporar Produção Mais Limpa e Consumo Sustentável às políticas e estratégias governamentais, desde os planos locais até os nacionais. Para efetivar tal política coordenada é mister integrar Produção Mais Limpa aos programas dos ministérios – do Meio Ambiente, da Indústria, Comércio e Turismo, de Minas e Energia, da Agricultura, dos Recursos Hídricos – para que se torne objetivo central e prioritário do desenvolvimento sustentável.
- Criar linhas de financiamento de Produção Mais Limpa para estimular a sua implementação, envolvendo instituições financeiras públicas e privadas, nacionais e estrangeiras.
- Envolver as comunidades e a sociedade civil nos esforços para implementar as normas e diretrizes de Produção Mais Limpa. Esses objetivos transcendem as preocupações com os processos de fabricação mais limpos, para enfrentar também os problemas de pobreza e seus impactos na Saúde Pública. A inserção dessas preocupações nas políticas públicas afigura-se essencial, porque os procedimentos *business as usual* não funcionam mais.
- Estimular o intercâmbio e a cooperação técnica, em nível local, nacional e internacional. Os programas de Ajuda ao Desenvolvimento, das Nações Unidas, deverão incorporar a Transferência de Tecnolo-

gia para Produção Mais Limpa como cláusula indispensável ao êxito dos projetos de apoio aos países mais pobres.

- Fomentar parcerias com entidades privadas e públicas, dos setores industrial, agrícola e de serviços, em busca de padrões de produção e consumo mais limpos e racionais.
- Engajar as universidades e, particularmente, seus institutos de pesquisa e desenvolvimento em projetos de promoção de Produção Mais Limpa, que será incorporada aos currículos das faculdades de engenharia, economia e administração, às quais caberia a coleta de informações e a disseminação de práticas bem-sucedidas, mediante material didático e de divulgação popularizada.
- Medida particularmente relevante constitui a institucionalização da Produção Mais Limpa no nível das empresas, tanto das PMEs – pequenas e médias – quanto das grandes e transnacionais. A responsabilidade dos produtores para seguir as normas de Produção Mais Limpa, incluindo as referentes a embalagens e reciclagem, pode ser estimulada por meio de incentivos fiscais específicos a ser concedidos mediante a apresentação periódica do "Balanço Ambiental". Outra área de atuação fundamental se refere à Segurança no Trabalho, exigindo novos métodos e normas para mudar a cultura organizacional e o comportamento individual. Na busca de maior racionalidade, a prevenção de acidentes do trabalho e os cuidados com a saúde ocupacional representam não somente ganhos no volume do PIB, mas também lugares de trabalho mais seguros e acolhedores, comprovadamente mais produtivos.
- Consumo Sustentável e Produção Mais Limpa constituem, na realidade, dois lados de uma mesma moeda. Não se concebe a implementação do primeiro sem medidas concretas de reutilização e reciclagem, para racionalizar o consumo de matérias-primas e de energia. Onde foram implementados, os programas de Produção Mais Limpa têm promovido inovações tecnológicas que conservam melhor os materiais, estimulam usos de energia mais eficientes, produzem menos resíduos e menos substâncias poluentes. Além de resultarem em pro-

dutos e processos de menor risco, servem de catalisador para a gestão da empresa, ocupando posição mais próxima do centro de *design* dos produtos e processos e contribuindo para a otimização da qualidade e a redução dos custos.

- O potencial transformador da prática de Produção Mais Limpa se estende para a reestruturação da economia e do meio ambiente, gerando investimentos em proteção ambiental que beneficiam a produtividade das empresas e estabelecem uma ponte conceitual entre indústria e sustentabilidade.

Investimentos em controle da poluição não são mais considerados "custos" do negócio e a contabilidade e o balanço das empresas tendem a registrar devidamente os ganhos e as perdas totais dos processos produtivos, incluindo os benefícios auferidos com o "marketing verde".

Ênfase especial deve ser colocada na "desintoxicação" do processo de produção, mediante a eliminação e substituição de substâncias químicas tóxicas.

As pesquisas de produtos e processos alternativos com base em materiais renováveis e biodegradáveis devem substituir a abordagem convencional supostamente "científica", que exige estudos infinitos e inconclusivos sobre a natureza e os impactos das substâncias tóxicas, o grau de "risco" e os níveis "aceitáveis" de exposição de seres humanos.

O princípio "pré-caucionário" deve prevalecer em todos os embates nos quais as informações disponíveis são consideradas incompletas, para evitar riscos e desastres.

Outra área de atuação prioritária é a "descarbonização", ou seja, a redução do teor de CO_2 na atmosfera, que aumentou no último século de 288 ppm para 350 ppm (partes por milhão), o que representa aproximadamente 6 bilhões de toneladas de CO_2 liberados anualmente na atmosfera. As mudanças climáticas, o efeito estufa e o aumento da temperatura média do globo afligem a humanidade e enfrentá-los vai requerer um esforço muito maior do que a proposta de "estabilizar" as emissões.

Necessitamos de uma política solidária e global de reestruturação da economia e de geração e consumo de energia, além do sequestro de gases de efeito estufa e a descarbonização por via de maior eficiência no uso e conservação de energia. A mudança da matriz energética e o uso crescente, em vez de petróleo e carvão, de gás natural, metano, biomassas, hidrogênio, energia solar e eólica e outras fontes, apesar de avanços locais, não tem progredido satisfatoriamente.

Finalmente, a "desmaterialização" da produção, ou seja, a redução do volume de resíduos e dejetos, de aço, chumbo, alumínio, papel e sua reciclagem sistemática, seria apenas o primeiro passo na racionalização da produção e do consumo. A proposta de "ciclo de vida" do produto ("do berço ao túmulo") deve envolver todos os atores do mercado – produtores, atacadistas, distribuidores, consumidores e "lixeiros" –, para reduzir os impactos ambientais que tornam a vida no planeta insustentável.

A responsabilidade pela Produção Mais Limpa, a eficiência no uso de materiais, o desenho de produtos mais leves, o dispêndio de menos energia passarão para toda a sociedade e suas representações legítimas, que vão mudar a filosofia dos investimentos e redirecionar os acordos de comércio em função não somente de um mundo mais limpo e habitável, mas também mais justo e equilibrado.

CONSTRUINDO UMA ECONOMIA SUSTENTÁVEL

Além do volume impressionante de bens e serviços, a industrialização baseada em progresso técnico e abundância de matérias-primas produziu um número infinito de problemas ambientais e sociais apresentados como "custos sociais". Apenas nas últimas décadas a sociedade civil começou a resistir e a exigir a internalização dos custos ambientais causados pelas atividades econômicas.

As ONGs e outros movimentos populares exercem pressões sobre os governos, exigindo proteção dos dejetos tóxicos, fumaça, água e ar poluídos. Essas pressões, junto com a percepção crescente da necessidade de proteger e conservar os recursos naturais e a tendência geral de envelhecimento das instalações e equipamentos industriais devido ao progresso técnico, resultaram na obsolescência e consequente abandono de atividades caracterizadas por processos fordistas e de alta entropia, típicas dos setores "sol poente", um sinônimo de insustentabilidade.

A mesma definição pode ser aplicada às indústrias baseadas em matérias-primas não renováveis e uso intensivo de recursos energéticos. Outra categoria é representada por produtos baseados em materiais tóxicos e não biodegradáveis, assim como atividades de mineração e extração de baixo valor agregado e alta poluição ambiental, causada por dejetos sólidos e líquidos. Áreas rurais são afetadas por um grande número de agrotóxicos, pesticidas e fertilizantes químicos, que penetram no solo e contaminam as águas subterrâneas. As consequências dramáticas para a saúde humana, vegetal e animal a longo prazo são percebidas em um número cada vez maior de locais de produção, ativos ou abandonados.

As opções que surgem de indústrias "sol nascente" são baseadas em um novo paradigma técnico-econômico com processos de baixa entropia. Essas indústrias procuram fazer uso eficiente de materiais, da energia e da capacidade criativa da força de trabalho. Seus produtos são recicláveis por definição e normas e incentivos (como o "selo verde" e a ISO 14.000) vão assegurar a proteção dos seres humanos e a conservação do meio ambiente.

O uso racional de recursos escassos exige produtos e processos baseados em inovação, conservação e invenção de todos os tipos de produtos, recicláveis e biodegradáveis. Novas indústrias estão crescendo e se expandindo, seja pelo reflorestamento de grandes áreas degradadas, pela administração racional dos recursos hídricos ou pela restauração de prédios e distritos inteiros nas cidades. Uma transformação similar, embora mais silenciosa, está em andamento na agricultura. Tem sido crescente o número de consumidores que vira as costas para produtos alimentares industrializados, preferindo comida natural à base de fertilizantes orgânicos e controle biológico de pragas. Enfrentando reações e resistência sempre maiores aos reatores nucleares, alguns países europeus decidiram descontinuar seus programas de energia nuclear e investir pesadamente em pesquisa e desenvolvimento de conservação e recursos energéticos alternativos, solares, eólicos ou biomassas. Forte pressão está sendo exercida sobre os produtores de automóveis e máquinas para que pesquisem e produzam veículos eficientes, seguros e recicláveis, enquanto os administradores públicos – municipais e regionais – são induzidos a optar por sistemas de transporte de massa em cidades congestionadas por um número excessivo de carros particulares.

O novo paradigma de produção limpa, em direção à sustentabilidade, se estabelece não apenas nas atividades industriais e agrícolas, mas penetra também cada vez mais no setor de serviços. Práticas fordistas usadas em fábricas com milhares de empregados trabalhando em linhas de montagem rígidas e dedicadas, condicionados por estudos de "tempo e movimento" e disciplinados pela "cenoura na ponta da vara" estão desaparecendo gradual mas irreversivelmente. As empresas, antes estruturadas burocrática e hierarquicamente, estão sendo substituídas por instalações e *layouts* de menor escala e por organizações mais flexíveis e sistemicamente integradas. A integração sistêmica, baseada em informações altamente interativas e serviços de comunicação, introduz mudanças no *layout*, no fluxo de bens e insumos e, sobretudo, no sistema de relacionamento humano interno na organização. Novos conceitos e esforços para introduzir o trabalho em grupo, a participação ativa e a eficiência coletiva constituem os princípios norteadores que estão substituindo as práticas da administração taylorista no nível da fábrica. Gerentes e líderes de grupo são treinados para se tornarem formadores de equipes, cujo papel primário é motivar, antes de controlar ou penalizar pessoas, com recompensas simbólicas por ideias criativas, melhorias de qualidade e inovações incrementais secundárias.

Para avançar na direção da sustentabilidade, devemos redefinir o significado de riqueza e progresso em face de uma visão de vida e de sociedade mais integrada e sistêmica. Mas como superar a tensão dialética entre instituições especializadas e organizações altamente efetivas em suas missões e a necessidade social de induzir essas mesmas organizações a assumirem maiores responsabilidades pelo bem comum?

Para construir uma sociedade sustentável, é essencial entender que um meio ambiente saudável é condição necessária ao nosso bem-estar, ao funcionamento da economia e, enfim, à sobrevivência da vida no planeta.

BIBLIOGRAFIA

CALDERONI, S. *O$ bilhõe$ perdido$ no lixo*. São Paulo: Humanitas, 1997.

GUIMARÃES, R. P. "O desafio do desenvolvimento sustentado". Em *Revista Lua Nova*, São Paulo, 1995.

HELM, D. (org.). *Environmental Policy: Objectives, Instruments and Implementation*. Oxford: Oxford University Press, 2000.

INSTITUTO DE PESQUISAS TECNOLÓGICAS. *IPT busca solução para o lixo urbano*. São Paulo: IPT, 1994. Mimeo.

McGINN, A. P. *Why Poison Ourselves? A Precautionary Approach to Synthetic Chemicals*. Nova York: Norton & Co./Worldwatch Institute, 2000.

ROBBINS, P. T. *Greening the Corporation*. Florence: Taylor & Francis Inc., 2001.

SEE, M. *Greenhouse Gas Emissions: Global Business Aspects*. Heidelberg: Springer Verlag, 2001.

UNITED NATIONS ENVIRONMENT PROGRAM. "Cleaner Production". Em *Industry and Environment*, vol. 24, nºs 1-2, jan.-jun. de 2001, Paris: Unep, 2001.

VICTOR, D. G. *The Collapse of the Kyoto Protocol and the Struggle to Slow Global Warning*. New Jersey: Princeton 2001.

VIEIRA, P. R. *O projeto de Coleta Seletiva da Prefeitura Municipal de São Paulo: 1989-1992*. São Paulo: PUC, 1993.

WORLDWATCH INSTITUTE. *State of the World*. Nova York: Norton & Co., 2001.

» INOVAÇÃO TECNOLÓGICA, INCUBADORAS E DESENVOLVIMENTO

Outubro de 2002

INOVAÇÃO E A CRISE DO SISTEMA

Pode parecer estranha a idolatria da tecnologia quando as economias mais ricas e dinâmicas – Estados Unidos, União Europeia e Japão –, que mais inovaram tecnologias, afundam numa recessão que afeta a maioria dos países emergentes e também os mais pobres. A crise levou à queda das principais bolsas de valores no mundo, arrastando sobretudo a Nasdaq, bolsa que reflete a solidez e a saúde financeira das empresas de tecnologia de ponta. As perdas dos investidores que acreditavam num novo *gold rush* somam trilhões de dólares, afetando também a poupança e, portanto, o consumo – espinha dorsal da economia norte-americana.

Os economistas têm se debruçado sobre o funcionamento do processo de criação de riquezas, afirmando que o produto (*output*) dependeria do volume de insumos (*input*), basicamente capital e trabalho. Contudo, não é simplesmente pelo aumento dos insumos que se obtém o aumento do produto. Estudos sinalizam para a Lei dos Rendimentos Decrescentes, ou seja, a partir de certo ponto, os acréscimos de um ou outro fator não resultam mais em elevação correspondente do produto. Como explicar então o crescimento econômico ininterrupto dos países desenvolvidos, sobretudo na segunda metade do século passado? A hipótese apresentada pelos especialistas aponta para os acréscimos de novos conhecimentos derivados de invenções científicas e do progresso técnico ou gerencial.

A inovação necessita de condições favoráveis, como crédito barato e mercados com significativo poder aquisitivo e em expansão.

Na questão do financiamento às inovações, as empresas brasileiras, contrariamente às sul-coreanas, por exemplo, não se animam a investir em P&D (pesquisa e desenvolvimento), que acaba ficando na dependência dos órgãos públicos, Finep, Fapesp, MCT, etc., para custear os gastos com o desenvolvimento tecnológico.

A POLÍTICA DE INCUBADORAS

Em que pese a crônica escassez de recursos públicos, por um lado, e a pressão das universidades, por outro, uma parte crescente das verbas e do apoio oficial tem sido dirigida para a formação de incubadoras de empresas tecnológicas localizadas no espaço físico de universidades e contempladas com condições infraestruturais extremamente vantajosas, como: aluguel insignificante, isenção de despesas de manutenção, acesso a bibliotecas e outros recursos técnicos existentes nos *campi*.

E os resultados? Em visita recente a uma incubadora localizada numa universidade federal, em funcionamento há mais de quinze anos, fomos informados de que, nesse período, aproximadamente oitenta empresas foram incubadas, das quais apenas quinze sobreviveram! Tendo em vista os elevados gastos incorridos na manutenção e gerência da incubadora, é lícito indagar não somente sobre o custo/benefício para a sociedade, mas também o custo/oportunidade.

Como justificar o tratamento privilegiado proporcionado a alguns indivíduos, sob o pretexto de modernização produtiva e apoio à inovação tecnológica, enquanto na mesma comunidade vegetam milhares de pessoas desabrigadas, desempregadas e sem acesso ao ensino elementar capaz de resgatá-las da condição de exclusão social? Multipliquem-se os resultados dessa incubadora pelo número de instituições semelhantes espalhadas no país e se chegará a um volume assustador de desperdício de recursos em nome de uma política de C+T que encobre a ausência de uma política industrial considerada desnecessária pelas autoridades fazendárias do governo, para as quais o mercado é o melhor e mais eficaz juiz das necessidades do sistema econômico. A inspiração para as incubadoras veio dos Estados Unidos (o Vale do Silício, a Rota 128, na costa leste) e de alguns países da União Europeia, onde a receita parecia funcionar a contento. Mas o apoio por meio de incubadora à empresa individual vai na contramão da história, apesar do discurso de "modernização" do aparelho produtivo. Ao privilegiar alguns indivíduos em detrimento de muitos, ressuscitam-se, com mais de cem anos de atraso, teses como as de W. Sombart, J. A. Schumpeter, entre outros, sobre o papel do empresário individual na dinâmica do desenvolvimento capitalista.

Enquanto o objetivo das incubadoras empresariais está orientado para a criação de empresas de sucesso e a difusão do espírito empreendedor individual, as incubadoras de projetos sociais incorporam esse objetivo e o aplicam na formação de cooperativas ou consórcios compostos de pequenas empresas de mesmo ramo, atuando numa determinada região. O mesmo modelo cooperativo e associativista pode ser desenvolvido com populações de baixa renda para que, por uma ação multiplicadora, as famílias dessas comunidades também desfrutem da assessoria e orientação dos centros de pesquisa e desenvolvimento das universidades na implementação de seus projetos.

No contexto do capitalismo corporativo, caracterizado por gigantescos conglomerados de empresas transnacionais, as chances de competitividade e de sobrevivência das PMEs (pequenas e médias empresas) tornam-se ínfimas. A pressão crescente de concentração e centralização de capitais tende a eliminar as pequenas unidades produtivas em todos os países capitalistas e em todos os setores. As próprias instituições oficiais apontam para a mortalidade impressionante das PMEs recém-criadas – mais de 30% encerram suas atividades no primeiro ano e quase 60%, no terceiro ano de funcionamento. Por mais empreendedor que seja o indivíduo e por mais que se tenha beneficiado da incubadora, a falta absoluta de crédito barato, de serviços de *marketing* e de distribuição em mercados extremamente imprevisíveis torna mínimas as suas chances de sobrevivência. Entretanto, argumentarão os defensores das incubadoras, como explicar o sucesso das

PMEs na região de Emilia Romagna, Itália, e de outras na Holanda, Alemanha, França e Japão?

Além do contexto e conjuntura diferentes, na onda dos "milagres" alemão, italiano e japonês no período de reestruturação de suas economias no pós-guerra, essas experiências contaram com o apoio de uma política industrial e tecnológica dos respectivos governos. A capacidade de se adaptar à concorrência internacional e de absorver seus impactos demolidores no mercado interno pode ser mais bem desenvolvida por associações ou consórcios de PMEs, caracterizados por interesses setoriais e regionais comuns. O fator central para seu êxito e até para sua sobrevivência é o apoio da política industrial do governo, particularmente em relação às dimensões e ao potencial do mercado interno.

EM BUSCA DA "EFICIÊNCIA COLETIVA"

Para atender à demanda insatisfeita ou às necessidades básicas da população, condição *sine qua non* para alcançar níveis de consumo mais elevados e qualidade de vida, a especialização flexível e a prática da eficiência coletiva podem induzir a um aumento da produtividade. O problema não se esgota, todavia, com aumentos de produtividade, competitividade e capacidade de exportar. Devemos indagar sobre o destino dado aos acréscimos, ou melhor, quem se beneficia com os ganhos de produtividade, sempre resultado de um esforço coletivo.

Os economistas apontam várias opções para o aproveitamento dos lucros gerados por aumentos de produtividade:

- redução proporcional de preços dos produtos;
- aumento proporcional dos salários e benefícios;
- acréscimo dos investimentos pelas empresas.

Tais medidas seriam estimulantes para a expansão da economia, por meio do aumento do poder aquisitivo e da demanda, induzindo um ciclo virtuoso de crescimento.

Entretanto, a realidade destoa da teoria: as elites industriais e agrárias nos países emergentes preferem o consumo conspícuo e o entesouramento, quando não remetem seus lucros para paraísos fiscais no exterior. Por isso, a reestruturação da indústria não pode ser deixada à iniciativa individual ou às forças do mercado, seja qual for a tecnologia que desenvolvam: tradicional, intermediária ou de ponta. O apoio mediante incubadoras à empresa individual privilegia alguns indivíduos em detrimento de muitos. A intervenção do poder público mediante promoções, financiamentos e coordenação seletivos de programas e projetos de ajustamento à concorrência local, regional e nacional constituirá a base de um projeto de desenvolvimento sustentável.

A associação de PMEs em consórcios parece inevitável à luz da problemática de sobrevivência em mercados de concorrência imperfeita. Os inúmeros obstáculos e fatores adversos só podem ser enfrentados e superados por atitudes e medidas coletivas e por grupos de pressão políticos.

Ganhos de produtividade significativos podem ser obtidos pela racionalização de uma série de serviços de apoio, como a manutenção de assistência técnica para máquinas e equipamentos, a compra de matéria-prima, o transporte de produtos acabados, o desenvolvimento de *design*, o *marketing* e vendas em salas de exposição, a pesquisa e o desenvolvimento de novos modelos com financiamentos obtidos do poder público – tudo de forma coletiva, sem que o empresário individual corra o risco de perder o poder decisório sobre o seu negócio.

As PMEs encontram dificuldade no acesso à máquina burocrática e às instituições financeiras oficiais, cujos programas de apoio às pequenas firmas frequentemente fracassam porque as agências e instituições envolvidas não têm capacidade ou interesse de se aproximar da massa de clientes potenciais. Os custos administrativos e financeiros de lidar com PMEs individualmente são elevados quando comparados com a quantidade de recursos envolvidos, o que explica em parte a preferência por tratar com grandes empresas.

Nem tódas as pequenas empresas concordarão em participar de consórcios, abrindo mão de uma soberania ilusória. Contudo, para o êxito do paradigma de eficiência coletiva não é necessário que todas as empresas do ramo ou da região se associem. Basta que façam isso as que desejarem.

Além do esforço para aumentar a produtividade, a qualidade e a flexibilidade em níveis intra e interempresas, esforços persistentes e programados devem ser desenvolvidos para melhorar o capital social da comunidade – a responsabilidade e a confiabilidade dos dirigentes das empresas pelo que acontece no espaço público. Eficiência coletiva não se conquista apenas na gestão de negócios; exige também políticas de integração regional e estreita cooperação internacional entre os países emergentes, contribuindo assim na tendência à pluripolarização da economia mundial e nesta se inserindo.

As agências estatais teriam um papel destacado na identificação das vocações em cada região e no diagnóstico de sua situação, numa perspectiva dos mercados nacional e internacional, na detecção de indústrias de "sol nascente" e, não menos importante, na formulação e execução de políticas e diretrizes de um processo de desenvolvimento integrado e sustentável.

BIBLIOGRAFIA

CAMAROTTI, Ilka & SPINK, Peter. *Redução da pobreza e dinâmicas sociais*. Rio de Janeiro: FGV, 2001.

FRANÇA, C. L. de *et al.* (orgs.). *Aspectos econômicos de experiências de desenvolvimento local*. São Paulo: Instituto Pólis, 2002.

KAYANO, Jorge. *O desenvolvimento local como oportunidade*. São Paulo: Instituto Pólis, 2001. Mimeo.

RATTNER, H. "Eficiência coletiva – uma estratégia alternativa para as PMEs". Em VELLOSO, João Paulo dos Reis (org.). *Brasil em mudança*. São Paulo: Nobel, 1991.

SINGER, Paul. *Economia solidária no Brasil*. Petrópolis: Vozes, 2000.

» NANOTECNOLOGIA: PARA MELHOR OU PARA PIOR?

Agosto de 2004

A nanotecnologia, neste começo do século XXI, está sendo aclamada mediante uma onda de *marketing* como nova revolução tecnológica, até por parte de alguns centros acadêmicos cuja produção efetiva pouco contribui para o conhecimento confiável do tema.

Afinal, o que se está estudando e o que se está fazendo pela nanotecnologia? Quais são as pesquisas em andamento e suas possíveis aplicações industriais? Mais importante ainda: quem faz as pesquisas e com que objetivos? Quem arcará com os custos? Servirão os resultados para a criação de riquezas? (De quem, para quem?) Pretende-se com a nanotecnologia, seriamente, melhorar a qualidade de vida de todos?

Não se insinua com isso que o desenvolvimento da nanotecnologia deveria parar; o que se quer é levantar algumas questões fundamentais (aliás, extensivas a todas as tecnologias de ponta) sobre as relações dela com a equidade social e a qualidade do meio ambiente. Impõe-se, portanto, um processo de avaliação *ex-ante*, baseado no Princípio de Precaução, mesmo porque o quadro de diretrizes existentes referentes à produção, consumo e fiscalização de alimentos, drogas e cosméticos, bem como as condições de segurança nos locais de trabalho e o meio ambiente em geral, são considerados insuficientes e a legislação pertinente se arrasta por anos nas casas legislativas.

À luz das experiências das últimas décadas, convém esboçar um exercício de prospectiva, passando em revista as promessas e os resultados da nova onda tecnológica.

INOVAÇÃO TECNOLÓGICA E BEM-ESTAR SOCIAL

As inovações de maior impacto, nas últimas décadas, derivam indubitavelmente da introdução da microeletrônica e de suas inúmeras aplicações no campo civil e militar. Não falta literatura sobre os aspectos econômicos e técnicos de computadores e microprocessadores e suas inúmeras aplicações em praticamente todos os setores das atividades humanas. As consequências sociais, contudo, não têm merecido a mesma atenção dos pesquisadores e os recursos alocados para incentivar pesquisas e análises críticas sempre foram e continuam sendo escassos.

Em 1982, foi publicado mais um estudo do Clube de Roma,[9] intitulado "Microelectronics and Society – for Better or for Worse", que apresentou uma antevisão do futuro próximo e uma análise da realidade, ao focalizar a problemática dos impactos da microeletrônica no trabalho humano, particularmente os efeitos da automação e da robotização.

Análises semelhantes deveriam ser elaboradas, mas não foram, da introdução da Revolução Verde, de Norman Borlaugh, nos anos 1960, à biotecnologia e à engenharia genética, e, mais recentemente, da polêmica sobre o uso de organismos geneticamente modificados e as sementes e os alimentos transgênicos. É possível extrair dos relatórios anuais do Programa das Nações Unidas para o Desenvolvimento (PNUD), no item sobre a evolução do Índice de Desenvolvimento Humano (IDH), um balanço sumário de ganhadores e perdedores nesse processo. Os dados aí mostram que, apesar dos avanços imensos do conhecimento científico e suas aplicações tecnológicas, paradoxalmente, as condições existenciais de um quinto da humanidade que sobrevive com menos de 1 dólar por dia não têm melhorado e as perspectivas para os próximos anos não parecem augurar mudanças significativas.

Contrariamente à mídia sensacionalista que agora aponta para a ameaça de *grey goo* – máquinas que se autorreplicam ou, mais recentemente, evocam o espectro do *green goo*, em que a biologia seria utilizada para criar materiais

---

[9] O primeiro estudo, "Limites do crescimento", foi elaborado por D. Meadows *et al.*, do Instituto Tecnológico de Massachusetts (MIT), em 1972.

e novas formas artificiais de vida –, cabe aos cientistas sociais a tarefa de avaliar os riscos potenciais e os benefícios da nanotecnologia.

O estado atual da pesquisa científica e tecnológica não permite afirmar se e até que ponto as nanopartículas ou produtos representam uma real ameaça.

É verdade, já existem numerosos produtos e partículas em circulação, sem que tenha havido uma avaliação *ex-ante* de seus riscos. Tampouco, seus produtores ou comerciantes estão preocupados com o chamado "princípio de precaução". Mas produtos baseados em nanotecnologia possuem propriedades que atraem investidores e prometem benefícios – de melhores produtos a novos caminhos de curar doenças –, deixando em segundo plano os riscos associados à introdução de outras tecnologias.

Há, por exemplo, indicações de que nanopartículas são quimicamente mais reativas e, por isso, potencialmente mais tóxicas. Entretanto, são poucos ainda os estudos toxicológicos sobre a matéria.

Estudos da nanotecnologia, em nosso meio, estão apenas na fase inicial, sendo exemplo deles as pesquisas do Instituto de Química da Universidade de São Paulo, que desenvolve sensores de raios ultravioleta com base em tecnologias nanoscópicas. Outro projeto procura aperfeiçoar modelos de células fotoquímicas para a produção de energia com estrutura molecular.

Na Universidade Federal de São Carlos, foi desenvolvida uma combinação de nanopartículas com outros materiais que permitiu o desenvolvimento de um lápis com grafite mais resistente e, ao mesmo tempo, mais macio. O produto acabou adquirido pela multinacional Faber Castell.

SOBRE AS SUAS APLICAÇÕES

O acompanhamento do noticiário referente aos movimentos de investidores-especuladores na área de nanotecnologia evoca até certo ponto o estouro da "bolha" de especulação em novas tecnologias, cotadas na Nasdaq. A corrida atrás de investimentos em companhias de informática fez a fortuna de poucos e a miséria de muitos incautos, seduzidos pelo *marketing* inescrupuloso das empresas. Embora a nanotecnologia possa ter aplicações múltiplas, da microeletrônica à medicina, pouco se sabe quando e onde (ou mesmo se) ela será aproveitada.

Uma empresa de pesquisa, a Nanosys, nos Estados Unidos, anunciou o lançamento de uma oferta pública das suas ações até o fim de 2004. Entretanto, ainda não lançou um único produto e suas atuais receitas se restringem a uma verba de 3,1 milhões de dólares provenientes de contratos de pesquisa com o governo americano. A comparação com o lançamento da Netscape em 1995 não é válida, porque esta já contava, no mesmo ano, com 10 a 15 milhões de usuários. Por outro lado, o clima geral da economia americana e as baixas sucessivas nas cotações das bolsas não favorecem o lançamento de um novo ciclo de investimentos especulativos.

Um levantamento sumário nas publicações que circulam sobre nanotecnologia aponta para os seguintes produtos e serviços que já estariam no mercado:

- tecidos resistentes a manchas e que não amassam;
- raquetes e bolas de tênis;
- capeamento de vidros e aplicações antierosão a metais;
- filtros de proteção solar;
- material para proteção (*screening*) contra raios ultravioleta;
- tratamento tópico de herpes e fungos;
- pó antibactéria;
- diversas aplicações na medicina, como catéteres, válvulas cardíacas, marca-passo, implantes ortopédicos;
- produtos para limpar materiais tóxicos;
- produtos cosméticos;
- sistemas de filtração do ar e da água.

MAPEANDO RISCOS E PROMESSAS

Nanotecnologia se refere a partículas na dimensão de nanômetros (10^{-9} = 0,000.000.001 m = a 1 nanômetro, ou nm). A interação da física clássica com a mecânica quântica facilitou a emergência de outras tecnologias, o que levou à preocupação com as nanopartículas produzidas e liberadas (residuais) pelas tecnologias convencionais (exemplo: resíduos de combustão suspensos no ar). Por outro lado, alimentam-se grandes expectativas de benefícios para a computação, a medicina, materiais diversos e o meio ambiente, ao combinar conhecimentos de física, química, genética, tecnologias de informação e comunicação e ciências cognitivas com a nanotecnologia. Estimativas variadas dos gastos futuros do nanomercado vão de 700 bilhões de dólares em 2008 a mais de 1 trilhão de dólares em 2015.

Na discussão de nanotecnologias, distingue-se a fabricação controlada de nanossistemas funcionais, ou nanoestruturas de pelo menos 100 nm de escala, servindo à fabricação de nanossuperfícies (uma dimensão), de nanotubos (duas dimensões) e de nanopartículas construídas (três dimensões). Distinguem-se também as nanopartículas fabricadas de vida curta ou de vida longa, como, por exemplo, as drogas.

Uma breve revisão das informações disponíveis chama a atenção para produtos residuais não intencionados (partículas liberadas por combustão) e nanopartículas "livres" que penetram no corpo humano, sedimentando-se em alguns órgãos. Nanopartículas entram no corpo humano pelos aparelhos digestivo, respiratório ou pela derme. No organismo, essas NPs se deslocam por órgãos e tecidos distantes do ponto de entrada e podem transpor as barreiras da circulação do sangue, entrar no cérebro e criar riscos para a saúde (como, por exemplo, os vapores de polímeros que causam danos aos pulmões). Por isso, as pesquisas técnicas devem ser acompanhadas por investigações sobre os impactos na sociedade, no meio ambiente e as percepções da sociedade civil sobre os potenciais benefícios e riscos da nova tecnologia.

Hipóteses levantadas sobre as características inéditas da nanotecnologia, que exigiriam medidas de controle e de responsabilidade redobradas, apontam para a *invisibilidade* e suas implicações nas atividades secretas e bélicas; para a *microlocomoção* e suas potencialidades para invadir ou superar barreiras, muros e outros obstáculos, mesmo a pele humana, e a *autorreplicação* – o aspecto mais problemático e perigoso, que evoca o espectro do "aprendiz de feiticeiro". Essas três características colocam em evidência os desafios de monitoramento, apropriação e propriedade e o controle social da tecnologia.

Quanto ao monitoramento, é de se prever que os dispositivos invisíveis, móveis e autorreplicadores representarão desafios inéditos para a sociedade, questionando-se "o que controlar e por quem devem ser exercidos os controles". O cidadão comum não será mais capaz de observar todas as atividades relevantes ao seu redor, enquanto as autoridades serão pressionadas para prover assistência e orientação às pessoas para protegê-las da invasão da privacidade por parte dos produtores ou proprietários da tecnologia.

ASPECTOS ÉTICOS RELACIONADOS COM PROCESSOS E SUBSTÂNCIAS

Os riscos inerentes à introdução de tecnologias exigem um diálogo constante com a sociedade civil – os *stakeholders*, que correm os riscos mas nem sempre recebem os benefícios da NT. Outros atores, industriais, cientistas e administradores devem ouvir o público, num sistema de comunicação em duas vias. Entre os diversos problemas nessa área destacam-se as decisões sobre a alocação de recursos para P&D e a avaliação de projetos e seu monitoramento. Isso exige a promoção e a explicitação de diálogo sobre a escala de valores e as diferentes opções sociais. Serão exigidos acordos sobre princípios éticos referentes à dignidade humana, autonomia, obrigação de não ferir e de fazer o bem, particularmente nas áreas de saúde e segurança no trabalho, privacidade e preservação do meio ambiente.

Prioritária é a necessidade de avaliar os riscos para os que já estão expostos às NPs e no local em que estão sendo produzidas. A administração dos riscos e suas consequências sociais, econômicas e políticas devem estar estreitamente relacionadas com políticas de saúde pública. Haverá necessidade de regulamentação dos padrões de exposição, prevenção e intervenção, exigindo medições biomédicas e de engenharia sanitária. Essas seriam as funções de um observatório de nanotecnologia, para orientar as intervenções reguladoras. A adoção do princípio de precaução em face de evidências incompletas e de incerteza quanto aos riscos de conhecimentos científicos também incompletos impõe-se para a segurança da população até que se crie um processo compreensivo de regulação da NT.

Em face da mobilidade e da habilidade de NPs migrarem no meio ambiente durante o ciclo de vida e a exposição de seres humanos nos locais de trabalho e na existência cotidiana, formulam-se as seguintes recomendações:

- Elaborar uma nomenclatura e manuais de serviço para a engenharia de NPs, com testes de toxicologia, e aprofundar os conhecimentos científicos, com coleta de dados sobre o tempo de exposição e a resposta necessária.
- Realizar estudos toxicológicos e ecotoxicológicos sobre a persistência de NPs livres no meio ambiente e seus impactos no organismo e no cérebro.
- Desenvolver instrumentos de medição e métodos de avaliação padronizados, assim como desenvolver boas práticas referentes à avaliação de riscos para a saúde e o meio ambiente humano.
- Criar instituições de monitoramento do desenvolvimento de NT.
- Estabelecer diálogo com o público e a indústria para que tomem parte nos processos decisórios.
- Desenvolver diretrizes e padrões para avaliação de riscos da produção e manuseio de NTs e revisão da regulamentação já existente quanto ao registro de produtos de NT e suas propriedades.
- Maximizar a contenção de NTs livres, até elaborar uma matriz, e procurar eliminar ou minimizar a produção ou liberação de NPs.

O QUE ESTÁ EM QUESTÃO?

As principais polêmicas versam sobre o direito da sociedade civil de exercer o controle (governança) da mudança e das inovações tecnológicas; a necessidade de institucionalizar o aprendizado social e a avaliação dos riscos e das oportunidades ao operar em condições de incerteza.

É fundamental a avaliação permanente do papel da nova tecnologia na melhora ou piora da situação social, diminuindo ou aumentando as desigualdades, a exclusão e a degradação do meio ambiente.

Há uma ênfase exagerada, devido a interesses e objetivos comerciais, nos impactos supostamente revolucionários das novas tecnologias, enquanto, na realidade, ocorrem avanços apenas incrementais, baseados em áreas solidamente estabelecidas, como: semicondutores, ciência coloidal, novos materiais, etc. O que torna necessário estabelecer uma distinção entre ficção científica e extrapolação da evolução provável e possível.

Nesse contexto, importa frisar que possíveis avanços viriam junto com progressos da biotecnologia e da tecnologia da informação, de maneira sinérgica e não isoladamente.

INOVAÇÃO TECNOLÓGICA E DESENVOLVIMENTO

Analisadas em retrospectiva histórica, ciência e tecnologia constituem apenas meios e instrumentos e não alvos em si mesmas. Sua aplicação e destino, portanto, devem ser objeto de diálogo, de comunicação e de interação social permanentes.

Não há dúvida de que uma das funções da ciência é racionalizar o desconhecido. Mas se, nesse processo, ela for utilizada para impedir a liberdade dos outros, os cientistas sacrificarão a sua própria criatividade, perdendo a visão de conjunto do processo social. Com isso, a autonomia da pesquisa e o potencial libertador inerente aos conhecimentos científicos e tecnológicos também se perdem. Contrariamente às proclamações dos vendedores de processos e equipamentos, a nanotecnologia e suas múltiplas aplicações não são revolucionárias em si. Somente à medida que forem acompanhadas por mudanças nas relações sociais e culturais poderá a sociedade, como um todo, beneficiar-se das inovações.

Nas últimas décadas, inúmeras inovações tecnológicas foram lançadas nos mercados: microeletrônica, engenharia genética, raio laser, novos materiais, energia fotovoltaica, fibras ópticas e outras, contribuindo para transformar produtos, processos e as atividades econômicas e administrativas. As consequências de sua utilização em escala global têm constituído tema de reuniões científicas, debates parlamentares e decisões políticas. Emprego-desemprego, qualificação-desqualificação da mão de obra, racionalização total-alienação completa dos processos de trabalho, eficiência máxima na administração privada e pública-invasão da privacidade constituem alguns dos aspectos contraditórios e desafiadores das novas tecnologias.

Que posição crítica se deve adotar e transmitir, na medida em que os problemas da política científica e tecnológica se tornem cada vez mais prementes? Não é possível resistir à penetração de inovações tecnológicas na vida moderna sem cair no papel dos luditas do início do século XIX. Recusar as mensagens dos mercadores da nanotecnologia não deve conduzir a críticas negativas apenas. Mas advogar indiscriminadamente a incorporação da nova tecnologia na vida cotidiana não significaria cair na lógica do discurso de seus vendedores? Implícita em suas manifestações está a premissa da inevitabilidade do progresso técnico e de seus benefícios que automaticamente decorreriam para toda a sociedade.

Ao contrário dos tecnocratas embevecidos com as maravilhas das tecnologias de ponta, postulamos que nenhuma posição ou interpretação da realidade é neutra se não considerar seus efeitos de exclusão do cidadão comum que a elas não tem acesso. Os homens de negócios e os tecnocratas estão preocupados com a produtividade, o PIB, a balança comercial, a taxa de lucro, que abstraem dos aspectos e características sociais das inovações e de seu contexto. A visão alternativa, preocupada com a solução dos problemas humanos de nossa sociedade, destaca o conteúdo do esforço científico-tecnológico e a natureza qualitativa do desenvolvimento. Por isso, indaga sobre os impactos das inovações, além da economia e do comércio internacional, questionando: para que serve essa tecnologia? A quem aproveita e beneficia? E quais os problemas humanos que sua introdução causará ou, possivelmente, intensificará?

Essas perguntas podem parecer ingênuas, porque, mesmo nos países desenvolvidos, as novas tecnologias e entre elas a nanotecnologia surgiram sem que houvesse decisões democráticas sobre a sua introdução, o que permite inferir poderosos interesses econômicos e políticos associados às inovações.

Na análise das relações dos países desenvolvidos com os emergentes, as inovações são configuradas em termos de *gap* (fosso) tecnológico, que caberia aos retardatários superar; caso contrário, estariam condenados ao eterno atraso.

A maioria dos analistas, em seu entusiasmo pela nanotecnologia, se limita à apologia dos novos produtos, ignorando os problemas não técnicos associados à sua introdução nos diversos setores da vida social e econômica. Ao advogar a inevitabilidade da inovação, infere-se um determinismo tecnológico que reduz o desenvolvimento ao progresso técnico e à estratégia dos negócios. Em vão procuraremos pronunciamentos sobre as relações sociais geradas ou deterioradas pela nova tecnologia. Muitas das tecnologias de ponta surgiram em projetos militares ou em laboratórios de P&D altamente especializados, de propriedade de grandes empresas, o que revela um dos aspectos raramente comentados das inovações tecnológicas, ou seja, sua estreita associação com grupos de poder.

Embora a maioria dos estudos sobre inovações tecnológicas seja realizada por economistas, é inegável que seus maiores impactos são de natureza social. Mesmo quando alguma menção é feita aos impactos na relação emprego-desemprego, ela se concentra nos termos quantitativos, abstraindo das condições de trabalho e dos impactos sobre as emoções e sentimentos dos trabalhadores; enfim, do próprio "sentido" do trabalho para a vida humana.

Para além dos problemas do poder, das relações sociais e das condições de trabalho, a inovação tecnológica passa a ser encarada como elemento preponderante na luta pelos mercados travada pelas grandes corporações que operam no espaço econômico transnacional e no mundo político irreversível. Seguindo esse raciocínio, conclui-se com a certeza da nossa impotência diante da inevitabilidade do destino: a tecnologia, as oportunidades e as diretrizes são dadas, as opções foram feitas e continuar na trilha da nova tecnologia é imperioso e inevitável, sob pena de cairmos ainda mais no abismo do subdesenvolvimento.

Não se pretende impedir o progresso científico e tecnológico, mas cumpre acautelar-se dos riscos para a saúde da população e considerar as ameaças ao precário equilíbrio do meio ambiente. Para isso, é preciso deslocar a discussão de princípios abstratos, a favor ou contra, para a análise dos atores sociais e econômicos, comprometidos institucionalmente com a legislação que exige o licenciamento ambiental (EIA/Rima) para todas as atividades econômicas, sujeitas a análise e avaliação por parte do Sistema Nacional do Meio Ambiente (Sisnama).

Inovações tecnológicas devem ser não só tecnicamente possíveis, mas também ambiental e biologicamente seguras, economicamente vantajosas, socialmente benéficas e eticamente aceitáveis. Tudo isso regulamentado por lei.

Portanto, as boas normas da pesquisa científica e suas aplicações tecnológicas rejeitam os privilégios de poucos e não admitem aberrações jurídicas, visando a proteger interesses de minorias econômicas ou acadêmicas das obrigações que regulem a vida dos cidadãos. A Lei de Biossegurança deve garantir previsibilidade jurídica e isonomia, condições básicas da ordem jurídica e do Estado democrático.

Ciência e tecnologia não são politicamente neutras; ao contrário, equipamentos e processos de trabalho e a organização desses estão inextricavelmente ligados às relações sociais de produção.

Em cada contexto histórico, espacial e socialmente determinado, as formas concretas da tecnologia representam uma combinação de níveis de poder econômico e político, centralizado nas mãos dos detentores dos meios de produção, com as aspirações ao poder dos trabalhadores e suas reivindicações por melhor remuneração, mais autonomia e autogestão. Por isso, práticas tecnológicas refletem as contradições políticas da dinâmica da economia (acumulação e concentração do capital) e das tendências opostas do sistema social e político, em direção à democracia e à autogestão. Essa tensão dialética estabelece os limites de ciência e tecnologia como instrumentos de mudança social. Tanto P&D quanto a incorporação de seus resultados ao sistema produtivo obedecem primeiramente a critérios econômicos e políticos. Em última análise, o desenvolvimento hipotético da nanotecnologia dependerá não apenas do volume de recursos financeiros postos à sua disposição, mas de quem os controla e usa, com que objetivos e valores.

Outro desafio será a definição dos direitos de propriedade, à semelhança do que está acontecendo na área da biotecnologia e da biodiversidade.

A introdução de nanomecanismos abrirá uma ampla discussão sobre responsabilidade e controle. Quem será responsável pelo "espaço aberto" e o "território fechado" na escala da nanotecnologia? Além da obrigação de estudar os impactos da NT sobre a sociedade, caberia aos cientistas sociais a tarefa de conhecer os impactos da sociedade sobre a tecnologia e as normas, instituições, grupos de *stakeholders* e seus valores, para definir rumos e limites, embora a nossa experiência com a energia nuclear, a engenharia genética e a internet não acene com resultados promissores.

Em princípio, as decisões sobre alocação de recursos, investimentos em P&D e desenvolvimento de processos e produtos seriam da alçada da sociedade civil, dos sujeitos potencialmente beneficiários ou em situação de risco. A adoção do "princípio de precaução" em face das incertezas e riscos decorrentes da aplicação de conhecimentos incompletos seria ditada por um acordo básico sobre os princípios éticos, como a preservação da dignidade humana, a autonomia e a obrigação de não ferir e de fazer o bem, particularmente nas áreas de saúde e segurança do trabalho e na preservação do meio ambiente. Conforme já foi explicitado, não podemos subscrever a tese da neutralidade ética das tecnologias e de seus inventores, defendida, entre outros, por J. Mosterín, do Instituto de Filosofia (CSIC) de Madri. Ao discutir ética e padrões racionais, Mosterín confunde moral e ética, tratando-as como sinônimos. A moral de qualquer sociedade muda e evolui ao longo da história, mas não os valores éticos comuns a toda a humanidade, tão sagrados como a própria vida. Mesmo os cientistas mais renomados não conseguiram escapar do contexto social e dos valores dominantes em sua época.

BIBLIOGRAFIA

ETC GROUP. "News Release", 30-6-2004. Disponível em http://www.etcgroup.org.

EUROPEAN COMISSION – Community Health and Consumer Protection. *Nanotechnologies: a Preliminary Risk Analisys on the Basis of a Workshop Organized in Brussels, March 1-2, 2004*. Health and Consumor Directorate of the European Comission.

FRIEDRICHS, G. & SCHAFF, A. (orgs.). *Microelectronics and Society: for Better or for Worse – a Report to the Club of Rome*. Oxford/Nova York: Pergamon Press, 1982.

MNYUSIWALLA, Anisa *et al.* "Mind the Gap: Science and Ethics in Nanotechnology". IOP Publishing, 2003.

MOSTERÍN, J. *Ethical Implications of Nanotechnology.* Madri: Instituto de Filosofia, 2004. Também disponível em ETC GROUP, "News Release", 30-6-2004.

RADA, J. *The Impact of Microelectronics.* Genebra: ILO, 1980.

RATTNER, H. *Previsão tecnológica numa era de incerteza*. São Paulo: Eaesp/FGV, 1984. Mimeo.

_____. *Tecnologia e sociedade.* São Paulo: Brasiliense, 1980.

» INOVAÇÃO, PRODUTIVIDADE E DESENVOLVIMENTO

Setembro de 2004

Na primeira semana de agosto ocorreu o I Encontro Paulista de Parques Científicos e Tecnológicos em Áreas Urbanas. Destacavam-se, entre os objetivos declarados:

- o estímulo ao debate sobre os novos desafios das regiões urbanas na sociedade de conhecimento;
- a busca do aumento da competitividade nas áreas urbanas e das suas empresas;
- o lançamento de novos negócios em regiões e países em desenvolvimento;
- a avaliação de experiências em modelos de Parques de C&T e sua gestão.

O evento transcorreu num momento propício, caracterizado pela discussão da Lei Paulista de Inovação; da Lei de Inovação no âmbito nacional e a organização do Sistema Paulista de Parques Tecnológicos sob a coordenação da Secretaria de C&T, Desenvolvimento Econômico e Turismo do Estado de São Paulo.

Proporcionou também a oportunidade de analisar o processo de inovação tecnológica, tanto em nível micro e macroeconômico quanto em seu contexto social e político e dimensões nacional e internacional. Dessa forma, o evento se opõe à visão linear e cartesiana, focalizada no fenômeno em si e abstraindo de fatores e relações determinantes e sistêmicas, sem os quais tanto a análise quanto as propostas de políticas e diretrizes se tornam meramente discursivas e inoperantes. O nível e a intensidade das atividades do subsistema de ciência e tecnologia são funções das políticas que definem metas e recursos alocados no orçamento nacional às atividades industriais, agrícolas e de serviços.

Constitui fato conhecido que as verbas para pesquisa e desenvolvimento no país não ultrapassam 0,5% do PIB, com prioridades no mínimo discutíveis. A carência crônica de recursos, mesmo para a formação, o treinamento e o aperfeiçoamento constante dos pesquisadores, é decorrência das diretrizes da política macroeconômica que prioriza a consecução de um elevado superávit fiscal para atender aos serviços das dívidas interna e externa, manter baixa a taxa de inflação e, assim, garantir a estabilidade do sistema financeiro que, por sua vez, asseguraria a credibilidade do país diante dos banqueiros nacionais e internacionais. A consequência dessa política seria um fluxo de investimentos estrangeiros diretos (IED) para suprir a insuficiência de recursos internos e alimentar o crescimento e a expansão da economia nacional.

É desnecessário alongar-se nas raízes da ilusão alimentada pelo governo, a maioria do empresariado, da mídia e, infelizmente, da própria academia. Apesar de desembolsar somas fabulosas, ano a ano, a título de juros, dividendos e *royalties*, as dívidas externa e interna continuam elevadas por causa da alta taxa de juros que, por sua vez, sufoca as atividades econômicas internas. Os supostos investimentos externos são dirigidos, como os excedentes e lucros internos, para atividades especulativas com papéis da bolsa de valores e de títulos da dívida pública.

Por isso, a aparente estabilidade e o crescimento modesto da economia nacional, neste ano de 2004, se mostram muito vulneráveis a fatores externos – a taxa de juros nos Estados Unidos, o preço internacional do petróleo, as oscilações da taxa de câmbio e dos preços das *commodities* – enfim, as características do mundo de incertezas e de insegurança em que se transformou o nosso planeta. Pouca (se houver alguma) atenção é dada aos custos sociais e ambientais dessa política de "estabilidade", refletidos no baixíssimo nível de remuneração do trabalho; os elevados índices de desemprego; as carências crônicas em termos de habitação, saneamento, transportes públicos e serviços de educação e saúde. Como avaliar o peso do discurso do governo sobre o "crescimento sustentável", os milhões de empregos que geraria e, mais recentemente, as promessas de avanços na área de ciência e tecnologia?

A inovação, a competitividade e o mercado ocupam um lugar central no discurso de economistas, executivos e políticos. Baseadas em pesquisas científicas e nas aplicações derivadas de seu desenvolvimento, as inovações teriam como principal resultado atrair investimentos para gerar novos produtos e processos, induzindo o crescimento econômico aferido pelo PIB; enfim, o desenvolvimento "sustentado".

A realidade mostra um cenário bem diferente dessa visão linear e cartesiana proclamada pelos arautos da salvação pela inovação tecnológica.

Inovações tecnológicas constituem apenas condição necessária para conseguir aumentos de produtividade e de competitividade na construção de "vantagens comparativas" no contexto do sistema capitalista. A consecução de economias de escala na produção e distribuição de bens e serviços, bem como a liderança nas áreas de P&D, são os trunfos do capital concentrado nas mãos de alguns milhares de conglomerados transnacionais que dominam o mercado mundial.

Para resistir a essas pressões é preciso fortalecer todos os setores da economia nacional e não somente o setor agroexportador, por meio de um conjunto de políticas de governo apoiadas pela maioria da população. Essas políticas teriam como prioridades o aumento da taxa de investimentos sobre o PIB, a consolidação e expansão da infraestrutura, o desenvolvimento permanente de recursos humanos e a difusão do espírito de pesquisa e desenvolvimento mediante o aperfeiçoamento do sistema de educação, em particular do ensino médio e superior. Tudo isso pressupõe uma visão de políticas de inclusão social, condição básica para restabelecer a coesão, a cooperação e a solidariedade como princípios-chave de uma sociedade "sustentável".

Nas últimas décadas, inúmeras inovações tecnológicas foram lançadas no mercado: microeletrônica, engenharia genética, raio laser, energia fotovoltaica, novos materiais, fibras ópticas e outras. Tudo isso contribuiu para transformar produtos e processos e as atividades econômicas e administrativas. Mas nos debates e reuniões científicas sobre as consequências da difusão de novas tecnologias em escala global têm-se privilegiado os aspectos econômicos e técnicos, em detrimento de uma visão social, humanista e filosófica mais abrangente. Raramente são levantados problemas de desemprego, da desqualificação da mão de obra, a alienação total dos trabalhadores e a invasão da privacidade dos cidadãos, que constituem os aspectos mais polêmicos e desafiantes das novas tecnologias.

Analisadas em seu contexto social e cultural e em retrospectiva histórica, ciência e tecnologia constituem apenas meios e instrumentos e não alvos em si. Por isso, suas aplicações e o destino a ser dado aos seus produtos e resíduos (veja-se, por exemplo, o caso da energia nuclear) devem ser objeto de diálogo, comunicação e interação social permanentes.

A euforia e a adesão entusiasta pelas inovações tecnológicas têm invadido as universidades e órgãos do sistema nacional de C&T, que proclamam as vantagens e a necessidade imperiosa de uma política de inovação baseada em polos ou parques tecnológicos, geralmente localizadas em universidades, que serviriam de incubadoras para novas empresas, geradoras de empregos e de renda. Não se pretende discutir aqui a proposta de incubadoras, nem avaliar criticamente seus resultados, uma discussão que tentamos induzir em outro trabalho (Rattner, 2002). O objetivo deste texto é examinar criticamente as relações da inovação com o sistema de C&T e deste com o sistema produtivo. Ao advogar uma nova política de inovação, seus promotores parecem abstraí-la dos fatores contextuais e determinantes, o que torna vulnerável e pouco consistente a proposta referente aos parques e a suas incubadoras.

Postulando que inovações tecnológicas tendem a aumentar a produtividade das empresas (por meio dos novos processos) e do sistema econômico em geral (pelos novos produtos), somos levados a indagar sobre o destino dado aos ganhos. Em tese, as empresas podem responder à elevação da produtividade com um incremento proporcional dos salários e vencimentos de seus empregados. Outra forma de compensar os esforços dos trabalhadores seria mediante uma redução proporcional dos preços dos produtos ou serviços oferecidos pelas empresas, o que resultaria no aumento do poder aquisitivo dos consumidores e na ampliação do mercado. Uma terceira opção, sempre pensando em termos de benefícios para a sociedade, seria o reinvestimento dos lucros na expansão das empresas e nos projetos de infraestrutura, dos quais o país anda tão carente; isso poderia induzir um ciclo virtuoso de crescimento.

Ora, não há discussão sobre o destino dado ao excedente pelas empresas, na imensa maioria dos trabalhos de pesquisas de economistas, administradores e engenheiros. A realidade nua e crua aponta para o consumo de luxo ou o desperdício das "elites", dentro e fora do país, e, à medida que acabam sendo divulgadas mais informações pela mídia, as remessas de dezenas de bilhões de dólares para contas bancárias em paraísos fiscais, fenômeno comum nos países latino-americanos. (Vejam-se, entre outros, os casos da CPI do Banestado, as operações Anaconda, Farol de Neblina e outros, revelados à opinião pública mais recentemente.)

Como explicar esse funcionamento "perverso" de nosso sistema econômico? Como justificar ou ignorar o encolhimento da massa salarial nos últimos anos, ao mesmo tempo que os lucros dos bancos e das grandes empresas não param de crescer e de abocanhar uma parcela sempre crescente do produto nacional? É possível silenciar diante da disparidade de mais de cem vezes na remuneração do trabalho e diante da proposta, ora em discussão, de "limitar" os vencimentos de uma elite a 24 mil reais mensais (além de gratificações, abonos e adicionais por tempo de serviço), quando o salário mínimo está fixado em 260 reais? Não havendo uma política efetiva e persistente de distribuição, mediante remuneração mais equitativa e tributação progressiva das altas rendas e grandes fortunas, a economia segue em sua dinâmica perversa de concentração de poder econômico e político, com as desastrosas consequências sociais e ambientais que impelem o ciclo vicioso de empobrecimento: taxas de crescimento demográfico mais elevadas entre os mais pobres; maior pressão e degradação dos recursos naturais e índices de anomia social – delinquência, prostituição e comportamento agressivo generalizado – concorrendo para a deterioração das condições sociais de cooperação, tolerância e solidariedade, essenciais para a construção de uma verdadeira sociedade "sustentável".

Seria possível mudar essa dinâmica perversa? Qual seria o papel da inovação tecnológica no processo de mudança? A análise deve proceder em níveis micro e macroeconômico, por estarem intimamente ligados. Vimos que a economia dos países ricos e dos emergentes é controlada por alguns milhares de empresas e conglomerados transnacionais que, além de controlar produção, comércio e transações financeiras, são também responsáveis pela maior parte de investimentos em pesquisa e desenvolvimento e, portanto, das inovações tecnológicas. Lançadas no mercado, tais inovações atraem investidores dispostos a desembolsar seu capital na contratação de construção de novos estabelecimentos, aquisição de bens de capital, matérias-primas e outros insumos, e na remuneração da mão de obra. Esses gastos induzem um ciclo de expansão da demanda por alimentos e bens de consumo que estimula a oferta e, assim, a economia entra numa fase de expansão e crescimento, com a retroalimentação contínua de oferta e demanda.

Condição básica para essa dinâmica é a distribuição equitativa dos ganhos para o capital e o trabalho. Entretanto, não é isso que acontece em nosso país e, por extensão, nos países vizinhos da América Latina. O excedente produzido, há décadas e séculos, literalmente "evapora", ou deixa o país. Daí a nossa dependência de financiamentos externos desde a vinda de dom João VI para o Brasil, no início do século XIX. E em meados do século XIX os Estados Unidos estavam em condições econômicas semelhantes às do Brasil e a Coreia do Sul em condições muito inferiores na década de 1960. Parece uma doença endêmica dos países latino-americanos, não só o endividamento, mas também as remessas de seus lucros para o exterior.

Qual poderia ser o papel da inovação tecnológica nesse cenário da economia dominada pelos conglomerados que preferem comprar, importar ou copiar as inovações de suas matrizes, em vez de estimular pesquisa e desenvolvimento na periferia? Na ausência de uma política industrial e tecnológica explícita – ao contrário, nas últimas duas décadas assistimos à desnacionalização de empresas competitivas brasileiras (Metal Leve e Cofap, entre outras) e à desestatização de empresas públicas nas áreas estratégicas de energia, comunicação e transportes –, quais empresas nacionais teriam condições de beneficiar-se com as inovações produzidas nos polos, parques e incubadoras de tecnologia? Mesmo no caso de "sucesso", quem garante que a empresa não será adquirida por competidores mais fortes?

E, se por acaso a empresa sobreviver à competição selvagem, quem garante que seus donos distribuirão equitativamente seus ganhos com os trabalhadores e recolherão tributos e impostos? É mais provável, no caso de resultados positivos da "incubação", que a empresa siga o modelo do mercado, procedendo à terceirização, reengenharia e precarização das relações de trabalho, com efeitos devastadores no tecido social.

Em resumo, não basta capacitar empresas, universidades e centros de pesquisa para elevar a eficiência e produtividade na inovação e gestão de tecnologias. É o sistema, sua filosofia e procedimentos que devem ser inovados, abandonando-se a visão estreita e retrógrada de que somente os empreendimentos de grande porte são produtivos e competitivos. Conforme estudos realizados por respeitados economistas e apresentados na X Conferência da Unctad, em 2002, Frances Stewart, da Universidade Oxford, afirma que maior igualdade no acesso aos fatores de produção (terra, crédito, tecnologia) leva a aumentos significativos de produtividade e renda de pequenas unidades de produção. A maior igualdade, enquanto reduz a pobreza, melhora o acesso aos serviços de educação e saúde. Maior igualdade amplia também o mercado doméstico por meio de economias de escala, melhora a distribuição da renda e de produtividade, elevando a demanda por bens de consumo e serviços, num ciclo virtuoso. Ilustrando sua tese, Stewart apresenta o caso de Kerala, um dos estados mais pobres da Índia mas com elevado IDH, graças a sua política de priorizar investimentos em educação e saúde e facilitar o crédito aos mais pobres, sobretudo às mulheres.

Portanto, contrariamente às proclamações dos vendedores de equipamentos, processos e produtos e aos discursos solenes da academia, as inovações tecnológicas não são transformadoras em si. Somente à medida que forem acompanhadas por mudanças nas relações sociais, políticas e culturais poderá a sociedade como um todo se beneficiar das promessas e do potencial de ciência e tecnologia.

BIBLIOGRAFIA

RATTNER, H. *Inovação tecnológica, incubadoras e desenvolvimento.* São Paulo: ABDL, 2002. Mimeo.

» POLÍTICA INDUSTRIAL E TECNOLÓGICA NA PERSPECTIVA DO DESENVOLVIMENTO REGIONAL

Setembro de 2004

As intervenções do poder público no espaço urbano ou metropolitano partem do pressuposto de que este seria um território geográfico e físico delimitado, com carências identificadas de infraestrutura e equipamentos para as atividades produtivas. Contudo, o território representa muito mais do que a base física para as relações de indivíduos e grupos. Cada aglomeração urbana reflete uma teia complexa de relações, com suas raízes históricas, identidades construídas e agrupamentos sociais, culturais e políticos regidos por um conjunto de normas, padrões de conduta e valores. É nesse espaço social e cultural que os indivíduos, ao perseguirem objetivos pessoais e coletivos em busca de sua ascensão social, encontram também um "sentido para a vida".

Por que as intervenções do poder público municipal visando à melhoria da qualidade de vida das populações urbanas mais carentes produzem resultados tão pouco expressivos?

Os programas e projetos, mesmo quando tecnicamente bem elaborados e dotados de recursos financeiros, seguem os padrões tradicionais, hierarquicamente centralizadores e autoritários, que caracterizam a estrutura social do país desde os tempos da colônia até os dias atuais. As relações de mando autoritário estão presentes na família, na escola, nas empresas e na administração pública.

Predomina a preferência dos governantes, independentemente dos partidos que estiverem no poder, por um planejamento e controles centralizados no processo de tomada de decisões, em oposição a medidas de descentralização, autonomia e autogestão. Essas atitudes estão sendo justificadas pela crença de que decisões técnicas e jurídicas seriam suficientes para resolver os conflitos de interesses e de valores em jogo.

A burocracia desafia e nega a eficácia de decisões em políticas públicas por meio de debates e votos em assembleias democráticas. Agravam essa resistência ao processo democrático a falta de compromisso de longo prazo dos servidores públicos devido à instabilidade do contexto político e a falta de credibilidade da maioria dos políticos. Por último, estão sempre presentes dilemas decorrentes de incertezas técnicas e científicas e a complexidade do arcabouço jurídico-legal, que influem na definição de prioridades e na alocação de recursos, sempre escassos.

A construção de projetos alternativos baseados nas premissas de cooperação, solidariedade e justiça social constitui o pilar de um regime de democracia participativa, em substituição à coerção exercida mediante o *marketing* político e a manipulação da opinião pública pela mídia oligopolizada.

O CONTEXTO DO DEBATE

O processo da globalização, complexo e contraditório em seus impactos nos estados nacionais, afeta também as comunidades locais. Mesmo permanecendo solidários com seus estados e a Federação, os municípios conquistaram, desde a Constituição de 1988, o direito e a liberdade de se ligarem horizontalmente a outros municípios no mesmo estado, na Federação ou em outros estados e até em nível internacional, por meio de organizações multilaterais. Com isso, as opções políticas e administrativas para os governos locais aumentaram significativamente. Prefeitos e vereadores, para implantar inovações, precisam de um horizonte geográfico e político mais amplo, muito além do tradicional, particularmente nas áreas metropolitanas.

Entretanto, a percepção das tendências globais não é em si condição suficiente para uma administração urbana eficaz. O avanço de um novo paradigma de governo – a democracia participativa – em um número crescente de municípios reflete o descrédito e a inadequação das formas tradicionais de representação pelas instituições legislativas e executivas. Conselhos municipais, orçamento participativo, conselhos escolares e de obras públicas e comitês de serviços tornam-se canais de apropriação de conhecimentos e de poder de deliberação da sociedade civil em face do Estado. A participação popular torna o governo mais transparente, evita a corrupção e introduz mudanças na estrutura e funcionamento da administração pública – e, portanto, da política e gestão da economia e das empresas.

Os economistas têm se debruçado sobre o funcionamento do processo de criação de riquezas, afirmando que o produto (*output*) dependeria do volume de insumos (*input*), basicamente capital e trabalho. Contudo, não é simplesmente pelo aumento dos insumos que se obtém o crescimento do produto. Estudos apontam para a Lei de Rendimentos Decrescentes, ou seja, a partir de certo ponto, os acréscimos de um ou outro fator não resultam mais em elevação correspondente do produto. Como explicar, então, o crescimento econômico impressionante dos países desenvolvidos, sobretudo na segunda metade do século passado? A hipótese apresentada pelos especialistas aponta como fator principal o acréscimo de novos conhecimentos derivados de invenções científicas e de inovações tecnológicas e gerenciais.

Entretanto, nos últimos anos, as autoridades têm negado a importância de uma política industrial na era de liberalização da economia e de redução do papel do Estado, ao qual caberia apenas "regular" e fiscalizar a dinâmica do mercado, deixando às empresas a tarefa de promover o desenvolvimento tecnológico. Mas, para ser bem-sucedidas, as inovações necessitam, além de uma conjuntura favorável, com acesso a crédito barato e a mercados dotados de poder aquisitivo em expansão, administradores competentes e honestos, advogados e especialistas em *marketing*, capazes de gerenciar, proteger e vender os resultados das inovações. Em outras palavras, é preciso construir um "ecossistema" propício à inovação, com criação e coordenação que transcendam a capacidade da empresa individual e exijam a participação do Estado, em parceria com as empresas.

Mas as empresas brasileiras, contrariamente às sul-coreanas, por exemplo, não se animam a investir em P&D tecnológico, que acaba ficando na dependência de órgãos públicos (Finep, MCT, Fapesp, etc.) para custear os gastos. Somente a intervenção do poder público, como promotor, financiador e coordenador de projetos seletivos de ajustamento à concorrência local, regional e nacional, pode formar a base de um programa de desenvolvimento sustentado.

Assim, no começo de abril de 2004, o governo divulgou a sua política industrial com dezenas de medidas para estimular o desenvolvimento de quatro setores: bens de capital, software, semicondutores e fármacos, o que parece assinalar uma mudança na postura não intervencionista e neoliberal das últimas décadas. Em que consiste a "nova política industrial"? Até agora, foram divulgadas as alocações orçamentárias para cada setor, no total de 15 bilhões de reais em 2004, sem mencionar as possíveis isenções tributárias. Mas, mantendo-se alto o custo do crédito e muito baixo o seu volume quando comparado ao de outros países, as chances de um crescimento econômico significativo são mínimas. Ademais, os quatro setores contemplados têm baixo potencial de absorção de mão de obra e de gerar novos empregos. Para atender a essa necessidade premente, precisamos de investimentos e de medidas de apoio a crédito barato para os setores de grande demanda e consumo popular, como a construção civil, roupas, calçados, alimentos, móveis e infraestrutura urbana. As prioridades do governo, contudo, parecem orientadas para o setor exportador de produtos agroindustriais gerados em empreendimentos de grande escala e com impactos sociais e ambientais altamente polêmicos.

O PAPEL DAS PMEs

No debate sobre a retomada do crescimento econômico é dada pouca ênfase ao papel das PMEs (pequenas e médias empresas), que constituem os principais agentes de geração de empregos e de aumento da renda da população urbana. Apesar da expansão das grandes empresas e conglomerados, as PMEs ainda representam a maior parcela de estabelecimentos industriais e de serviços, com participação significativa na geração de empregos, salários e impostos. O processo ininterrupto de concentração e centralização de capital parecia anunciar o declínio e eventual desaparecimento das PMEs, devido à superioridade incontestável – tecnológica, administrativa e financeira – das grandes corporações e conglomerados.

Essa hipótese não foi confirmada na vida econômica real. Apesar da elevada taxa de mortalidade de pequenas firmas, verifica-se também um processo contínuo de criação de PMEs, com base tecnológica e estreitos vínculos com grandes organizações às quais estão subordinadas, em situação de complementaridade ou relativamente independentes. Assim, crescimento e sucesso de PMEs em mercados oligopolísticos abertos à competição internacional requerem dos empresários muito mais do que as virtudes schumpeterianas convencionais. Para se tornarem aptos a inovar, planejar e lucrar, os empresários e executivos das PMEs, além de se organizarem e atuarem em padrões coletivos, devem conquistar a hegemonia política ou, pelo menos, uma participação significativa nos centros de tomada de decisões e de poder do Estado.

A heterogeneidade das PMEs, divididas em inúmeros ramos e unidades industriais, comerciais e de serviços, tem resultado, na ausência de um sistema de promoção, orientação e apoio do poder público, em representações fragmentadas e politicamente inexpressivas. Outro fator crítico na trajetória das pequenas empresas é representado pelos problemas de sucessão ou de transmissão do controle pelos fundadores das empresas aos seus herdeiros. A fase de sucessão potencializa as fragilidades, a vulnerabilidade, o isolamento e a falta de poder político das PMEs. Desaparecendo o carisma do fundador e, com ele, as relações informais com os empregados e surgindo as dificuldades de acesso a crédito, empréstimos, assistência técnica e oportunidades de inserção no mercado, a fase de transição induz e condiciona uma ética de negócios conservadora que destaca o esforço individual, a austeridade e a independência do empreendedor, com efeitos negativos na ação política coletiva.

Entretanto, experiências da história econômica recente, bem como inferências lógicas de análises da política industrial, reforçam a hipótese da sobrevivência das PMEs pela adoção e implantação de uma estratégia de desenvolvimento endógeno baseada em "eficiência coletiva". Estratégia endógena significa a mobilização e o desenvolvimento das capacidades científicas e tecnológicas em função de objetivos, necessidades e prioridades determinados mediante processos democráticos pelos próprios atores sociais. A modernização das estruturas produtivas e sociais exige mais do que uma cópia ou importação de padrões e metas tecnológicas e organizacionais dos grandes conglomerados.

Para superar o estágio atual das políticas industrial e tecnológica, que funcionam como meros reflexos de impulsos exógenos, é indispensável a democratização das decisões e diretrizes nas áreas de economia, ciência e tecnologia. A problemática social e política, ou seja, a distribuição do saber, do poder e da liberdade pelos diversos atores sociais, é inseparável dos padrões técnicos, econômicos e de práticas administrativas mais democráticas emergentes na sociedade.

EM DIREÇÃO AO NOVO PARADIGMA

A proposta de reorganização social que ultrapasse os padrões da democracia formal e representativa encontra suporte nas exigências de um novo paradigma de organização da produção – sistemas de manufatura flexível – que vem substituir o paradigma anterior fordista.

O novo paradigma técnico-econômico abre "janelas de oportunidade" para os países de desenvolvimento industrial tardio. Alguns dos empecilhos anteriores, como amplos mercados e pesados investimentos em bens de capital, podem ser superados pela difusão do novo paradigma que oferece possibilidades de combinar produção centralizada em grande escala com manufatura secundária descentralizada. Assim, surgem oportunidades para as PMEs, que constituem a maior parcela da capacidade produtiva, da geração de empregos e de renda, mas sempre tiveram dificuldades de acesso à tecnologia, seja pelos altos custos de "entrada" no ramo, seja pela complexidade de negociação de contratos de transferência de tecnologia de empresas estrangeiras.

Políticas convencionais de fomento industrial promovido pelas agências governamentais concentram seus recursos em empresas e projetos individuais, contemplados com financiamentos ou empréstimos a baixas taxas de juros, ou outras facilidades, como as proporcionadas pelas incubadoras. Pequenas empresas, contudo, têm dificuldades de elaborar projetos e preencher formulários de acordo com as normas das agências financiadoras e, mais ainda, de oferecer as garantias exigidas. Em consequência, o número e o valor de projetos apresentados e eventualmente apoiados por agências de financiamento oficiais são proporcionalmente insignificantes quando analisados à luz de seu peso e presença na economia nacional. E um eventual resultado positivo não vai repercutir nas outras empresas do ramo.

Uma proposta alternativa, buscando efeitos multiplicadores na aplicação de recursos sempre escassos, dará prioridade a projetos de inovação tecnológica elaborados por grupos ou associações de empresas do mesmo ramo e localizadas na mesma região geoeconômica. Assim, os serviços contratados com centros de P&D baseados nas universidades terão um efeito multiplicador. A assessoria técnica para a seleção de matérias-primas, maquinaria, equipamentos e recursos energéticos apropriados, a orientação para o *design* e a normatização de produtos (volume, dimensões, peso), o monitoramento sistêmico de insumos e de novos materiais, assim como o acompanhamento da legislação fiscal e tributária e das mudanças conjunturais nos mercados interno e externo – tudo poderá ser suprido por equipes interdisciplinares, a um custo relativamente baixo, pelo rateio entre as empresas participantes dos consórcios.

Uma vez criados consórcios ou associações de cooperação tecnológica, os bancos de desenvolvimento ou os fundos especiais para programas de PMEs forneceriam apenas os recursos "germinais" para instalar os serviços. Após um período de decolagem, as empresas associadas assumirão os encargos para manter e expandir os serviços proporcionados por institutos técnicos, públicos ou privados.

Os efeitos multiplicadores serão extremamente significativos para as empresas, que teriam acesso, a custo muito baixo, a tecnologias "duras" e "brandas", e também para os institutos de P&D que normalmente trabalham com capacidade ociosa devido à falta de uma demanda adequada e com liquidez. A maior vantagem caberia à sociedade como um todo, beneficiada com a criação de empregos, expansão econômica e recuperação de localidades e regiões estagnadas. A criação de mercados de trabalho e de consumo alternativos tenderia a reduzir a pressão de ondas migratórias sobre as áreas metropolitanas, o que repercutiria, em médio prazo, na estrutura e dinâmica das economias locais e regionais. Aos governos locais caberiam funções importantes, como suprir a infraestrutura de transporte e comunicações, serviços de educação e saúde e facilidades de treinamento e reciclagem da força de trabalho.

Para as PMEs, individualmente, é difícil atingir níveis de especialização flexível e de competitividade nos mercados internacionais, mas podem compensar sua fragilidade pela associação em base setorial. Estudos recentes nos países desenvolvidos reforçam a tese de aglomerações setoriais ocorrerem com mais chances de êxito em cidades de pequeno ou médio porte, evitando, assim, as deseconomias das áreas metropolitanas. A construção de uma estrutura industrial local integrada, mediante cooperativas ou consórcios de PMEs, estimulando uma divisão de trabalho interempresas e a subcontratação de especialistas, eleva substancialmente a capacidade de lidar com inovações e mudanças nos mercados. O conceito de "eficiência coletiva" pode ser estendido à associação de PMEs capacitadas por integração sistêmica e inovações incrementais proporcionadas por institutos universitários de P&D e centros de assistência técnica para aumentar de forma significativa a produtividade e o desempenho econômico e financeiro. O conceito aplica-se também à força de trabalho, vítima das famigeradas flexibilização e terceirização, que deve ser tratada como um recurso a desenvolver em longo prazo, em vez de considerada um custo a reduzir-se em curto prazo. Fator também importante para o funcionamento exitoso de estabelecimentos industriais consorciados é sua forma de organização integrada que envolve empresas subcontratadas, fornecedoras de peças, componentes e outros insumos, unidades de serviços especializados como a pesquisa mercadológica e o processamento de dados. Essa forma de interação faz do processo de produção um fluxo contínuo de operações coordenadas e controladas por computadores e estações de trabalho, localizados nas diferentes unidades do sistema integrado.

Quanto aos impactos espaciais, ou seja, ao planejamento e administração territorial, o novo paradigma oferece possibilidades de inverter, ou ao menos sustar, a tendência à concentração da população nas áreas metropolitanas. À medida que se realize uma parcela crescente da produção em pequenas ou médias unidades, eficientes e dinâmicas, capazes de desenvolver tecnologia e absorver mão de obra, são criados mercados alternativos que reduzem o poder de atração das áreas metropolitanas. Os novos distritos ou cidades industriais, oferecendo melhores condições de trabalho, salários e qualidade de vida, repercutirão em longo prazo nos padrões administrativos e nas práticas políticas, criando assim condições objetivas para a desconcentração econômica e a descentralização do poder político, características fundamentais de uma sociedade democrática.

A discussão precedente enfatiza a relevância do novo paradigma na industrialização de países de desenvolvimento capitalista tardio. Apesar de um processo de integração sem precedentes na economia internacional, a maioria dos países emergentes parece incapaz de entrar, por políticas keynesianas convencionais, numa nova fase de expansão e crescimento econômico sustentado. Sem arriscar especulações prospectivas, parece válido presumir que a próxima década exigirá um elevado grau de mudanças estruturais e ajustamentos da economia.

A capacidade de adaptação à concorrência internacional e de absorção de seus impactos demolidores no mercado interno pode ser desenvolvida por conjuntos ou associações de PMEs, caracterizados por interesses setoriais e regionais comuns. Fator central para o seu êxito e até a sua sobrevivência continua sendo a política industrial e tecnológica do governo, em nível macroeconômico, que define o potencial e as dimensões do mercado interno. Para atender à demanda insatisfeita e às necessidades básicas da maioria da população, condição *sine qua non* para níveis de consumo e melhor qualidade de vida, a especialização flexível, a capacidade de inovação e a integração sistêmica podem induzir um aumento significativo da "eficiência coletiva" ou de produtividade. Contudo, essa reestruturação da indústria não pode ser deixada à iniciativa individual ou às forças do mercado. A intervenção do Estado mediante promoção, financiamento e coordenação seletivos de programas e projetos, em nível local, regional e nacional, constituirá a base de um processo de desenvolvimento viável e sustentado. A associação de PMEs parece inevitável à luz da problemática da sobrevivência em mercados de concorrência imperfeita. Obstáculos e fatores adversos só podem ser enfrentados e superados por medidas coletivas de grupos de pressão políticos. Pequenas empresas têm dificuldade de acesso à máquina burocrática e os programas oficiais de apoio frequentemente fracassam porque as agências e instituições de fomento não têm capacidade ou vontade de se aproximar e lidar com a multitude de clientes potenciais. Também os custos financeiros e administrativos de lidar com PMEs individualmente são elevados quando comparados com os recursos disponíveis para o financiamento.

Além do esforço visando a aumentar a produtividade, a qualidade dos produtos e a flexibilidade da organização intra e interempresas, esforços persistentes e programados devem ser desenvolvidos para elevar o capital social da comunidade, mediante a responsabilidade e confiabilidade dos dirigentes das empresas pelo que acontece no mercado e no espaço público. Eficiência coletiva não se restringe à gestão de negócios. Exige também políticas de integração regional e uma estreita cooperação internacional dos países emergentes, contribuindo assim para a tendência à pluripolarização da economia nacional e mundial e nela inserindo-se. As universidades e agências estatais teriam um papel central na detecção da vocação de cada região e no diagnóstico de seu potencial, numa perspectiva dos mercados nacional e internacional; na identificação de indústrias de "sol nascente" e de "sol poente"; e, por último mas não menos importante, na formulação e execução de políticas e diretrizes de um processo de desenvolvimento integrado e sustentado.

BIBLIOGRAFIA

CAMAROTTI, I. & SPINK, P. *Redução da pobreza e dinâmicas sociais*. Rio de Janeiro: FGV, 2001.

FRANÇA, C. L. de *et al.* (orgs.). *Aspectos econômicos de experiências de desenvolvimento local.* São Paulo: Instituto Pólis, 2002.

KAYANO, J. *O desenvolvimento local como oportunidade*. São Paulo: Instituto Pólis, 2001. Mimeo.

RATTNER, H. "Eficiência coletiva". Em VELLOSO, João Paulo dos Reis (org.). *Brasil em mudança.* São Paulo: Nobel, 1991.

_____ *et al. Pequena empresa: o comportamento empresarial na acumulação e na luta pela sobrevivência.* São Paulo: Brasiliense, 1985.

SCHMITZ, H. *Small Firms and Flexible Specialization in LDCs.* Sussex: Institute of Development Studies, 1989. Mimeo.

TAVARES, M. da C. *As pequenas e médias empresas industriais no Estado de São Paulo.* Campinas: CTAE-Unicamp, 1979.

» REESTRUTURAÇÃO PRODUTIVA E RECONVERSÃO PROFISSIONAL

Maio de 2006

A direção mundial da Volkswagen, maior montadora de automóveis da Europa, com cinco fábricas instaladas no Brasil, anunciou planos de reestruturação para reduzir custos de mão de obra e aumentar as exportações. Entre as medidas preconizadas pela direção da empresa está o fechamento de uma fábrica, com a consequente demissão de milhares de empregados.

Os problemas da Volks não são exclusivos dessa empresa. Toda a indústria automotiva brasileira orientada para a exportação está sendo prejudicada pela baixa cotação do dólar no mercado interno, causando margens de lucros negativas para as exportadoras. No ano passado chegaram a pedir crédito ao Banco Nacional do Desenvolvimento Econômico e Social para financiar as exportações de veículos automotivos.

Mas a crise da indústria automobilística assumiu dimensões mundiais, com exceção das montadoras japonesas. As três grandes norte-americanas – Ford, GM e Chrysler – estão praticamente à beira da falência e as montadoras europeias também estão fechando estabelecimentos, como a Peugeot na Grã-Bretanha.

Não é de admirar que todas apelem para a reestruturação industrial como possível tábua de salvação.

Em que consiste essa reestruturação industrial, além de fusões e incorporações malsucedidas e negativas em seus resultados financeiros?

A maior ênfase é dada na redução de custos da produção mediante a terceirização, a flexibilização das relações de trabalho e a consequente redução dos salários e do número de empregados. Assim, o dilema crucial das sociedades capitalistas está configurado: queremos mais produtividade, competição por mercado e mais lucros, ou defendemos uma sociedade de bem-estar e qualidade de vida para todos?

A problemática toca no cerne das políticas públicas, econômicas e sociais e exige um posicionamento de todos os cidadãos. Por isso, propomos a releitura de um artigo elaborado há uma década e que nada perdeu em sua atualidade.

O tema serviu de pauta para um seminário realizado há alguns anos em São Paulo, organizado pela Fundação Sistema Estadual de Análise de Dados (Seade) e pela Secretaria de Emprego e Relações do Trabalho (Sert).

Reunindo uma centena de estudiosos e técnicos, o seminário debateu as transformações que ocorrem na estrutura industrial, seus impactos no emprego, na (des)qualificação da mão de obra e as propostas de reconversão profissional para atender às demandas do mercado.

Previsivelmente, a nota dominante na abertura do seminário foi a visão apocalíptica de Jeremy Rifkin no livro *O fim do trabalho*, acenando com o espectro de desemprego generalizado em decorrência da introdução de novas tecnologias por volta do ano 2020. Sem dúvida, os novos processos de produção requerem menos matéria-prima, menos energia, menos espaço e, por tudo isso, menos trabalho.

O discurso oficial, contudo, parece mais uma apologia da expansão do capital transnacional do que uma análise ponderada, apontando tendências e contradições desse processo. Afinal, a "racionalização" do sistema produtivo por meio da privatização, desregulação e "enxugamento" das empresas, para garantir a sua produtividade e competitividade, seria uma tendência fatal, inevitável e irreversível, apesar de seus efeitos destrutivos e desestruturadores na vida de centenas de milhares de seres humanos?

As perspectivas sombrias são fruto da abordagem filosófica e metodológica fragmentada que trata dos problemas isoladamente sem perceber ou identificar as conexões sistêmicas mais complexas.

Ao aceitarmos a premissa de que "os homens (e as mulheres) fazem sua história, embora em condições e contextos herdados, não por eles criados", a questão central configura-se diferentemente. Em vez de ficar a reboque das loucuras e da ganância insaciável do capital, tentando adequar o perfil e a qualificação da mão de obra aos lances e investidas especulativas das empresas, caberia aos responsáveis pelas políticas econômica, industrial e tecnológica uma reflexão mais profunda sobre o futuro do trabalho humano à luz das tendências gerais da sociedade neste começo de século e milênio.

Até quando assistiremos passivamente à ofensiva do capital contra o trabalho, contendo esta o germe de sua própria destruição por via da acumulação de contradições crescentes?

À luz da polarização, concentrando riqueza e miséria em campos opostos, do aumento contínuo dos desempregados e dos "inempregáveis", do recurso crescente ao trabalho infantil e da exploração desavergonhada dos trabalhadores migrantes e refugiados, questionam-se as novas práticas advogadas nas relações de trabalho – a flexibilização, a precarização e a terceirização –, todas minando violentamente o poder de negociação dos trabalhadores e, assim, sua qualidade de vida e as próprias bases de um convívio social mais equilibrado e harmônico. Diante das contradições e conflitos gerados aparentemente sem solução dentro do marco jurídico-legal do sistema "liberal", questiona-se, não o fim do trabalho, mas o esgotamento da missão civilizatória do capital, após quatro séculos de inúmeras conquistas materiais e, também, de sofrimentos humanos incontáveis.

O futuro do capital e da própria sociedade ("nosso futuro comum") não pode ser construído sem uma redefinição do trabalho e do papel dos trabalhadores. Uma sociedade que "sucateia" e, portanto, condena indivíduos em plena fase produtora ao perecimento não tem futuro. O destino dos seres humanos está estreitamente relacionado com o futuro de seu trabalho. Contrariamente à visão bíblica de inspiração judaico-cristã ("no suor de teu rosto ganharás o pão"), enfatizamos a visão hegeliana da redenção e da autorrealização por meio de atividades criativas, gratificantes e coletivas.

É verdade, a evolução do sistema capitalista tem resultado na separação do trabalhador de seus meios de produção e do saber profissional, com consequências alienadoras. O advento do "toyotismo" parecia acenar com uma reversão dessa tendência, infelizmente não confirmada. Continua a aumentar o fosso entre os que "pensam" e os que "executam" as tarefas. Os desafios estão além de uma mera reestruturação industrial e uma eventual readequação da mão de obra. Cumpre-nos redesenhar e planejar uma reconstrução cultural, econômica, social e política para garantir empregos produtivos para todos; eliminar o desperdício de recursos naturais, a depredação do meio ambiente físico e social; e suprimir as desigualdades gritantes – condições básicas para uma sociedade coesa e solidária; enfim, para uma sociedade sustentável.

» MEGAPROJETOS, INOVAÇÃO TECNOLÓGICA E NANOTECNOLOGIA: OS CUSTOS SOCIAIS "OCULTOS"

Outubro de 2006

O discurso oficial dos produtores de tecnologia estimula a inovação e a competitividade que vão contribuir para o crescimento econômico do país. A competitividade é erigida em valor supremo da sociedade, como se fosse uma lei da natureza imanente à espécie humana. A ideologia da competição e da produtividade faz parte de uma visão de mundo dominada pela corrida atrás da acumulação e do enriquecimento ilimitados, nem sempre por meios civilizados e legítimos.

Por outro lado, pesquisa e desenvolvimento constituem elementos imprescindíveis do processo de produção, mas não podemos ignorar que grande parte dos recursos alocados à ciência e tecnologia acaba canalizada para projetos militares de utilidade questionável, tais como as armas de destruição em massa, a exploração do espaço sideral, que estimula e beneficia a aviação militar, e o desenvolvimento de reatores nucleares, cuja obsolescência está prevista em quarenta a cinquenta anos, deixando o legado horroroso de como dispor dos resíduos radioativos para as próximas gerações.

Não se pretende argumentar contra a necessidade de P&D nas sociedades contemporâneas, mas com a condição de que sejam prioritariamente orientados para as demandas sociais das massas carentes em saúde, educação, saneamento básico, moradias decentes, transporte coletivo, segurança pública e alimentação adequada, todos ambientalmente seguros, socialmente benéficos e eticamente justificáveis.

Subjacentes a esses requisitos estão as eternas indagações: ciência e tecnologia: "para quem?", "para quê?" e "a que custo?".

A quem caberia a responsabilidade de planejar, orientar, estabelecer as prioridades e fiscalizar a aplicação das verbas orçamentárias para P&D?

O discurso oficial privilegia o papel do "mercado" – das grandes empresas industriais, dos bancos e serviços, das agências e repartições burocráticas do governo, das universidades e de grupos corporativistas de cientistas e tecnólogos. A sociedade civil organizada, por meio de ONGs, OSCIPs, movimentos sociais, associações e sindicatos, não é considerada interlocutora qualificada para participar das deliberações e decisões sobre a política de C+T e da definição de prioridades de alocação de verbas orçamentárias.

Ora, são exatamente esses atores sociais que representam a maioria da sociedade e que mais sofrem os impactos ambientais, sociais e econômicos das decisões tomadas nas esferas executiva e legislativa também em regimes democráticos representativos, sob a pressão dos tecnocratas e dos homens de negócios.

Resumindo, decisões científicas e tecnologias não são ética ou politicamente neutras, porque seus atores não podem despir-se de suas posições, interesses e valores sociais.

Em cada etapa da evolução histórica e social, as tecnologias utilizadas refletem, por um lado, as contradições e os conflitos do poder econômico e sua tendência à concentração de riquezas e informação e, por outro lado, as aspirações coletivas por participação democrática, autonomia cultural e autogestão política. Por isso, a sociedade civil tem o dever e o direito de exercer o controle sobre os projetos de inovação tecnológica que não podem ficar ao critério exclusivo de cientistas, tecnocratas, empresários e políticos.

Os megaprojetos são cada vez maiores e de custos mais elevados. Apesar da ampla divulgação dos supostos benefícios desses projetos, os estudos se concentram apenas na hipotética lucratividade dos investimentos e na condição para que haja subsídios do tesouro público, em nome do progresso de C+T, da competitividade e do crescimento econômico.

Embora instituída por lei, a avaliação *ex-ante*, ou o EIA/Rima sobre os possíveis efeitos na saúde, no meio ambiente e na qualidade de vida da população, é geralmente contornada ou burlada. Mesmo as avaliações críticas *ex-post*, quando os projetos estiverem concluídos, só chegam ao conhecimento do público que ultimamente pagar a conta.

Alguns exemplos ilustram esse ponto de vista. O projeto Concord – avião supersônico financiado pelos governos francês e britânico – redundou em fracasso técnico e financeiro e foi desativado. Os projetos da Nasa – a indústria espacial norte-americana –, com custo de mais de 100 bilhões de dólares, e, em escala menor, o projeto brasileiro, que contabilizou três fracassos, teriam contribuído para a melhoria da qualidade de vida da população mais pobre dos respectivos países?

Novas tecnologias inundaram os mercados a partir da segunda metade do século XX, a começar com a aviação a jato, a Revolução Verde, a introdução da microeletrônica, a biotecnologia e a engenharia genética, o genoma, as células-tronco e a energia nuclear.

Ao contrário do discurso oficial sustentado pela maioria dos cientistas, não há uma correlação positiva dos avanços nas pesquisas científicas e tecnológicas com a posição de um dado país em termos de indicadores de desenvolvimento humano, social e ambiental.

A opinião pública está sendo alimentada com o mito do "efeito de filtração" (*trickle-down effect*), segundo o qual quanto mais pesquisa se fizer, melhor será para a prosperidade econômica e o bem-estar social.

Quem são os principais grupos sociais que pressionam por mais verbas de C+T? As grandes empresas, que enxergam a possibilidade de lucros na introdução de novos bens e serviços; a cúpula das forças armadas, que sonha com a hegemonia militar mesmo que regional apenas, e as corporações científicas e tecnológicas com estas identificadas.

A construção do túnel submarino no Canal da Mancha, além de ultrapassar o custo orçado, continua a produzir déficit anualmente. Há pouco, as duas grandes construtoras oligopolistas de aviões gigantes, a Boeing e a Airbus, lançaram-se numa corrida competitiva, construindo aparelhos com capacidade de quinhentos a oitocentos passageiros, sem preocupar-se com a necessária adaptação da infraestrutura nos aeroportos. A queda das torres do World Trade Center, em Nova York, não desanimou a Malásia, o Bahrein e, mais recentemente, a cidade de Xangai de projetar edifícios com até 1 mil m de altura. Túneis subterrâneos nas montanhas, gasodutos de milhares de quilômetros de extensão constituem outros exemplos de megaprojetos lançados sem os devidos estudos de impactos *ex-ante* e sem lembrar e incorporar as lições de desastres ocorridos há alguns anos em Bhopal, na Índia, em Sevezzo, na Itália, e com o petroleiro da Exxon no Alasca.

As supostas vantagens e os ganhos decorrentes de inovações tecnológicas, como a redução de custos de energia, de materiais e de mão de obra, e a melhora na qualidade de vida, cujo balanço deveria indicar maior eficácia, produtividade e lucros, nunca estão sendo avaliados seriamente, em especial nos megaprojetos espaciais e militares, nos quais os custos reais não constituem critérios decisivos para as políticas públicas de conceder subsídios devido a pressões de *lobbies* e grupos de interesse.

Um caso interessante a ser estudado é o do *chip* que, utilizado nos processos produtivos, baratearia a energia, tornaria os equipamentos mais leves e baratos e proporcionaria acesso ilimitado a informações, assim facilitando a vida de todos.

Até os tão proclamados impactos positivos esperados na higiene e saúde dos trabalhadores não se verificaram, como o da luz no aumento da intensidade dos processos de trabalho e o da manipulação nos laboratórios de materiais tóxicos cujos efeitos são levados ao ambiente da casa.

Observações semelhantes podem ser feitas com referência aos impactos na saúde dos trabalhadores sofridos nos reatores de energia nuclear e no depósito de resíduos radioativos, que permanecem problemas até hoje sem solução e com custos sociais adicionais não contabilizados no preço da energia.

O período de crescimento econômico de pós-guerra viu o surto, além das inovações tecnológicas, de uma onda de megaprojetos propostos por construtoras e empreiteiras a serem financiados no sistema PPP – parceria pública e privada.

Hidrovias, multiplicação de aeroportos, ampliação de portos marítimos para acolher navios petroleiros com calado de até 500 mil t, pontes, túneis submarinos, estradas, rodoanéis e edifícios gigantescos de até

1 mil m de altura estão sendo apresentados como emblemas do progresso técnico e da capacidade de realização empresarial.

Praticamente, todos esses projetos têm em comum uma característica: os custos reais ultrapassam em muito o orçamento inicial, porque o poder público e a sociedade não dispõem dos instrumentos legais para fiscalizar a realização das obras.

Outra vertente dessa megalomania construtivista é representada pelos projetos espaciais da Nasa norte-americana, dos russos e, mais recentemente, dos chineses, todos supostamente para explorar os últimos segredos da origem do universo e da vida. Na realidade, esses e outros países servem-se da tecnologia espacial para lançar satélites de observação com fins militares e testar seus veículos lançadores para cargas mais letais. Além do sigilo que envolve os projetos militares, há uma falta de transparência e controle dos gastos incorridos, sempre superiores aos inicialmente orçados.

Muitos projetos, nacionais e internacionais, públicos ou privados, revelam-se superdimensionados, portanto não conseguem alcançar os resultados que garantam o retorno dos investimentos. Um caso emblemático é o Eurotúnel ligando a França à Inglaterra no Canal da Mancha. Longe de demonstrar rentabilidade, a linha férrea que devia induzir também o desenvolvimento regional dos dois lados mostrou ser deficitária nos primeiros anos de funcionamento, exigindo pesados subsídios dos cofres públicos para assegurar sua continuidade. Em quase todos os megaprojetos ocorrem custos financeiros e sociais "encobertos" que oneram o Tesouro e o orçamento público e assim representam custos/oportunidade pesados pela perda de recursos que seriam mais úteis e produtivos em setores de investimentos sociais.

As decisões sobre áreas prioritárias de investimentos públicos, em particular nos megaprojetos, não obedecem a critérios de racionalidade técnica e econômica apenas e são protegidas pelo sigilo relacionado com a segurança nacional, totalmente fora do controle da sociedade civil. O acidente recente na base de lançamento de Alcântara é sintomático a respeito: apesar de 21 vítimas e dezenas de milhões de dólares desperdiçados, nenhuma explicação satisfatória foi apresentada à sociedade brasileira até meados de 2006.

Acena-se frequentemente com as oportunidades de desenvolvimento regional em consequência da localização de megaprojetos ou da implantação de novas tecnologias, como é o caso da biotecnologia e, mais recente, da nanotecnologia, cuja pesquisa e desenvolvimento estão concentrados em algumas universidades e centros de tecnologia de ponta.

Os pesquisadores e seus porta-vozes afirmam as supostas vantagens da nova tecnologia em escala nano (1 bilionésimo de metro) que resultaria em economia de matérias-primas, energia, espaço e, sobretudo, força de trabalho, o que, além de reduzir custos de produção, aumentaria os lucros. Será que maiores lucros para uma parcela da população significam também mais bem-estar para a coletividade? Obviamente, a resposta está na forma de distribuição dos ganhos e, segundo todos os estudos das agências nacionais e internacionais, cresce o fosso entre a minoria de ganhadores e a maioria de perdedores.

Mas, além da contabilidade monetária, cabe considerar as questões ambientais e os impactos sociais na saúde, na educação e no emprego, que raramente são contabilizados, equacionados e equitativamente distribuídos. Em consequência, aumentam os riscos para a população, agravados pela falta de avaliação e de *accountability* (responsabilidade) das elites e pelo déficit geral em práticas democráticas na nossa sociedade.

O regime de democracia parlamentar não constitui um obstáculo para as práticas de maximização dos lucros. A maioria dos "representantes" do povo no Congresso Nacional acaba sendo cooptada pelas grandes corporações que financiam suas campanhas eleitorais esperando a contrapartida posterior.

A participação por meio de conselhos de cidadãos, audiências públicas e contratação de equipes técnicas independentes para a avaliação *ex-ante*, *ex-durante* e *ex-post* dos projetos, seja ela de mega escala ou de nano escala, teria como orientação mínima:

- a total transparência em todas as fases do projeto, com consultas periódicas das populações atingidas;
- a divulgação das especificações técnicas e econômicas dos resultados esperados, para permitir o acompanhamento pela opinião pública;

- a criação, por lei, de um regime regulatório para identificar, antecipar e possivelmente eliminar os riscos para a saúde e o bem-estar da população.

O superdimensionamento se manifesta não só em projetos isolados, mas também em nível setorial em sequência ao lançamento de novas tecnologias. Nos Estados Unidos existem atualmente 1.444 empresas de biotecnologia, das quais 56% não têm produtos para vender no mercado. Segundo estimativas de cientistas, as perdas acumuladas se elevam a 6,4 bilhões de dólares por ano. Com o domínio de tecnologia, mas sem produtos adequados para oferecer ao mercado, as empresas que não conseguem subsídios estão fechando as portas e demitindo seus técnicos e pesquisadores. A situação repete a experiência da "bolha" de informática de uma década atrás. Embora possuam o domínio da tecnologia, os cientistas parecem ignorar a dinâmica básica do mercado e do ambiente comercial.

A criação de conselhos populares e de movimentos sociais para disseminar ideias e práticas da democracia participativa parece o caminho mais efetivo para discutir e decidir sobre novas tecnologias, inclusive a nanotecnologia.

Como na introdução de outras tecnologias de ponta, também a nanotecnologia está sendo guiada pela busca de lucros das empresas privadas, subsidiadas em seus projetos pelo poder público, sem que houvesse a adoção do princípio de precaução e de medidas de avaliação permanente dos impactos da nova tecnologia na saúde e nas condições de trabalho nos estabelecimentos que operam com substâncias tóxicas e disseminadas pelos trabalhadores em seu lar e na comunidade.

Por isso, cientistas, tecnólogos e ativistas de movimentos sociais, preocupados com o futuro do seu labor e o bem-estar da sociedade, devem ser os primeiros a engajar-se na mobilização e conscientização de todos os atores sociais na defesa da vida e da avaliação sistemática e permanente das inovações tecnológicas.

» EMPREENDEDORISMO NO CAPITALISMO "TARDIO"

Setembro de 2007

No início do século XX, a teoria e a prática econômicas exaltaram a figura do empresário industrial capitalista a partir dos estudos de Max Weber (*Economia e sociedade*, *A ética protestante e o espírito do capitalismo*), de Werner Sombart e de Joseph A. Schumpeter, que apontaram para o papel histórico dos indivíduos, pequenos empresários, verdadeiros *deus ex machina* e inovadores no processo de acumulação capitalista.

Com o avanço do processo de concentração de capital e a estruturação crescente da maioria dos setores produtivos sob a forma de oligopólios e cartéis, o foco dos estudos e pesquisas deslocou-se para as grandes empresas e sua organização impessoal e burocrática.

"Big is efficient" (o que é grande é eficiente) foi a afirmação pragmática que serviu de justificativa para as mudanças no conteúdo e na metodologia de ensino e pesquisas nas escolas de economia e de administração de empresas, em processo de expansão contínua. No capitalismo oligopolista, sobretudo na segunda metade do século XX, desaparece a figura do empreendedor (*self-made man*) para dar lugar ao administrador profissional, supostamente desvinculado da propriedade dos meios de produção e, portanto, mais atento aos interesses e necessidades dos acionistas, dos empregados e dos consumidores. Livros como os de C. Wright Mills (*A nova classe média*) e de James Burnham (*A revolução dos gerentes*) ilustram a tese de emergência de um novo estrato social, equidistante do capital e do trabalho, que estaria preocupado essencialmente com a dinâmica de crescimento e a expansão das empresas e da economia.

A imensa quantidade (e péssima qualidade) de artigos e livros publicados, baseados em pesquisas empíricas e estudos de casos sobre "management" e, mais recentemente, sobre liderança, evidencia a demanda insaciável por material de ensino e de divulgação referente à nova profissão e seus desafios.

Com o esgotamento histórico do modelo de capitalista empreendedor individual, particularmente nos países emergentes ou de desenvolvimento tardio invadidos pelo capital transnacional em consequência da política econômica neoliberal, o desinteresse da política oficial manifestou-se sob a forma de redução de financiamentos, créditos, subsídios ou incentivos para a criação e o funcionamento de pequenas empresas e refletiu-se também nos programas e projetos de pesquisa dos cursos de economia e administração, cada vez mais orientados para a administração profissional.

Na análise das diretrizes e programas de apoio ao empreendedorismo, tais como foram formulados recentemente pelo poder público, é fundamental relacionar as propostas e ações na esfera política e social com os efeitos da política macroeconômica. Esta, apesar do discurso e da vontade subjetiva dos governantes, produz objetivamente o desemprego e a exclusão social de contingentes crescentes da população, em que pesem as promessas dos políticos em períodos pré-eleitorais. Os governos, tanto nos países ricos e industrializados quanto nos emergentes, se mostram impotentes para lidar com a demanda por empregos e por acesso a oportunidades de educação e saúde.

As políticas de apoio às iniciativas de criar novas PMEs, incubadoras e parques tecnológicos procuram refazer o que foi destruído pelas forças do mercado. Presos na contradição entre as pressões do capital financeiro, nacional e internacional para manter as diretrizes da política macroeconômica e as reivindicações das massas deserdadas – os sem-terra, os sem-teto, os desempregados e excluídos – do acesso aos benefícios do estado de bem-estar, os governos, mesmo quando constituídos por partidos da esquerda, não têm como mudar a política macroeconômica, sob o risco de causar instabilidade política, fuga de capitais e movimentos de sedição no Congresso e nas diversas regiões do país. Por outro lado, o governo não pode, sob pena de perder os votos e o apoio popular, deixar de atender, pelo menos em parte, às reivindicações sociais mais urgentes. Cedendo às pressões das elites por um Estado "enxuto", o governo dispõe cada vez de menos verba para educação, cultura, saúde e infraestrutura. Os apelos ao patriotismo dos empresários para que invistam no setor produtivo não surtem efeito diante dos atrativos de lucrar com a alta taxa de juros por meio de aplicações na especulação financeira.

Na ausência de investimentos significativos no setor industrial, não há praticamente geração de empregos e, portanto, a possibilidade de retomada do crescimento.

Em resposta a essa situação – o desemprego permanente e crescente, mesmo entre as camadas da população mais escolarizadas –, o Estado optou, como compensação, pelo empreendedorismo da pobreza, os negócios caseiros, os comerciantes de rua e os coletores de lixo, todos desprovidos de proteção jurídica ao trabalho e com rendas abaixo do mínimo para a sobrevivência.

Quais as chances de sucesso de uma política de apoio às pequenas empresas condenadas a competir com o grande capital, infinitamente superior em todas as esferas relevantes de tecnologia, financeira, comercial e de *marketing*?

Mesmo as mais eficientes serão sempre dependentes, subordinadas ou complementares das grandes empresas. Como vencer essa fraqueza estrutural cuja superação exige dos empreendedores muito mais do que as virtudes schumpeterianas convencionais? Para se tornarem aptos a inovar e sobreviver com suas pequenas empresas (a taxa de mortalidade chega a 80% nos primeiros cinco anos), os empresários das PMEs, além de se organizarem e atuarem em padrões coletivos, devem conquistar a hegemonia política ou, pelo menos, ter uma participação significativa na tomada de decisões do Estado.

É possível superar essa dicotomia esquizofrênica de nossa sociedade, que conclama e instiga todos para que continuem competindo, desde a escola, nas empresas e na vida social, enquanto salienta a necessidade inadiável de cooperar, associar-se e praticar a solidariedade, sem o que não há possibilidade de sobrevivência?

As propostas de APL e de criação de cooperativas ou consórcios de PMEs, embora não consigam derrubar o poder das grandes empresas e conglomerados, podem constituir-se em alternativa a longo prazo à condição de que o poder público, em todos os níveis, apoie essas novas formas de organização da produção, do comércio e dos serviços.

Individualmente, as PMEs não poderão atingir níveis de especialização flexível e de competitividade nos mercados nacional e internacional, mas podem compensar sua fragilidade pela associação em base setorial e regional. Estudos recentes realizados nos países industrializados reforçam a tese das vantagens de aglomerações setoriais, com mais chances de êxito em cidades de pequeno ou médio porte, evitando assim as "deseconomias" das áreas metropolitanas. A construção de uma estrutura local integrada, mediante cooperativas ou consórcios de PMEs, estimula uma divisão de trabalho interempresas e a subcontratação de especialistas eleva substancialmente a capacidade de lidar com inovações e mudanças nos mercados. O conceito de "eficiência coletiva" pode ser estendido a associações de PMEs capacitadas por integração sistêmica e inovações incrementais proporcionadas por institutos de pesquisa e centros de assistência técnica para aumentar a produtividade e o desempenho econômico e financeiro.

Outro fator para o funcionamento exitoso de estabelecimentos industriais consorciados é sua forma de organização integrada, envolvendo empresas subcontratadas, fornecedoras de peças, componentes e outros insumos, unidades de serviços especializados em pesquisa de mercado e processamento de dados.

A capacidade de adaptação à concorrência internacional e de absorção de seus impactos demolidores no mercado interno pode ser desenvolvida melhor por interesses setoriais e regionais comuns.

O fator central para seu êxito continua sendo a política industrial e tecnológica do governo, em nível macroeconômico, que define o potencial e as dimensões do mercado interno. Contudo, a reestruturação da indústria não pode ser deixada somente à iniciativa individual ou às forças do mercado. A intervenção do Estado mediante promoção, financiamento e coordenação seletivos, local e nacional, constituirá a base de um processo de desenvolvimento alternativo, viável e sustentado.

Além do esforço visando a aumentar a produtividade, a qualidade dos produtos e a flexibilidade da organização em nível intra e interempresas, esforços persistentes e programados devem ser desenvolvidos para elevar o capital social da comunidade mediante a responsabilidade e confiabilidade dos dirigentes das empresas pelo que acontece no mercado e no espaço público.

» CIÊNCIA, TECNOLOGIA E GOVERNABILIDADE NO BINÔMIO EMPREGO/DESEMPREGO

Dezembro de 2008

A governabilidade tem despontado como um dos problemas mais sérios no processo de democratização das sociedades latino-americanas. As causas das dificuldades residem tanto em fatores conjunturais externos, a crise econômica e financeira da ordem mundial, quanto em características estruturais internas, padrões políticos autoritários e sistema partidário fragmentado e instável, entre outras.

Procura-se aqui contextualizar a problemática mediante a análise da dinâmica e das tendências macroeconômicas e políticas da expansão e centralização do capital financeiro e seus efeitos nas respectivas economias nacionais. Tendo em vista a ascensão política de acadêmicos e intelectuais e a sua incorporação ao aparelho do Estado, com vistas a conferir legitimidade aos atos e prioridades do poder público em nome da "verdade" científica, segue-se uma digressão sumária sobre os controvertidos impactos de ciência e tecnologia nas sociedades contemporâneas.

Finalmente, a título de estudo de caso ou de comprovação empírica das hipóteses levantadas, discute-se o fenômeno do desemprego, chaga das sociedades industrializadas e das emergentes, e as possíveis políticas públicas de geração de empregos.

SOBRE O CONCEITO DE GOVERNABILIDADE

Após décadas de regimes autoritários, as sociedades latino-americanas deparam-se com o problema da governabilidade, um dos obstáculos mais sérios no caminho da consolidação democrática e, portanto, do desenvolvimento sustentável. Devem enfrentar o desafio de construção de uma prática democrática em condições econômicas adversas, que tendem a acirrar os conflitos sociais, como o Movimento dos Trabalhadores Rurais sem Terra, e políticos, como os debates sobre a legitimidade da reeleição no Peru, na Argentina e no Brasil.

A própria política econômica ditada pelo Fundo Monetário Internacional, de desregulação, liberalização do comércio e privatização de empresas estatais, tende a esvaziar os cofres do Tesouro Nacional, reduzindo concomitantemente a capacidade de intervenção dirigida do Estado. O ônus das dívidas interna e externa agrava o peso da dívida social, produto histórico de desigualdades estruturais.

Numa retrospectiva histórica, é possível caracterizar as sociedades latino-americanas como passando por um processo de transição, sem mudanças reais e significativas. A conquista da independência do poder colonizador ocorreu sem a participação do povo, foi profundamente marcada pelo sistema escravocrata e as relações patrimonialistas decorrentes da propriedade das terras. Consequentemente, a tarefa histórica de construção de um Estado moderno não foi completada, devido à ausência de uma sociedade civil mobilizada e politicamente motivada. A conquista da independência não deu origem à construção de estados nacionais baseados em organizações sociais coesas e instituições cívicas sólidas. Mesmo a industrialização do começo do século XX, impelida por forças externas, não afetou significativamente a estrutura social existente, para transformá-la em uma sociedade democrática moderna. A ausência de unidade nacional, devido às grandes disparidades regionais, constitui um dos obstáculos mais sérios no caminho das reformas sociais e da democratização.

Obviamente, não devemos esperar uma mera repetição de processos históricos em condições temporais, espaciais e estruturais diferentes. A industrialização, tardia em termos históricos na América Latina, ocorreu quando a economia mundial iniciou uma fase de intensa concentração e oligopolização, criando condições propícias para a presença do Estado nas fases subsequentes de substituição das importações e de industrialização orientada para as exportações. Essa constelação poderosa de atores econômicos e políticos deixou pouco espaço e oportunidades para iniciativas criativas e autônomas de empreendedores nacionais. Além disso, uma estreita associação do setor agrário exportador com o setor industrial orientado para o mercado interno foi habilmente intermediada pelo sistema financeiro. Esses interesses econômicos e políticos, frequentemente amalgamados por meio de alianças e mesmo por casamentos de famílias, estenderam-se a uma parcela significativa da elite industrializante, dominada pelos grupos de poder tradicionais identificados com o espírito arcaico e conservador da antiga aristocracia rural.

Tais alianças perduram no século XX, mantendo-se nos centros do poder tanto nos governos autoritários quanto nos democráticos, com um discurso que transfere a responsabilidade por suas mazelas e desmandos a forças incontroláveis do capital financeiro internacional, que seria onipotente nesta era de globalização.

Entretanto, as pressões e reivindicações decorrentes da ingovernabilidade manifestam-se em intensidade e ritmo crescentes, aproximando-nos perigosamente dos limites da governabilidade. Os principais atores políticos encontram cada vez menos espaço para alcançar um consenso ou para fazer prevalecer seus interesses contraditórios e conflitantes, principalmente na hora de se proceder ao rateio de recursos cada vez mais escassos do orçamento nacional. Embora o Estado continue a abocanhar uma parcela substancial do PIB, uma parte crescente acaba destinada ao serviço das dívidas externa e interna, ao pagamento do funcionalismo público e, ainda, ao socorro às finanças combalidas dos Estados membros da Federação, restando muito pouco para investimentos produtivos capazes de impulsionar o crescimento econômico. Os conflitos manifestam-se na estrutura institucional, ou seja, nas relações permanentemente tensas dos diferentes setores econômicos, empresários, sindicatos, banqueiros, e no poder executivo responsável pelas políticas macroeconômicas, como taxa de juros, câmbio e tributação.

O terceiro membro desse tripé, o poder legislativo, representa um sistema partidário altamente viciado, procura defender prioritariamente seus próprios interesses ligados a feudos, currais e à reeleição, deixando pouco espaço à negociação e ao entendimento que visem à construção de um consenso nacional.

Quando os diversos atores sociais se lançam na disputa por vantagens a curto prazo e a qualquer custo, inviabilizam o processo democrático e a política de desenvolvimento em seu conjunto, debilitando as condições funcionais da governabilidade.

Utilizamos o conceito de governabilidade com referência à funcionalidade do regime democrático para assegurar os equilíbrios macroeconômicos e a segurança jurídica que promovem o desenvolvimento humano e a proteção do meio ambiente, com base na confiança naqueles que conduzem as políticas econômicas, sociais e culturais, com competência, honestidade e transparência de seus atos.

O contexto internacional, com seus reflexos no cenário nacional, desperta mais temor e incertezas quanto ao acerto das decisões dos governantes, à luz da contradição aberta entre o objetivo de ganhar a confiança dos credores e dos bancos internacionais e a necessidade de conquistar a confiança e os votos dos cidadãos que esperam por políticas de desenvolvimento eficazes nas áreas econômica e social. O tão alardeado plano de austeridade, que procura restabelecer a confiança de credores e investidores internacionais, conflita frontalmente com as aspirações da maioria da população em busca do pão de cada dia – ou seja, de um emprego estável e um salário decente.

A governabilidade funciona quando as relações dos diferentes setores e grupos de interesse estão razoavelmente equilibradas, permitindo ao Estado alocar, em um consenso amplo e negociado, os escassos recursos orçamentários.

Nos períodos de conjuntura econômica favorável, caracterizados por altas taxas de crescimento do produto social, é facilitada a tarefa de distribuição, mesmo quando não inteiramente equitativa, já que quase todas as camadas da população acabam beneficiadas pelo incremento das atividades e pela consequente maior circulação do dinheiro. Em tempo de "vacas magras", contudo, as dificuldades se acumulam, particularmente quando o governo se vê forçado a implementar um plano de austeridade, cortando fundo nos gastos dos setores sociais, saúde, educação, habitação, saneamento, transporte, para recuperar ou restabelecer a confiança dos investidores estrangeiros.

A ruptura do modelo estatizante de desenvolvimento a partir da Esap (Economic Structural Adjustment Policy – política de ajuste econômico estrutural) estreitou fortemente os limites de competência do Estado e sua capacidade de intervenção planejada na produção e distribuição de bens e serviços, materiais e simbólicos. Como consequência praticamente inevitável, verifica-se a deterioração da legitimidade do poder público, incapaz de prover às necessidades básicas da maioria da população, o que resulta também em paulatina perda de governabilidade.

Seria possível restaurar a capacidade de intervenção do Estado orientando e coordenando as linhas mestras do desenvolvimento, enquanto as políticas macroeconômicas refletem a rendição incondicional aos interesses do capital financeiro, nacional e internacional? A "guerra fiscal", travada entre estados e até entre municípios para atrair investimentos fortemente subsidiados e beneficiados com generosas isenções de impostos e tributos, constitui uma demonstração cabal da insustentabilidade do modelo atual. Em vão se vai procurar a racionalidade da política que tenta atrair as montadoras para instalar novas fábricas quando o mercado está saturado, os pátios estão abarrotados de veículos e as fábricas procedem a demissões em massa.

A bem da verdade, a crise é de todas as sociedades industriais. Contudo, os países mais ricos conseguiram elaborar mecanismos compensatórios que, apesar das altas taxas de desemprego, não afetam diretamente a governabilidade do sistema. A situação é muito diferente nos países de economia emergente. Os longos períodos de governos autoritários e as frustrações com as promessas de democracia e desenvolvimento desanimam as populações sofridas, desviando-as de uma atividade política incipiente para os braços de seitas fundamentalistas ou de grupos extremistas. Nesse ambiente, de incerteza e apreensão quanto aos impactos dos movimentos especulativos do capital financeiro internacional, é cada vez mais difícil surgirem propostas de estratégias de desenvolvimento alternativo.

Ao longo das três últimas décadas, a economia tem apresentado baixos índices de crescimento combinados com uma baixa taxa de investimentos, por volta de 16% ao ano. Em que pesem os exercícios escolásticos da maioria dos economistas, não surgem propostas concretas para enfrentar a precarização das relações de trabalho, o subemprego e o desemprego aberto. A desestruturação do mercado de trabalho, com a queda do nível de emprego assalariado formal e a acelerada expansão do mercado informal, parece enterrar definitivamente as esperanças de se sair com saldo positivo das "décadas perdidas".

A política macroeconômica de se apostar na vinda da poupança externa, apesar dos abalos sucessivos dos mercados financeiros na América Latina (México, 1994), no sudeste asiático (Tailândia, 1997), na Rússia (1998) e, novamente, no Brasil (1999), constitui um poderoso e aparentemente incontrolável mecanismo de transferência de recursos para fora do país, em prejuízo de propostas alternativas baseadas no fortalecimento da poupança interna por meio de reformas estruturais e da mobilização da sociedade civil.

Cria-se assim um impasse do tipo caracterizado por Gunnar Myrdal, já na década de 1950, como o "círculo vicioso da pobreza" – uma dinâmica que reproduz e amplifica as condições de subdesenvolvimento. Contingentes crescentes da população passam a ingressar no exército dos desabrigados, desempregados e excluídos da vida política e cultural de suas respectivas sociedades, representando o maior obstáculo à conquista da sustentabilidade democrática. Estima-se a proporção dos que não conseguem atender às suas necessidades básicas em metade da população latino-americana, para a qual a mobilidade social é um sonho cada vez mais distante, enquanto a miséria se perpetua de geração em geração.

Os segmentos mais fracos e discriminados da população são constituídos pelas crianças e mulheres. Uma grande parte das crianças não chega a ingressar na escola ou abandona classes regulares antes de concluir o primeiro grau. De 10 milhões a 15 milhões de crianças com menos de 14 anos trabalham em condições extremamente duras, sem chance de frequentar escola. Por isso, o número de crianças de rua expostas aos riscos de drogas, prostituição e violência aumenta constantemente. Segundo estimativas do Fundo das Nações Unidas para a Infância e a Adolescência (Unicef), a cada ano mais de 1,5 milhão de crianças tornam-se vítimas fatais da pobreza na América Latina.

Outro grupo discriminado é composto pelas mulheres, das quais 30% são chefes de família com a responsabilidade de alimentar e sustentar seus filhos, sem apoio condizente do poder público. Os índices de mortalidade materna e infantil continuam escandalosamente elevados, apesar dos avanços incontestáveis da medicina moderna. Entretanto, é o desemprego que continua a pesar como maior problema nos países latino-americanos, particularmente nas antigamente mais dinâmicas e prósperas áreas metropolitanas de São Paulo e Buenos Aires, onde a taxa oficial alcançou 18% da força de trabalho em 2000. E o desemprego aberto é acompanhado por uma degradação contínua da qualidade dos empregos ainda oferecidos. Mais pessoas são obrigadas a ingressar no mercado de trabalho informal, o que significa uma sobrevivência precária, à base de bicos e quebra-galhos, com baixa remuneração ou ganho e nenhuma estabilidade ou seguro social. Entre 1980 e 1997, a porcentagem da força de trabalho ocupada no setor informal da economia urbana cresceu de 40% para 56%. O salário real e, portanto, a renda desses trabalhadores decresceram constantemente, fenômeno também verificado pela queda dos salários dos que ainda permanecem em empregos regulares. Como resultado dessa política perversa, a participação do trabalho na renda nacional, em todos os países da América Latina, diminuiu em média 30% nos últimos 25 anos.

Uma das consequências inevitáveis dessa dinâmica perversa é a erosão da vida familiar, minada por desemprego e pobreza, com sérios impactos na saúde física e mental das crianças, o que se reflete em baixo rendimento escolar. A cultura da pobreza constitui um caldo fértil para o aumento da delinquência e da criminalidade, particularmente entre os adolescentes – sem escolas, empregos e, pior, sem um relacionamento afetivo com seus próximos, tornando-se assim verdadeiros párias das nossas sociedades.

Essa situação calamitosa não é totalmente nova nem imprevista. Desde o início dos anos 1990, organizações nacionais e internacionais têm chamado a atenção para a deterioração insuportável das condições de vida de uma parcela muito ampla da população nos países latino-americanos. O Banco

Mundial, o Banco Interamericano de Desenvolvimento e o Programa das Nações Unidas para o Desenvolvimento (PNUD) manifestaram-se com críticas insistentes ao "escândalo da pobreza" no meio de consumo conspícuo e de desperdício vergonhoso das elites, neste subcontinente dotado de tanta riqueza em recursos naturais e humanos.

O ESTADO E A POLÍTICA DE CIÊNCIA E TECNOLOGIA

A construção da sociedade democrática sustentável enfrenta obstáculos decorrentes de conflitos econômicos e políticos na arena internacional e, também, de fatores resultantes de relações conflitivas internas dos diversos atores sociais. Instituições, valores e tradições jurídico-legais herdados do período colonial e escravocrata, mesmo quando adaptados e remendados por várias constituições, não se prestam a soluções negociadas e consensuais próprias do regime democrático. A persistência do latifúndio e a concentração das terras nas mãos de poucos; a mísera remuneração do trabalho manual, especialmente nas áreas rurais; a alta taxa de analfabetos e os serviços inadequados de educação e saúde não foram alterados nas décadas do acelerado crescimento econômico que acompanhou a industrialização e a urbanização.

A estrutura do poder centralizador e autoritário que funcionou no regime militar ou ditatorial não foi efetivamente democratizada por um processo de renovação dos quadros políticos. A maioria dos "representantes do povo" no Congresso parece ter cadeira cativa, atravessando incólume as mudanças constitucionais e da lei eleitoral. Conservadores, apesar do discurso frequentemente populista e demagógico, e árduos defensores do *status quo*, esses atores são incapazes de consentir em reformas estruturais para acomodar ou conciliar os interesses e aspirações contraditórios que agitam a sociedade e dificultam a sua governabilidade em um regime democrático.

Entretanto, nos últimos três séculos, o Estado constituiu-se em marco jurídico, legal e político responsável pela organização territorial das atividades econômicas e culturais, ajustando os padrões de produção e consumo do produto social e legitimando seu poder de coerção para a distribuição desigual de benefícios e sacrifícios, inclusive as prioridades de investimentos e a alocação de recursos escassos. Sujeitando-se a um projeto ultraliberal – a retirada do Estado das funções produtivas e de planejamento –, ficou enfraquecida a base material e simbólica que sustentava a eficácia e a legitimidade do gestor público. Incapaz de prover as necessidades básicas da maioria da população, em termos de serviços de educação e saúde, habitação, segurança e emprego, o Estado perdeu paulatinamente a credibilidade e a capacidade de governar por processos democráticos. O enfraquecimento do Estado procede também da "guerra fiscal" promovida pelos governos estaduais e até municipais.

Para atrair investidores estrangeiros, comprometem-se recursos presentes e receitas futuras, tudo com o consentimento tácito ou explícito do governo federal, frequentemente envolvido em gastos irresponsáveis que aumentam o déficit público.

Como reverter essa tendência perversa?

As atividades espontâneas de indivíduos ou grupos locais dificilmente terão impacto se eles não forem alimentados e empoderados pela ação de planejadores e políticos. É necessário um planejamento compreensivo para maior autonomia local. Em outras palavras, para transformar a dependência externa em autonomia é preciso transformar as relações do Estado com a sociedade civil, levando a população a assumir seu papel de protagonista social por meio de uma participação política intensa e crescente.

Para que isso aconteça, é preciso contrabalançar a lógica de poder piramidal do Estado, com as demandas por autonomia política emanadas da sociedade civil. É por meio de experiências efetivas de autonomia que se poderá superar o preconceito de vínculo estreito entre eficiência e processos decisórios centralizados. Negar o papel do Estado e de políticas públicas na execução do planejamento e de alocação de recursos é irrealista e ideológico. Mas submeter as organizações sociais e produtivas geradas pela sociedade civil a um Estado "macrocefálico" significaria corromper o processo de desenvolvimento em direção à autonomia e à democracia.

Caberia aos cientistas apontar as opções de desenvolvimento, não como um projeto monolítico controlado pelo Estado ou um grupo hegemônico, mas como o resultado de uma multiplicidade de projetos individuais e coletivos que se empoderam e reforçam mutuamente.

Nesse contexto, as doutrinas e modelos científicos, em vez de prestar uma contribuição ao conhecimento da dinâmica econômica e social, se transformam em pura apologia a serviço do capital financeiro e das elites dominantes.

Teorias científicas tratam de um conjunto de fenômenos interligados e com dinâmica própria, procurando explicar e prever possíveis tendências e desdobramentos.

A economia, como esforço de sistematização do conhecimento, esteve desde a sua origem estreitamente ligada às relações de poder na sociedade. Enquanto o mercantilismo enaltecia os ganhos em ouro e metais preciosos de interesse dos monarcas, os fisiocratas postularam a propriedade da terra como valor supremo. O liberalismo clássico favoreceu o avanço da revolução industrial, destacando o papel do empresário capitalista, enquanto o marxismo desenvolveu a sua doutrina do materialismo dialético em apoio à luta de classes dos operários. Finalmente, na primeira metade do século XX, J. M. Keynes tentou reabilitar o sistema capitalista em crise invocando o papel mentor do Estado no processo de desenvolvimento econômico.

Todas essas teorias e mais de duzentos anos de história econômica não conseguem ocultar a perplexidade que se manifesta entre os economistas quando instados a explicar a expansão e a crise atual dos mercados financeiros e seus impactos nos sistemas produtivos. A incapacidade de políticos e de seus conselheiros economistas, "os filósofos do rei", pode ser atribuída à sua visão individualista, de racionalidade empírico-indutiva e de causalidade linear. Segundo essa visão, o mundo seria movido por opções individuais, sempre ditadas por escolhas racionais de interesse pessoal e não por processos objetivos que condicionam e delimitam o campo de ação dos atores sociais.

A dinâmica da acumulação e reprodução do capital na era da informática realiza-se mais fácil e rapidamente por meio de investimentos financeiros especulativos do que na produção industrial ou agrícola.

Visto por essa óptica, por que não encarar o momento histórico atual como transitório, uma das muitas etapas percorridas pela humanidade em seu desenvolvimento, e, portanto, sujeito a ser suplantado por formas de organização mais racionais e humanas da vida em sociedade?

A crise generalizada que afeta hoje todo o sistema capitalista ressalta o fato de que a teoria sobre os benefícios da globalização e do livre mercado não tem, definitivamente, respaldo científico, ou seja, não se sustenta empiricamente. Como frequentemente ocorre com ideologias, estamos na presença de mais um ato de fé que procura vestir-se com o manto da ciência. Como fica então a política de ciência e tecnologia, estas alardeadas como principais fatores de mudança e de progresso?

O debate sobre a política de ciência e tecnologia na sociedade entrou novamente em fase crítica. Uma retrospectiva das últimas décadas, caracterizadas por investimentos elevados em Pesquisa e Desenvolvimento, revela poucos resultados em termos de melhoria das condições de vida das camadas mais deserdadas da sociedade. Por outro lado, as políticas de contenção e corte de gastos governamentais em consequência da deterioração das contas externas e internas do país impõem um reexame crítico do destino dado aos produtos gerados por cientistas e tecnólogos.

A ciência pode ser considerada uma forma privilegiada de produzir conhecimentos de acordo com a divisão social do trabalho. Mas, como outras atividades humanas, a ciência é também um produto da sociedade e os cientistas, apesar de seu discurso portentoso de objetividade e neutralidade, não diferem em seu comportamento social concreto dos outros atores, indivíduos ou grupos. Assim, as esperanças depositadas na ciência para tornar-se agente libertador da humanidade, ao transformar os governantes de regimes autoritários e clericais em gestores da causa pública, esclarecidos e democráticos, não se concretizaram. Por outro lado, ciência e tecnologia também produzem substâncias tóxicas, radioatividade, armas químicas e biológicas letais e condições de trabalho totalmente alienadoras.

Não basta pautar a conduta dos governantes pelos cânones da ciência. Indubitavelmente, a ciência nos ajuda a explicar e interpretar a realidade pela formulação de teorias e modelos, conferindo aos seus enunciados plausibilidade e até confiabilidade. A tecnologia, por sua vez, nos remete à ação útil e eficaz, relacionando instrumentalmente meios e fins. Mas a tecnologia, especialmente a de ponta, direcionada para e pelo mercado, alimenta e suporta a estrutura de poder existente, qualificada como necessária ou inevitável, portanto legítima, pela ciência, apesar da miséria e das injustiças decorrentes de seu uso.

Verifica-se, assim, que a ciência e a tecnologia, ou cientistas e tecnólogos, não escapam da determinação e, com isso, da encruzilhada ética nos embates dos problemas políticos e econômicos da sociedade. Em vez de acatar as normas do "possível", compete-nos a busca do "desejável", daquilo que poderia ser diferente, como alternativa concreta para a ação humana consciente e libertadora.

Em sua essência, agir eticamente significa desafiar a cultura da submissão e o medo da violência, impostos pelas elites dominantes. É necessário questionar as teorias que legitimam a racionalidade do mercado e proclamar a competitividade e eficiência como valores universais, desconsiderando o tratamento desumano infligido aos excluídos e derrotados.

:: PARTE 4 ::

MEIO AMBIENTE E DESENVOLVIMENTO SUSTENTÁVEL

» AS DIMENSÕES HUMANAS DA SUSTENTABILIDADE

Julho de 2001

Este texto foi redigido como produto de reflexões sobre o papel da ciência e da tecnologia, ou melhor, dos cientistas e trabalhadores em pesquisas tecnológicas na sociedade contemporânea. O título enseja um balanço crítico de dois séculos de avanço espetacular das ciências e um prognóstico dos seus rumos e tendências.

O argumento central é o fracasso da promessa de levar progresso, racionalidade e harmonia ao convívio humano, entre e dentre as sociedades. Fracassou também a pretensão de formular "leis" a partir das quais seria possível alcançar certeza e previsibilidade das ocorrências na natureza e na sociedade. No limiar do século, constatamos que "tudo é nevoeiro; tudo o que é sólido se desmancha no ar", enquanto se expande a esfera de incerteza e insegurança quanto ao futuro.

Em termos de conteúdo, a maioria das pesquisas afastou-se dos problemas e anseios da sociedade, fragmentando-se em inúmeras disciplinas e especializações e perdendo de vista as conexões, o conjunto; em outras palavras, "de tantas árvores, perdeu-se a visão da floresta...".

A aplicação do método cartesiano, na busca simplista das relações de causa e efeito, levou a um reducionismo estéril em face de uma realidade complexa que exige análises e explicações sistêmicas. A especialização excessiva impede a comunicação das diversas áreas de pesquisa. Entretanto, a percepção da complexidade do mundo em que vivemos e nossas tentativas de explicar os múltiplos fenômenos e problemas criados pelos atores sociais e suas interações exigem os esforços de grupos interdisciplinares capazes de enxergar além de sua área de pesquisa especializada, vislumbrando o conjunto e a dinâmica do sistema.

As expectativas em relação à ciência, que se tornaria fator de emancipação da humanidade transformando regimes autoritários, políticos ou religiosos, em sociedades mais racionais e democráticas, não foram cumpridas. A dependência de uma fonte de financiamento externa, sendo essa o Estado ou, mais recentemente, o "mercado", levou à cooptação, por meio da convivência e da subserviência, às esferas do poder, concretizando o sonho dos cientistas de se tornarem "filósofos do rei".

Ademais, as pretensões à objetividade, à neutralidade e à isenção nos embates travados na sociedade parecem ignorar o papel dos valores, percepções e estruturas cognitivas na interação social.

Fazendo o balanço, as sociedades modernas baseadas em ciência e tecnologia têm produzido uma concentração de poder, riqueza, acesso fácil à informação e a uma vasta gama de bens e serviços que resulta no polo oposto do que seria desejável, com vastos contingentes de desempregados, excluídos, marginalizados e alienados, dividindo assim a humanidade entre uma minoria privilegiada e a imensa maioria completamente privada de direito à vida.

Seria possível escapar desse referencial ao definir programas e projetos de pesquisa? A premissa central de nosso discurso concebe a realidade como uma construção social, ou seja, os homens fazem a sua história, embora em condições herdadas das gerações anteriores. Tudo o que foi construído pode ser destruído e reconstruído, à condição de que alcancemos níveis de ciência, consciência e motivação para imprimir rumos novos e diferentes ao curso da história.

As políticas praticadas sob o signo do neoliberalismo empobreceram a parcela majoritária da humanidade, ainda que possam ter aumentado o PMB (produto mundial bruto) e o volume do comércio global.

Mas a polarização e a consequente exclusão da maioria das populações da África, Ásia e América Latina tornaram-se os principais obstáculos a um desenvolvimento justo e sustentável (contínuo e durável). Por isso, o discurso ecológico não satisfaz. É preciso incluir os temas de desemprego, marginalização e direitos humanos. É preciso "re-ligar" ciência e tecnologia à prática e ao discurso político que questiona as relações de poder e o papel do Estado, postulando como prioridade a luta pela conquista dos direitos de cidadania em um regime democrático, pluralista e participativo.

As premissas que conduzem nossa análise são:

- a sociedade é uma construção social – toda realidade é produto de ações humanas e pode ser transformada e reconstruída pelos atores sociais;
- devido à diversidade de atores sociais nas sociedades complexas e conflitivas, mudanças significam tensões e embates entre indivíduos e grupos com interesses, visões de mundo e estruturas cognitivas diferentes;
- embora acreditemos que "os homens fazem a sua história", admitimos que as ações sociais não ocorrem de acordo com o princípio do "livre arbítrio". Somos condicionados por estruturas criadas pelas gerações que nos antecederam, e ligados a essas estruturas. Por isso, o conhecimento da nossa história cultural é fundamental para as ações sociais transformadoras;
- a complexidade e a dinâmica das relações sociais não podem ser apreendidas mediante um raciocínio linear cartesiano. Organizações e processos complexos devem ser analisados por equipes interdisciplinares – um requisito ainda distante das práticas de ensino e pesquisa atuais.

A maioria dos debates atualmente travados sobre sustentabilidade, ao resistir à incorporação dos grandes desafios enfrentados pela humanidade, tende a tornar-se retórica e, assim, inócua. Para a questão: "Que tipo de sociedade queremos construir?", o discurso ecológico não parece suficientemente relevante.

Necessitamos de respostas aos problemas do desemprego, da falta de democracia participativa, das violações constantes aos direitos humanos e da degradação da qualidade de vida da maioria da população mundial, especialmente dos excluídos e deserdados.

A globalização da economia e a retirada do Estado de suas responsabilidades históricas de prover serviços básicos às populações de baixa renda resultaram em serviços deficientes de educação e saúde e de habitação e transportes para as camadas historicamente desprivilegiadas. Entretanto, a redução e mesmo a eliminação total das desigualdades sociais tornaram-se condição central para que se chegue à sustentabilidade em todas as suas dimensões – social, cultural, econômica, política, ambiental e ética –, porque pobreza e degradação ambiental constituem fenômenos estreitamente relacionados em nossa sociedade.

A integração crescente de economias nacionais em mercados regionais ou internacionais gera mais riquezas materiais e estimula as transações comerciais. Mas, paradoxalmente, a globalização gera também desemprego, pobreza e exclusão, que aumentam em ritmo e intensidade com mais rapidez do que a acumulação de riquezas. Afluência e desperdício, de um lado, e pobreza, do outro, são crescentemente concentrados e polarizados em nossa sociedade, transformando-se no maior obstáculo ao processo de desenvolvimento sustentável (ou durável).

O modelo presente de desenvolvimento do mundo não é sustentável. Mudanças de clima, crescimento populacional, perda de diversidade biológica e cultural, pobreza e desigualdade tendem a aumentar a vulnerabilidade da vida humana e dos ecossistemas planetários. É indispensável uma melhor compreensão das interações complexas e dinâmicas da sociedade com a natureza, o que vai além das abordagens convencionais de formulação e teste de hipóteses, insuficientes à luz da natureza não linear, complexa e retroalimentadora dos processos observáveis. Uma abordagem alternativa enfatizará a necessidade de analisar e prever o comportamento de sistemas auto-organizativos, enquanto procura avaliar as funções dos vários atores sociais, com diferentes e frequentemente contraditórias percepções e aspirações.

O método científico convencional, seguindo as fases analíticas sequenciais de conceituação do problema, formulando hipóteses, colhendo dados, construindo teorias e aplicando os eventuais resultados, terá de ser combinado com o aprendizado social que incorpora elementos de ação coletiva, gerência adaptativa, políticas públicas inovadoras e experimentação social. Cientistas preocupados com o futuro da humanidade desenvolverão esforços para trabalhar com todos os grupos da sociedade para melhor compreender como eles elaboram a construção dos conhecimentos e das suas práticas de convivência. O passo seguinte seria avaliar as respostas do poder público às pressões crescentes por participação democrática e a demanda universal pelos direitos da cidadania.

Em termos concretos, esses objetivos resultarão em esforços contínuos para reconectar a ciência e os cientistas às aspirações generalizadas de promover o desenvolvimento sustentável. O futuro da ciência no limiar do século e do milênio liga-se estreitamente à aspiração universal para a conquista da democracia, à plena obediência à Carta dos Direitos Humanos e ao esforço global de erradicar a pobreza da superfície do planeta.

Para concretizar esses objetivos é preciso descer da "torre de marfim" da neutralidade científica. Contudo, os cientistas, como os outros seres humanos, têm suas preferências, valores e ideologias que lhes determinam o comportamento em situações existenciais concretas, nisso incluída a profissão de pesquisador. Infelizmente, muitos cientistas foram seduzidos pelos detentores do poder econômico ou pela proximidade dos governantes. Em consequência, renunciaram à missão de construir a consciência crítica da sociedade, transformando assim a razão em instrumento de opressão. A maioria dos cientistas perde a coragem de desafiar os valores e práticas do sistema dominante e procura evitar problemas sociais, como se esses não existissem na sociedade. Quando pressionados para tomar posição, seu discurso é essencialmente de natureza conservadora e oposto a mudanças estruturais.

A assimetria está sendo crescentemente identificada como principal obstáculo à construção de sociedades sustentáveis. Por isso, ao definirmos nossa agenda de pesquisa para um mundo sustentável, os problemas das relações de poder, o papel do Estado, a conquista da democracia participativa e dos direitos universais da cidadania devem merecer prioridade absoluta.

» A SUSTENTABILIDADE NO ATUAL CENÁRIO POLÍTICO, REGIONAL E INTERNACIONAL[10]

Janeiro de 2002

No início de 2001, o mundo entrou numa fase de profunda recessão econômica, provavelmente a pior desde a grande crise de 1929.

As duas crises parecem confirmar os ciclos ou ondas de longa duração (Schumpeter, Kondratief), por sua dinâmica cíclica e seus impactos em todas as esferas da vida social, política e cultural.

A crise de 1929 proporcionou as condições para a ascensão do regime mais cruel conhecido na história – o nazismo alemão, que levou o mundo à hecatombe da Segunda Guerra Mundial.

Dos escombros do conflito emergiu a divisão do mundo entre o capitalismo liderado pelos Estados Unidos e o "socialismo" comandado pela União Soviética. A competição das duas superpotências superou tendências pela hegemonia global e levou ao desmoronamento do império soviético, minado também internamente pelas contradições geradas da ditadura stalinista.

Tal como a Liga das Nações, criada em 1919 com sede em Genebra, se mostrou incapaz de evitar as operações bélicas da Alemanha e da Itália nos anos 1930, assim também a Organização das Nações Unidas, criada em 1945, fracassou nas tarefas de impedir a Guerra Fria e a corrida armamentista que levou o mundo à beira de um holocausto nuclear.

---

10 Texto preparado para o Primeiro Encontro sobre Cidadania, Integração e Desenvolvimento Sustentável para o Cone Sul, em Valdivia, Chile.

A superação do precário equilíbrio de terror entre as duas grandes forças, pelo desmoronamento da ex-URSS em 1991, pareceu inaugurar um período de expansão econômica e prosperidade entendido por alguns como "o fim da História" e da luta de classes. Paradoxalmente, mesmo eliminado o perigo de uma conflagração total, não foi possível controlar ou deter os inúmeros conflitos armados em âmbito regional e de natureza étnica, religiosa ou nacionalista. Incidentalmente, foram os próprios países industrializados que supriram as armas e continuaram a fornecer equipamentos bélicos dos mais sofisticados às tropas rebeldes irredentistas e, também, às governamentais, nas diversas partes do mundo, constantemente convulsionadas. (A título de exemplo, apenas, mencionamos o fluxo ininterrupto de armamentos pesados ao Iraque, alimentado pelas potências ocidentais para deter a expansão dos xiitas iraquianos.)

Por outro lado, as Nações Unidas declararam solenemente sucessivas "décadas de desenvolvimento", nas quais os países ricos transfeririam até 0,7% de seu PIB como ajuda ao desenvolvimento dos países pobres.

Mesmo incluindo o fornecimento de armas e o treinamento de forças militares e paramilitares para conter a ameaça de expansão do comunismo, poucos países conseguiram cumprir a meta de 0,7%.

Apesar dos resultados dessa política contraditória e frustrante para as populações dos países pobres, os fluxos de dinheiro alimentaram a expansão das economias europeia e norte-americana, enquanto o Terceiro Mundo e os países do ex-Segundo Mundo (a ex-URSS e seus satélites) afundaram na pobreza, no endividamento progressivo e em conflitos sociais recorrentes.

A nova ordem mundial, sob a batuta dos Estados Unidos, coincidiu e foi sustentada pela globalização da economia e os arranjos institucionais e políticos impostos pelos organismos multilaterais.

Outro paradoxo da história da humanidade: a expansão da riqueza material e a consequente polarização de minorias com acesso à riqueza, poder e informação e maiorias destituídas, miseráveis e excluídas, nos países e entre eles, foram acompanhadas por um desenvolvimento científico e tecnológico sem precedentes, que veio turbinar a dinâmica de acumulação e reprodução do capital.

As inovações nos transportes e nas comunicações revolucionaram a relação dos homens com o tempo e o espaço. O mundo encolheu, mas as contradições e conflitos não pararam de agravar-se. O conflito material proporcionado para poucos estremeceu a estabilidade das relações humanas e impulsionou as tendências à eliminação e anomia no convívio social. As conquistas da exploração espacial, da microeletrônica e da biotecnologia não impediram o alastramento da fome, das doenças, da intolerância e dos conflitos armados. O aparente domínio da natureza e, em consequência, do espaço coincidiu com o aumento dos riscos e das ameaças à sobrevivência da espécie humana e do planeta.

GLOBALIZAÇÃO OU UNIVERSALIZAÇÃO: RUMO À INTEGRAÇÃO EM ESCALA PLANETÁRIA

A abrangência e a intensidade do processo de globalização da economia mundial a partir da segunda metade do século XX induziram profundas transformações nas estruturas sociopolíticas e culturais das sociedades nacionais, muitas dessas em um falso início de processo de construção, tardio e trincado.

As reformas impostas pelos organismos financeiros multilaterais, a partir do "consenso de Washington", levaram à desnacionalização, à desregulação, à privatização de empresas públicas e à abertura do mercado para o fluxo irrestrito de bens, serviços e capitais, minando ou destruindo as bases políticas, culturais e internacionais de desenvolvimento.

A redução do Estado nação a mera província da economia mundial, cujos destinos são decididos nos quartéis gerais das corporações transnacionais e dos organismos financeiros multilaterais, representa uma ruptura de profundas consequências, porque abala as referências sociais e culturais que configuram a identidade de indivíduos e a coesão e solidariedade de coletividades.

Diante da pressão irresistível à integração global exercida pelas forças do mercado regional e das tentativas das sociedades para preservar alguns resquícios da soberania nacional em associações regionais, como o Mercosul, a União Europeia, o Pacto Andino e outras, coloca-se a questão dos rumos e das alternativas.

O retorno ao Estado de orientação nacionalista ou tecnocrático, isolacionista e xenófobo, é claramente inviável e representaria um retrocesso na evolução histórica em direção a maior abertura, intercâmbio e tolerância.

Existiria alternativa ao avanço avassalador da globalização que pudesse oferecer condições para o funcionamento de instituições e políticas culturais em que se fundamentam as identidades e diversidades, não abrindo mão do legado histórico e tradicional sem o qual nenhuma sociedade é capaz de sobreviver?

Como o deus Jano na mitologia romana, a integração se apresenta com duas faces radicalmente distintas em suas características, processos, valores e resultados. Por sua vez, observamos a tendência poderosa à integração imposta "por cima", de acordo com os interesses e os planos estratégicos das grandes corporações transnacionais, apoiados pelos organismos financeiros multilaterais.

Seu avanço impetuoso nas últimas décadas do século XX derrubou as fronteiras geográficas e as barreiras tarifárias dos estados nacionais, na investida para a formação de mercados integrados e cativos. Nesse processo, os principais agentes são os executivos e tecnocratas do setor privado e dos governos. Mas os impactos da globalização não devem ser analisados somente em suas dimensões econômicas.

Trata-se de um processo sistêmico de efeitos múltiplos e retroalimentadores, com forte repercussão nas relações sociais, políticas e culturais da sociedade. Os impactos mais profundos e devastadores se manifestam na desagregação e na corrosão do tecido social, pela geração de verdadeiros executores de marginalizados e desesperados que engrossam as fileiras de grupos de fanáticos e extremistas, em busca de vingança pela identidade perdida, sem a qual a vida não tem sentido.

Significaria essa argumentação uma oposição à integração dos povos e nações? Inquestionavelmente, o futuro acena com "um mundo só", mas queremos que seja um mundo justo. Somos contra a globalização imposta "por cima", que transforma os indivíduos e povos em meros objetos da busca desenfreada de lucros, numa corrida insensata por mais competição e mercados.

A suposta racionalidade "funcional" (meio-fim) se torna irracional à luz de valores éticos e humanistas. Com seus padrões de organização rígidos e centralização autoritária, a globalização imposta está na contramão da história. Seus procedimentos nivelam ou eliminam as particularidades culturais, empobrecendo o patrimônio mais valioso da humanidade, o imenso acervo de diversidade cultural.

A proposta alternativa de integração – a universalização – constitui-se "de baixo para cima", propugnando um projeto planetário que prometa a emancipação de todos os seres humanos. Baseados em valores de racionalidade "substantiva", de cooperação, solidariedade e direitos humanos inalienáveis, os cidadãos, sujeitos desse processo de "universalização em construção", lutam pela inclusão social, o pluralismo cultural e democrático e a autonomia política configurada por um número infinito de "redes" de movimentos sociais, organizações não governamentais, sindicatos e associados interligados, que interagem e se mantêm independentes numa verdadeira união democrática mundial.

» PROBLEMAS URBANOS: O QUE FAZER COM AS METRÓPOLES?

Maio de 2009

No limiar do século XXI, quase todas as sociedades enfrentam a desanimadora perspectiva de uma infindável crise urbana, consequência de um modelo obsoleto e irracional da ocupação do espaço. Ademais, a acumulação de riquezas sem distribuição equitativa de benefícios sociais exacerbou contradições e conflitos, particularmente nas grandes aglomerações urbanas.

A urbanização rápida e a intensa concentração de indústrias, serviços e, portanto, de seres humanos têm transformado as cidades no oposto de sua *raison d'être* – um lugar para viver bem, nas palavras de Aristóteles.

Nos trinta anos passados, a população urbana no mundo subiu de 1,6 bilhão de pessoas para 3,3 bilhões, esperando-se para as próximas duas décadas mais 2 bilhões. Os governos, diante das dificuldades de abrigar essa massa em habitações decentes e prover-lhe os serviços básicos – saneamento, transporte, educação e saúde, além de oportunidades de emprego e de lazer –, procuram frear a onda de migrações em massa, para evitar manifestação de descontentamento e conflito social. Essas preocupações têm crescido nos últimos anos devido à crise alimentar e ao aumento constante de habitantes de favelas. Além disso, as grandes áreas urbanas consomem a maior parcela de energia gerada e produzem a maior quantidade de resíduos e lixo.[1]

Em vários países, novas cidades são planejadas e construídas com o objetivo de desviar a pressão demográfica das metrópoles. Mas os argumentos de economistas do Banco Mundial negam a eficácia dessa política. As metrópoles do Terceiro Mundo, segundo os especialistas, exercem atração e passam por um processo de crescimento acelerado, porque geram grandes ganhos econômicos com a conexão de comunicações e transporte e outros serviços indispensáveis aos negócios.

A população urbana nas metrópoles é estimada em aproximadamente 50% do total do mundo, concentrada por exemplo em São Paulo, na Cidade do México, Mumbai, Tóquio e Xangai, todas com mais de 15 milhões de habitantes, seguidas do Cairo, de Bangkok, de Manila e outras que beiram 10 milhões de habitantes. De certo modo, o crescimento acelerado das metrópoles reflete a evolução dos países de economia predominantemente agrária para industrial e de serviços, tornando-se mais importantes para o desenvolvimento do país.

Desde a Antiguidade, cidades se formam em função do comércio, para a troca e a venda de produtos agrícolas, passando pelos manufaturados e finalmente, nas metrópoles, alcançando a grande comercialização de tudo, incluindo serviços. A aglomeração de indústrias e de serviços nas áreas metropolitanas procura aproveitar a força de trabalho relativamente qualificada, a rapidez dos transportes, o acesso aos órgãos da administração pública e a oferta de serviços de bancos, seguros, consultoria e educação e saúde, tudo contribuindo para a produtividade e lucros maiores. As cidades servem também à política de integração das áreas rurais mais atrasadas, como centros dinâmicos, pela regulação do mercado das terras, criando redes de transporte e instalando a infraestrutura que conecte as áreas marginalizadas.

O processo de urbanização do Brasil é altamente sintomático: nos últimos cinquenta anos, o crescimento urbano transformou e inverteu a distribuição da população no espaço geográfico. Em 1945, a população urbana representava 25% da população total, de 45 milhões. No início dos anos 1990, a proporção de urbanização chegou a 75% do total de 150 milhões. Na última década, enquanto a população total aumentou cerca de 20%, o número de habitantes urbanos foi para mais de 40%, particularmente nas nove áreas metropolitanas habitadas por um terço da população brasileira.

Os problemas urbanos são mais dramáticos nessas nove regiões. A incidência intoleravelmente alta de crimes e violência parece relacionada com a concentração de riquezas (85% da renda do país e dos ativos econômicos), por um lado, e, por outro, com uma ultrajante desigualdade e privação.

Precisamos suprir nossas cidades e áreas metropolitanas de sistemas adequados de transporte público e de infraestrutura para educação, saúde, habitação, saneamento, segurança e emprego.

Mas as decisões sobre a organização do espaço e da vida social e cultural ultrapassam a problemática e a competência técnico-instrumental dos planejadores e tecnocratas, configurando uma situação que exige o diálogo, a comunicação e a interação consciente da comunidade. A rigor, ao planejador caberia não somente projetar edifícios e espaços "para o povo", mas engajar-se, junto com a população, na redefinição e reconstrução de sua sociedade.

A cidade ou área metropolitana deve servir ao cidadão como modelo de civilização sustentável – equitativa, harmoniosa e ancorada nos princípios de justiça social e autonomia individual.

Experiências históricas recentes indicam que a solução para esses problemas não pode ser concebida apenas em termos técnicos e financeiros. O desafio apresentado aos planejadores e administradores urbanos é como implementar um novo conceito de poder político comunitário local.

O que faz os indivíduos se tornarem inimigos uns dos outros, ou agressivos contra a sociedade? Os cientistas sociais apontam a perda de identidade, do sentido de pertencer a algum grupo, da solidariedade social, e a solidão existencial dos rejeitados e marginalizados. Os mercados de trabalho funcionam como mecanismos de exclusão e destruição do indivíduo, da família e de comunidades inteiras.

Em nome do progresso, implementa-se uma política de crescimento econômico perverso, gerando bens e serviços sofisticados para um número relativamente pequeno de consumidores, cada vez com menor quantidade de trabalho. Milhões de trabalhadores são descartados do processo de produção e, por consequência, de um relacionamento significativo com o grupo de seus pares e o mundo ao redor.

Tensão social, violência e conflito acompanham *pari passu* a expulsão de um crescente número de trabalhadores de uma vida socialmente produtiva e valorizada. O "crescimento sem emprego" está se tornando um padrão dominante das políticas econômicas oficiais, como se documentou no "Relatório do Desenvolvimento Humano" das Nações Unidas. Atualmente, 25% dos 35 milhões de desempregados nos países desenvolvidos foram descartados do mercado de trabalho há mais de dois anos. Nos "países em desenvolvimento", a demanda não atendida por trabalho é estimada em mais de 1 bilhão. A situação é ainda mais precária no setor informal. Estatísticas compiladas pela International Labour Organization demonstram que, no começo dos anos 1990, um terço dos empregos na América Latina estava no setor informal, enquanto na África a proporção correspondente é de 60%. Será esse o padrão dominante e a tendência futura? Mesmo no Reino Unido, levantamentos recentes mostram que 30% da população economicamente ativa foi expelida do mundo do trabalho e que outros 30% sobrevivem em trabalhos temporários ou precários, enquanto apenas 40% continuam (por quanto tempo?) em uma situação de trabalho regular.

No Brasil, as estatísticas oficiais fornecem evidências da perda de mais de 2 milhões de empregos na indústria e nos serviços desde 1988 – o ano da implementação da Esap, a política estrutural de ajuste econômico promovida pelas instituições financeiras multilaterais.

Observadores estrangeiros e analistas políticos brasileiros reclamam que a cordialidade proverbial dos habitantes urbanos de São Paulo e do Rio de Janeiro estaria desaparecendo, sobrepujada pelas ondas sem fim de brutalidade e agressão. A sucessão de crime e violência nas cidades não pode mais ser detida ou controlada pela polícia ou pelo Exército. Que tipo de humor se pode esperar de 15 milhões de trabalhadores que não recebem mais de um salário mínimo (73 dólares por mês), ou de mais de 1,5 milhão de desempregados na área metropolitana de São Paulo? Que tipo de expectativa de vida se pode antecipar para os milhões de crianças e adolescentes "integrados" no mercado de trabalho, em condições subumanas de exploração?

O maior desafio de nossa civilização urbano-industrial é como transformar uma estratégia de crescimento econômico direcionada contra a maioria pobre da população em um modelo de sustentabilidade baseado no bem-estar humano.

Como, então, substituir o princípio da competição por empregos, mercados, riqueza e poder – imposto a populações indefesas como condição de sobrevivência – pela cooperação, como principal pilar de sustentação?

O fenômeno histórico do crescimento urbano e da expansão de megacidades não pode ser analisado ou entendido como problema isolado, demográfico ou ambiental. Altas taxas de crescimento populacional causadas por migração interna, megacidades espalhadas e ocupando grande espaço geográfico e as consequentes questões ambientais – ar poluído, água suja e condições sanitárias insatisfatórias – são sintomas de um processo profundamente enraizado do desenvolvimento capitalista moderno, baseado na industrialização.

As megacidades do Terceiro Mundo experimentaram crescimento explosivo depois da Segunda Guerra Mundial com a incorporação dos países recentemente industrializados ao sistema capitalista de produção, comércio e finanças. A organização da produção em fábricas enormes, com milhares de trabalhadores (por exemplo, as fábricas da indústria automobilística, de aço e petroquímica), atraíram e concentraram em espaços geográficos relativamente limitados enormes quantidades de capital, trabalho, energia e consumo de recursos naturais. Isso habilitou certas cidades a dominarem, econômica e politicamente, outras regiões menos dinâmicas do país. As sociedades tradicionais predominantemente agrárias não estavam preparadas para absorver o influxo de grandes investimentos, e a infraestrutura das cidades não era capaz de aguentar os milhões de migrantes rurais. Os capítulos seguintes – especulação de terras, favelas, extrema pobreza e altas taxas de crimes e delinquência – são efeitos colaterais dessa concentração urbana rápida e desregulada.

Que forças guiam esse processo dinâmico, característico das cidades na África, Ásia e América Latina? Pesquisadores e urbanistas falam dos impactos do efeito duplo de "empurra" e "puxa".

Indústria e serviços criam um crescente mercado de trabalho, com oportunidades para os profissionais e mobilidade social. Demandas por habitação, transportes, água e sistemas de esgoto fazem pressão sobre os governos para investir pesadamente em infraestrutura, aumentando portanto as oportunidades de trabalho, especialmente para trabalhadores não qualificados.

Empresas e outras organizações preferem o espaço urbano devido à proximidade do banco, dos serviços de contabilidade, computadores e outras facilidades na manutenção de equipamentos, acesso fácil à burocracia administrativa e disponibilidade de escolas, hospitais e entretenimentos culturais, todos inevitavelmente atraindo pessoas de classe média.

Em adição a esses fatores que atraem pessoas para áreas urbanas, começou uma poderosa corrente de êxodo rural motivada pela modernização e mecanização da agricultura, seguindo a "revolução verde", a introdução de culturas de fácil comercialização e as agroindústrias. Milhões de ex-pequenos proprietários e trabalhadores rurais foram expelidos pelo efeito combinado de inovações tecnológicas e concentração de terras em áreas rurais. A pressão exercida por essas pessoas demandando habitação, transporte, escolas, saneamento e centros de saúde forçou as autoridades (locais, estaduais e federais) a investirem em obras públicas, ampliando e atraindo, por sua vez, novos migrantes.

Por muito tempo, esse tipo de sistema retroalimentador foi considerado pelos políticos e tecnocratas um sinal de robustez e saúde constante. "São Paulo não pode parar" era um dos *slogans* preferidos no regime militar. Sem dúvida, economias de escala, tolerância quase ilimitada na externalização de custos e gastos sociais mantidos baixos por uma legislação trabalhista repressiva e autoritária pareciam sustentar o sonho de lucros e prosperidade ilimitados.

Estudos convencionais dos problemas urbanos, centrados apenas em variáveis demográficas, têm sido incapazes de relevar o relacionamento sistêmico e complexo da população com a indústria, as políticas macroeconômicas e os movimentos sociais. Portanto, não é surpreendente que as extrapolações tenham falhado em prever tendências futuras. Devido à recessão econômica profunda da década de 1980 (a "década perdida"), milhões de brasileiros deixaram as áreas metropolitanas, tentando retornar à vida rural como meio de sobrevivência. Vagando e invadindo terras improdutivas (Movimento dos Trabalhadores sem Terra), essas pessoas não podem mais ser ignoradas pelas autoridades, na medida em que exerçam pressão pela reforma agrária.

Como a maioria dos fenômenos sociais, o crescimento urbano apresenta efeitos paradoxais: economias de escala e externalidades parecem fornecer benefícios ilimitados e prosperidade, enquanto, ao mesmo tempo, tendem a produzir custos ambientais e sociais "ocultos", dificilmente visíveis no início mas desastrosos para a população e o poder público em longo prazo. Os resultados incluem uma deterioração constante na qualidade de vida, custos mais altos de investimentos em infraestrutura, perda de eficiência da economia metropolitana, degradação dos valores éticos e, acima de tudo, o clima intolerável de desvio social, violência e falta de solidariedade.

A conferência Hábitat II das Nações Unidas, ocorrida em Istambul, Turquia, em junho de 1996, revelou um quadro melancólico do estado das megacidades em todo o mundo – também nos países desenvolvidos.

O mito do crescimento econômico ilimitado foi substituído pela evidência dramática da deterioração humana e ambiental, enquanto, paradoxalmente, mais riqueza material é produzida e ativos financeiros se concentram nas mãos de alguns milhares de conglomerados poderosos.

A clivagem cada vez maior de ricos e pobres e a consequente anomia social e corrupção generalizada que permeia as esferas políticas e econômicas do sistema nos levam a questionar o paradigma de Emile Durkheim sobre a solidariedade orgânica como consequência de uma divisão de trabalho socialmente avançada.

As forças do mercado seriam capazes de restabelecer o equilíbrio precário dos fatores centrífugos com as tendências do processo de urbanização?

A questão convida a uma análise do dilema dos planejadores urbanos. Se presumirmos que a essência do planejamento é a alocação de recursos escassos a metas e objetivos prioritários, então por que os planos de administrar o processo de crescimento de grandes cidades fracassaram? O fracasso deveu-se à falta de competência técnica ou a contradições políticas? Os planejadores geralmente reclamam da falta de "vontade política" dos governos, mas falham em não perceber as aspirações e os interesses contraditórios que criam os gargalos políticos ou os desvios em relação aos planos. A demanda por um plano urbano, regional ou nacional, pressupõe a existência de um consenso previamente estabelecido sobre as prioridades. Nas ausências de acordo político prévio dos diversos atores sociais, o planejamento transforma-se em exercício puramente acadêmico, sem maiores impactos práticos.

Governos autoritários, é lógico, têm sido e continuam sendo capazes de impor suas visões e projetos, baseando-se em uma racionalidade funcional. O principal desafio, entretanto, é como implementar um processo de planejamento democrático baseado no que Max Weber chamou de "racionalidade substantiva". Qual é a viabilidade de planejamento democrático no contexto da racionalidade de mercado neoliberal, que produz polarização, exclusão e, portanto, conflitos sociais?

Como podemos esperar políticas econômicas e sociais mais eficazes, reformas fiscais e agrárias, quando o Congresso e o Poder Executivo são dominados e controlados por elites tradicionais? Será que concordarão pacificamente com a distribuição de terras para a produção de mais comida para os pobres? Ademais, como conseguir a reestruturação e recolocação de indústrias com base em políticas energéticas alternativas, tendo em vista a conservação e proteção do meio ambiente e a implementação de diretrizes para a sustentabilidade?

Admitir e reconhecer os limites e restrições ao planejamento e às funções de direcionamento do Estado, em um mercado aberto e desregulamentado no que concerne a uma economia global, também levanta a questão da alternativa a isso. Será possível controlar e se opor às pressões dos grandes grupos de interesse financeiro e econômico? Quem vai formar, segundo as palavras de John Kenneth Galbraith, um "poder de compensação" ("countervailing power") eficaz?

O planejamento pode ser transformado em instrumento de democratização no processo de administração e expansão das cidades, em vez de um processo decisório tecnocrático e autoritário.

Para alcançar essa meta seria necessário reduzir a distância que separa a esfera técnica de planejamento da esfera política de administração. A transformação estrutural de nossas cidades e metrópoles não será o resultado de planejamento tecnocrático de longo prazo. Mais que um documento com um plano ou projeto finalizado do espaço urbano, a definição de metas e instrumentos deveria ser o ponto inicial de uma aliança política que estabeleça as linhas de intervenção nesse processo e os papéis dos diferentes atores sociais.

Uma melhor distribuição de renda, a transformação do modelo privatizante da ocupação do território urbano e a reversão dos padrões hegemônicos de uso da terra como reserva de valor não se transformarão em mudanças institucionais pela elaboração de planos melhores, mas por impulsos e movimentos de mudanças que surgem e se expandem a partir da própria sociedade. Isso exigirá a construção de relacionamentos político-sociais dos cidadãos com suas cidades, nos quais a implementação e manutenção do espaço e dos equipamentos públicos se transformem em responsabilidade coletiva, diferente da noção convencional de espaço público como propriedade privada da população.

Seguindo esse raciocínio, o "plano diretor" torna-se essencialmente um conjunto de regras que articule e estruture a participação de todos os atores sociais, mobilizados e motivados para a tarefa de reabilitação das cidades em benefício dos seus habitantes.

O processo de globalização, complexo e contraditório em seus impactos nos estados nacionais, também afeta as comunidades locais. Mesmo permanecendo solidários com seus estados e a Federação, os municípios conquistaram (desde a Constituição de 1988) o direito e a liberdade de se ligarem horizontalmente a outros municípios no mesmo Estado, na Federação, em outros estados e até mesmo em nível internacional por meio de organizações multilaterais. Então, as opções políticas e administrativas para os governos locais aumentaram significativamente. Prefeitos e vereadores precisam de maior horizonte geográfico e político, muito além do paroquialismo tradicional, em particular nas áreas metropolitanas. Entretanto, essa percepção de tendências globais não é em si mesma suficiente para uma administração urbana eficiente. Para alcançar justiça e honestidade na gestão pública é necessário também identificar-se com os interesses e as aspirações da comunidade.

O avanço de um novo paradigma de governo – democracia participativa – em um crescente número de municípios tem suas raízes no descrédito e na inadequação das formas tradicionais de representação pelas instituições legislativas e executivas. Conselhos municipais, orçamento participativo, conselhos escolares, trabalhos públicos e comitês de serviços tornam-se canais de apropriação de conhecimentos e de deliberação da sociedade civil em face do Estado.

Uma vez que a comunidade se torne a protagonista de sua história, as prioridades facilmente se redefinem e as necessidades sociais são trazidas para o primeiro plano pelos sujeitos que as sintam e experimentem. Saneamento básico, pavimentação de estradas, escolas e creches, habitação e centros de saúde se impõem, em contraste com os modelos de consumo supérfluo e de desperdício.

A lógica do transporte público coletivo reverte a prioridade normalmente dada à circulação de automóveis particulares.

A participação popular torna o governo mais transparente, evita a corrupção e introduz grandes mudanças na estrutura e na função da administração pública. Sua legitimidade deriva não apenas da crescente capacidade de investimento do governo local, mas também de sua posição afirmativa contra a tendência principal de desmantelar o Estado, drenar os fundos de seguridade social, privatizar as empresas públicas e abdicar de sua função reguladora.

Ao pressionar pela reforma fiscal progressiva, reforma agrária, melhor distribuição de renda e um projeto de desenvolvimento nacional, as comunidades locais participativas se engajarão ativamente na luta contra o desemprego e a desigualdade social, pelos créditos comunitários às pequenas e microempresas e os incentivos para o desenvolvimento de tecnologias apropriadas nas diferentes áreas das atividades econômicas.

A implementação e o fortalecimento da democracia participativa nos governos locais não devem ser confundidos com a negação anarquista do papel do Estado como principal regulador do mercado, que normalmente trabalha a favor dos grandes monopólios e conglomerados financeiros.

Com base em princípios morais e éticos, o Estado estimulará e promoverá a justiça social e a solidariedade, beneficiando a maioria da população que atualmente é explorada e excluída. Em conclusão, enfatize-se o ponto de que a gestão participativa pode garantir oportunidades equitativas de acesso às informações e à tomada de decisões.

Entretanto, para efetivamente tratar dos problemas das megacidades, precisaremos reestruturar a nossa divisão social do trabalho, ligando as estratégias urbanas às políticas econômicas, sociais e ambientais. As políticas ambientais por si mesmas, assim como as políticas isoladas de ciência e tecnologia, não resolverão nossos problemas.

Toda e qualquer política deve ser avaliada pelo critério de adequação, com o objetivo de construir uma sociedade autônoma e equilibrada, no controle de si mesma e de seu destino. Um controle alcançado por mecanismos políticos de representação democrática, participação e uso coletivo de recursos. Simultaneamente, esse sistema criará e multiplicará espaços para a criatividade e a autorrealização de cada indivíduo, de acordo com sua vocação, seus interesses e personalidade.

» RETOMANDO A DISCUSSÃO SOBRE MEIO AMBIENTE E DESENVOLVIMENTO

Julho de 2002

As alterações da natureza em consequência das atividades humanas são de tal maneira socialmente produzidas que se propagam sob a forma de *catástrofes sociais da natureza*, com efeitos irreversíveis.

Os nexos ecológicos são ignorados sistematicamente pelos grupos de poder, o que exige uma reformulação das relações da dinâmica socioeconômica com os fenômenos naturais.

A sociedade está em processo permanente de metabolismo com a natureza. Os homens transformam com suas atividades a natureza e, para que não ocorram catástrofes, precisaríamos de uma organização racional da sociedade capaz de evitar a exploração dos recursos naturais até a sua exaustão. Contudo, não basta racionalizar o metabolismo que os homens e a natureza criam. Para alcançar esse objetivo é preciso estabelecer relações sociais que atendam às necessidades básicas e eliminem as carências gritantes da maioria das sociedades contemporâneas. Porque, em última análise, a dominação irracional da natureza reflete as atitudes e comportamentos irracionais dos homens sobre os homens. Essa dominação, sempre irracional e destrutiva, representa relações de poder irrefletidas.

Nas sociedades agrárias pré-capitalistas também se praticava a destruição dos recursos naturais, mas com impactos limitados e localizados. É a modernidade que suscita catástrofes sociais da natureza, em profundidade e escala planetárias.

A destruição do meio ambiente em grande escala é o resultado de determinada forma de organização social que está na origem do processo de metabolismo entre a natureza e as relações sociais.

A irracionalidade dessas relações está refletida tanto no plano macro do sistema econômico e social quanto no plano micro da economia industrial das empresas. No plano macro, a corrida incansável atrás da valorização e da competitividade leva a formas e conteúdos de produção e consumo, ou seja, a um estilo de vida incompatível com as carências sociais e com o requisito de conservar e proteger os recursos naturais. Entre os casos mais gritantes é possível apontar para os assentamentos irregulares nas áreas de mananciais, as aglomerações da população em megalópoles e o transporte individual em vez de coletivo e público, todos com impactos negativos no meio ambiente e, portanto, no convívio humano.

No nível micro das empresas, a concorrência e a corrida atrás de mais lucros, mediante a redução de custos e aumentos de produtividade, independentemente da qualidade dos produtos e da adequação de tecnologias, sempre resultam em efeitos destrutivos na natureza e na sociedade.

Os custos não são de fato reduzidos, mas "externalizados" ou transferidos para a sociedade sob a forma de desemprego, pobreza, marginalidade no ambiente social, poluição do ar e das águas e erosão do solo no meio ambiente. Em última análise, essas transformações destrutivas afetam também as condições climáticas e põem em risco a sobrevivência da espécie humana e da própria vida no planeta.

Uma retrospectiva dos últimos dois séculos mostra que o ritmo e a intensidade das catástrofes naturais foram acelerados acompanhando a expansão da industrialização, particularmente nas últimas décadas do século XX. Secas e enchentes, vazamentos de grandes quantidades de petróleo no mar, acidentes em centrais termonucleares evidenciam os limites ecológicos do sistema, enquanto o alastramento da fome, do desemprego e da pobreza em escala global assinala seus limites sociais e econômicos.

Tanto as chuvas e enchentes quanto a falta periódica de água são provocadas por mudanças climáticas, causadas pelas emissões de gases de efeito estufa, como CO_2, SO_2, CFC e outros. Todo o sistema de produção industrial moderno e seus resultados – aço, cimento, vidro, alumínio, máquinas e equipamentos, fertilizantes e pesticidas – tendem a aumentar a temperatura da atmosfera terrestre. O clamor por tecnologias mais apropriadas e formas de produção "mais limpa" não tem induzido mudanças nos padrões de consumo da população, nem no comportamento das empresas que contam com a conivência ou omissão dos governos. Tanto os governos quanto as empresas parecem ignorar a natureza "perversa" do sistema de produção capitalista, que, em sua corrida atrás da competitividade e dos lucros, parece incapaz de internalizar em sua contabilidade os custos de destruição do meio ambiente e, menos ainda, os custos incalculáveis da desagregação social em consequência do alastramento da pobreza e da marginalidade.

A prática tradicional de externalizar os custos tem criado uma situação de "insolvência". Nenhuma instituição tem capacidade de absorver esses custos e enfrentar os problemas deles decorrentes, alterando radicalmente os padrões quantitativos e qualitativos de produção e consumo. O reequipamento das indústrias com tecnologias alternativas, embora tecnicamente possível, afigura-se economicamente inviável, por reduzir a margem de lucro, inadmissível num período de crise econômica e financeira que atinge a economia mundial. Nesse contexto, a preocupação com o clima e a proteção da natureza é considerada um "luxo", enquanto os problemas da pobreza e da marginalidade são transferidos, na melhor das hipóteses, às organizações filantrópicas e de caridade.

Paradoxalmente, quando as manifestações da crise ambiental e social se tornam mais agudas, surgem vozes em defesa da produção industrial capitalista (Lomborg, 2002) afiançando que o progresso da ciência e tecnologia responderá aos desafios do desenvolvimento.

Contudo, ciência e tecnologia não são politicamente neutras. Ao contrário, máquinas e equipamentos e os próprios processos de trabalho e sua organização são inextricavelmente ligados às relações sociais de produção. Em cada contexto histórico e social, as formas concretas da tecnologia representam uma combinação de diferentes níveis de poder econômico e político, centralizado nas mãos do capital que enfrenta as aspirações dos trabalhadores por mais autonomia e autogestão. Em consequência, as práticas tecnológicas refletem essas contradições e estabelecem os limites de ciência e tecnologia como instrumentos de mudança social. Pesquisa e desenvolvimento tecnológico e sua incorporação ao sistema produtivo obedecem a critérios de racionalidade econômica. Postular mudanças nas relações de poder para conquistar mais equidade e justiça social com base em políticas e diretrizes convencionais soa ingênuo ou beira a mistificação deliberada.

Assim, a crise social e a destruição do meio ambiente prosseguem em direção à catástrofe global, arrastando toda a humanidade.

BIBLIOGRAFIA

LOMBORG, Bjorn. *O ambientalista cético*. Rio de Janeiro: Campus, 2002.

» RIO+10: BALANÇO DE UM FRACASSO ANUNCIADO

Setembro de 2002

Com a aproximação do encerramento da Conferência Mundial sobre o Meio Ambiente e o Desenvolvimento Sustentável (estamos escrevendo no dia 3 de setembro), um clima de profundo pessimismo se alastra por todos aqueles que apostaram no encaminhamento de resoluções e propostas concretas para os problemas socioambientais que afligem a imensa maioria da população mundial.

Apesar da urgência, às vezes dramática, dos problemas sociais e ambientais, na corrida entre a degradação dos ecossistemas e o "desenvolvimento", prevalece a primeira, enquanto o crescimento econômico, que supostamente nos livraria dos males, segue seu curso "perverso" levando à falência do meio ambiente e da sociedade.

À luz da insustentabilidade da (des)ordem atual, em todas as dimensões – política, social, econômica, cultural, ambiental e ética –, o debate de ambientalistas e desenvolvimentistas parece bizantino e destituído de sentido mais substantivo.

Nenhum dos grandes desafios foi sequer equacionado e contemplado com propostas de ação "aqui e agora". A proposta brasileira, de se alcançar 10% do consumo de energia por fontes renováveis, foi derrotada por uma aliança da qual faziam parte os Estados Unidos e (pasmem!) dois países do "eixo do mal" (Iraque e Irã). É verdade, algumas das maiores empresas petrolíferas do mundo (British Petroleum, Shell, etc.) acenaram com um compromisso de substituir até 50% de combustíveis baseados em carboidratos por fontes renováveis até 2050 ou 2060, ou seja, a longo prazo.

Mas a longo prazo, dizia lorde Keynes há mais de meio século, estaremos todos mortos!

Até lá, vai prevalecer a busca irrefreada do crescimento econômico, apesar das advertências de Alan Greenspan, o presidente do Federal Reserve Bank norte-americano, sobre a "exuberância irracional" e as "bolhas estouradas".

É incontestável: a expansão e o crescimento econômicos nas últimas décadas do século XX, no auge da globalização, elevaram o nível da riqueza material e o volume do comércio internacional. Mas essa riqueza ficou cada vez mais concentrada e as "trocas desiguais" do comércio ampliaram o fosso entre ricos e pobres, poderosos e deserdados.

A pobreza aumentou e se alastrou; milhões de crianças continuam a morrer prematuramente e dezenas de milhões de seres humanos padecem e falecem dos efeitos da poluição ambiental, das águas, do solo e do ar. À semelhança de uma praga bíblica, a extensa "nuvem negra" paira, há semanas, como ameaça permanente sobre os países asiáticos. Apesar de inúmeros seminários, congressos e pronunciamentos sobre a importância da biodiversidade, centenas e milhares de espécies de plantas e animais estão ameaçados de extinção e a própria espécie humana, particularmente as populações indígenas, sofre os impactos do avanço impiedoso do chamado progresso da civilização industrial.

Mas não sejamos excessivamente pessimistas. Surgem sinais inconfundíveis de mudança no discurso e, quem sabe, nas atitudes de instituições, tradicionais defensores do livre mercado, apregoando uma nova visão e caminhos para aliviar a pobreza e salvar o meio ambiente.

O Banco Mundial, em seu *Relatório do Desenvolvimento Mundial*, publicado às vésperas da Rio+10, reconhece que o crescimento econômico não é condição suficiente para o desenvolvimento sustentável, que deve ser concebido como um processo de melhora da condição humana, ao longo do tempo, por um crescimento da autoestima e da dignidade da existência. O relatório do Banco Mundial (veja-se a revista britânica *The Economist* de 24 de agosto) postula a necessidade de terem os pobres e deserdados mais acesso a ativos materiais e oportunidades de informação, para tornar o processo sustentável e evitar as convulsões sociais.

Mas a duplicação da ajuda ao desenvolvimento dos países pobres para cumprir as metas da Agenda 21 revelou-se mais uma promessa vazia. Particularmente, os Estados Unidos reduziram a sua contribuição de 0,33% em 1992 para 0,22% do PIB no ano 2000.

É verdade, os países escandinavos e alguns países da União Europeia estão estudando medidas, como impostos sobre combustíveis fósseis, para financiar mecanismos de desenvolvimento limpo. Por outro lado, a conferência rejeitou a proposta brasileira, estipulando a meta de 10% de energia renovável em 2010! E vários países exigiram a inclusão de hidrelétricas e até de centrais nucleares – o pesadelo para os ambientalistas – na meta de energia mais limpa!

Ao alcançar a imensa lista de problemas sociais e ambientais (o leitor deste livro pode rever o capítulo "Rumo a Johannesburgo" e, mais adiante, o capítulo "Meio ambiente, saúde e desenvolvimento sustentável"), fica patente que os mecanismos do mercado são insuficientes para tratá-los adequadamente. Mas também as economias centralmente dirigidas, como a China e a Rússia, padecem de graves problemas ambientais e sociais. No fundo, o que está sendo questionado é o paradigma civilizatório, cuja dinâmica e seus valores subjacentes tornam o sistema insustentável. A busca compulsiva de mais crescimento, acumulação e reprodução do capital, em emulação à sociedade mais rica e opulenta, revela-se uma quimera inviável ou "insustentável". Calcula-se que, se todos os habitantes do planeta alcançassem os padrões de consumo dos Estados Unidos, seriam necessários mais seis planetas para atender à demanda. Os autores do *Relatório do Desenvolvimento Mundial* admitem a quintuplicação do PMB (produto mundial bruto) nos próximos cinquenta anos, embora estimem o crescimento da população global em apenas 50% no mesmo período.

A perda de florestas – uma das maiores ameaças à biodiversidade – continua em ritmo acelerado, sobretudo nas regiões tropicais. No hemisfério norte, 97% das florestas da Europa foram convertidas para uso comercial desde 1991, apesar das promessas de proteção da União Europeia.

Mais de 80% da terra cultivável dos Estados Unidos é utilizada para duas colheitas, milho e soja. Ambas, sendo monoculturas, além de atrair pragas e drenar nutrientes do solo, necessitam de quantidades elevadas de pesticidas e fertilizantes.

O depósito desses sedimentos carregados pelas águas dos rios tem criado "zonas marítimas mortais" na embocadura dos rios e nas regiões costeiras, cobrindo, no caso do Golfo do México, 18 mil km^2, e dizimando as reservas de cardumes e da vida aquática em geral.

A Rio+10 constitui indubitavelmente um reflexo da gravidade da situação do planeta. Falar de desenvolvimento sustentável como solução parece confundir o processo com o objetivo último, ou, num sentido figurado, o motor com o barco. Os impulsos do motor só serão eficazes se houver consenso sobre o destino do barco. Os movimentos aleatórios do motor, sem diretrizes, não tornam o barco mais estável e não garantem a sua chegada a porto seguro. A qualidade de sustentação é própria da sociedade, a ser conquistada pelas ações autônomas e decisões conscientes de seus membros. Envolve, portanto, uma dimensão política raramente apresentada nos debates sobre o futuro da humanidade. A título de sugestão apenas, a próxima Conferência das Nações Unidas deveria tratar da construção da "sociedade sustentável", em vez de repetir *ad nauseam* a promessa do crescimento econômico e das tecnologias de ponta como tábuas de salvação.

É fundamental repensar a reconstrução da indústria, produtora de bens e serviços e consumidora de recursos naturais e matérias-primas. Para reverter os processos de deterioração social e ecológica de nossas sociedades é mister reprogramar as atividades industriais, abandonando paulatinamente setores de "sol poente", ou seja, que produzem, com matérias-primas não renováveis, intensivos em energia com alto grau de entropia.

De pouco adiantará o crescimento econômico se for em setores que consomem matéria-prima não renovável, poluem o meio ambiente e deixam resíduos tóxicos de difícil e custoso tratamento.

A década de 1990 foi a mais quente registrada e 1998 foi o ano mais quente. O IPCC, grupo de estudos das Nações Unidas sobre Mudança Climática, apontou as atividades humanas como fator que mais afeta o clima global.

Outro problema não devidamente equacionado é o desmatamento e as queimadas que destroem ecossistemas e sua biodiversidade. A liberação de CO_2 e do gás metano resulta no "efeito estufa", cujas consequências sobre mudanças climáticas, embora polemizadas por poderosos grupos de interesse econômico, parecem incontestáveis. As emissões de CO_2 dos Estados Unidos continuam as mais elevadas e em 2000 tinham aumentado 18% em relação aos níveis de 1990. A administração Bush continua na recusa de assinar o Protocolo de Quioto e reduziu alocações orçamentárias para melhorar a eficiência energética e reduzir as emissões de CO_2. Vários países emergentes experimentaram aumentos de emissão de 20% a 40% sobre os níveis de 1990, incluindo China, Brasil e Indonésia.

É também irrefutável a responsabilidade da indústria que gerou esses problemas. O aumento da temperatura terrestre, o *El Niño* e outros fenômenos de perturbações atmosféricas e terrestres – inundações, secas e desertificação – exigem um sistema de produção socialmente orientado e desconcentrado, vinculado a uma política de preservação e renovação dos recursos naturais.

Há urgência em resgatar a dívida ecológica, cujas origens e efeitos seguem o mesmo padrão de distribuição desigual da renda. São os ricos que andam de avião e automóvel, mas quem sofre mais os efeitos da poluição são os pobres, cujo estilo de vida – habitação, saneamento, acesso à informação – os expõe aos impactos das emissões tóxicas e dos resíduos sólidos, líquidos e gasosos dos processos de produção; já estes, embora obsoletos, são protegidos por políticas favoráveis às empresas que privatizam os benefícios e socializam os custos, transferindo-os para as camadas indefesas da população.

Frequentemente relegados a segundo plano pelos ecologistas, os problemas sociais constituem um desafio talvez insuperável.

Admitido por todos no discurso – inclusive pela Carta dos Direitos Humanos –, o objetivo de se alcançar mais equidade na distribuição e no acesso a bens materiais e simbólicos enfrenta uma situação paradoxal: a população mundial consome 50% mais do que devia, mas metade dela não consegue consumir o mínimo para garantir a sua sobrevivência biológica e social.

O problema não se esgota pelo redesenho de processos de produção mais limpa de bens e serviços. É necessário reduzir a dependência por meio da descentralização e diversificação do potencial produtivo, em nível regional e nacional.

Mas como enfrentar a tendência do capital à globalização pela concentração e centralização dos ativos produtivos e financeiros? Não nos opomos à integração de economias e entidades políticas – estados e países –, desde que esta se processe "de baixo para cima", como resultado de ações coletivas, autônomas e interdependentes, valorizando as dimensões culturais e históricas de cada unidade, município ou estado, cuja sustentabilidade não pode ser reduzida à mercantilização das relações sociais.

A indagação sobre "como romper o círculo vicioso" nos leva à dimensão política, pouco explorada e mencionada, dos processos de transformação. Posto que as desigualdades geram conflitos, agressões e violências, sintomas de sociedades insustentáveis. Como distribuir melhor o acesso ao poder, mais democrático e solidário? As respostas das elites nacionais e internacionais jogam os problemas para a frente: o crescimento econômico e as novas tecnologias resolverão e ajudarão a superar a crise crônica.

Com a Agenda 21 foi elaborado um plano de ação que traz mais de duzentas propostas de induzir mudanças a partir de 1992. Os governos prometeram implementar diretrizes para atividades econômicas ecologicamente sustentáveis, mediante políticas e processos nacionais.

Mas, apesar de mais de cem governos, inclusive o dos Estados Unidos, terem criado conselhos e comissões na intenção de desenvolver estratégias para a Agenda 21 nacional, não existem evidências concretas de que esses exercícios resultaram em mudanças significativas de políticas nacionais.

Nos Estados Unidos, o presidente Bush pretende enfraquecer as normas ambientais para prevenir a recessão econômica, ressuscitando assim a dicotomia maniqueísta da incompatibilidade de progresso econômico e proteção ambiental.

Uma avaliação objetiva dos resultados obtidos, também em ações inspiradas na Agenda 21, evidencia avanços em programas e projetos para os quais a sociedade civil foi convocada, mobilizando-se em função dos desafios com o apoio do poder público ou sem ele. Mas, certamente, esse apoio e o empenho na formulação e coordenação de políticas públicas afiguram-se imprescindíveis.

Os governos alegam que a escassez de recursos (estariam sendo alocados em outras prioridades?) impediria a implementação de normas e diretrizes racionalizadoras. Não se aponta para os interesses contraditórios das diferentes camadas sociais, estando as elites preocupadas com a rentabilidade de curto prazo enquanto externalizam custos sociais e ambientais, acumulando ativos financeiros, por um lado, e passivos ambientais, sociais e humanos, por outro.

A coligação de forças contrárias às mudanças é tremenda: juntam-se aos conservadores tradicionais a maioria dos legisladores, juízes, executivos, os donos da mídia e os porta-vozes de grupos corporativos, incluindo alguns sindicatos, contrariamente a um passado recente em que a divisão de capital e trabalho e de direita e esquerda era nítida. Hoje, os limites entre os contestadores são mais fluidos e indefinidos, figurando como divisor de águas a posição a favor das mudanças reivindicadas ou contra elas. Nos países emergentes, que mais necessitam de transformações estruturais em praticamente todos os setores, as classes médias recém-incorporadas à sociedade de consumo estão assustadas com a pressão por baixo dos *have not*, da massa enorme de excluídos. Nos momentos políticos decisivos de eleições se alinham com as forças mais conservadoras, travestidas com o manto de um populismo demagógico (vejam-se, entre outros, Jânio Quadros e Fernando Collor de Mello), para assegurar a manutenção do *status quo*.

Urge a mobilização da sociedade civil e de suas múltiplas organizações e movimentos sociais, articulando-se em âmbito nacional e internacional para reformular as instituições internacionais, inclusive as Nações Unidas, nas quais têm assento majoritário os representantes das elites hegemônicas, avessas às transformações indispensáveis para salvar o planeta e seus habitantes.

» A DESTRUIÇÃO DO MEIO AMBIENTE: UMA TENDÊNCIA IRREVERSÍVEL?

Março de 2005

A entrada em vigor, no dia 16 de fevereiro, do Protocolo de Quioto – o acordo internacional que pretende reduzir as emissões dos gases (principalmente o gás carbônico, CO_2, e o metano, CH_4) que levam ao aquecimento terrestre –, proporciona o ensejo de passar em revista a trajetória da questão ambiental nas últimas três décadas.

Um breve retrospecto, desde a Primeira Conferência das Nações Unidas sobre Meio Ambiente, realizada em Estocolmo, na Suécia, em 1972, até a 10ª Reunião das Partes das Nações Unidas (CPO-10), em Buenos Aires, em dezembro do ano passado, revela parcos resultados concretos conseguidos à luz do imenso esforço retórico e dos inúmeros documentos escritos e publicados sobre o tema. Essa situação vem, indubitavelmente, criando um clima de pessimismo entre os "tomadores de decisão" e a opinião pública quanto à eficácia do processo internacional de seminários, conferências, projetos e políticas do meio ambiente.

Decorreriam vinte anos entre Estocolmo e a Segunda Conferência das Nações Unidas sobre o Meio Ambiente e o Desenvolvimento Sustentável – a CNUMAD ou Rio-92 –, considerada o maior momento de apoteose do ambientalismo mundial. A conferência do Rio de Janeiro contou com a participação maciça de chefes de Estado e milhares de representantes de organizações não governamentais (ONGs) reunidos em um clima caracterizado pelo multiculturalismo e voluntarismo dos representantes da sociedade civil, dos quais emanava uma onda de otimismo contagiante relativa aos avanços possíveis no caminho do desenvolvimento sustentável.

O conceito de sustentabilidade havia sido cunhado no relatório da Comissão Brundtland, divulgado em 1987 sob o título "Nosso Futuro Comum". Os representantes dos países concordaram com a elaboração da Agenda 21, na qual se listavam metas e estratégias para superar os principais obstáculos ao desenvolvimento, do nível local ao regional, nacional e internacional.

Passados outros cinco anos, em 1997, aconteceu a Rio+5. Nesse mesmo ano, se realizou também a reunião de chefes de Estado e ministros, em Quioto, Japão, no fim da qual foi oficialmente firmado o Protocolo de Quioto, cujos signatários se comprometeram a reduzir suas emissões de CO_2 em 5% na comparação com os níveis registrados em 1990. Curiosamente, como em 1919, quando, sob a inspiração do presidente Woodrow Wilson, os Estados Unidos se recusaram a participar da Liga das Nações, também dessa vez o presidente George W. Bush se recusou a assinar o Protocolo, alegando que a redução de emissões prejudicaria a economia do seu país.

O recuo dos Estados Unidos enfraqueceu o movimento ambientalista em todo o mundo, adiando por vários anos a entrada em vigor do Protocolo. O texto do acordo estipulava que ele só se tornaria efetivo quando fosse ratificado por pelo menos 55% dos países signatários e somasse 55% das emissões totais. Como os Estados Unidos são responsáveis por 25% do total das emissões de gases de efeito estufa, foram precisos anos até que esses requisitos mínimos se cumprissem, graças à adesão da Rússia, outro grande poluidor.

De 1997 para cá, a emissão de gases de efeito estufa continuou aumentando aceleradamente, impulsionada pelo crescimento econômico dos países emergentes, em particular a China e a Índia, ambas grandes consumidoras de carvão mineral.

Os alarmes periodicamente levantados pelo Painel Internacional de Mudança Climática (IPCC), composto de centenas de cientistas e pesquisadores, não parecem ter afetado governantes e empresários. Em que pese, quanto a isso, a tentativa do primeiro-ministro britânico Tony Blair, que convocou uma conferência internacional em março de 2005, em Londres, tendo em vista chamar a atenção do mundo para a situação dramática das mudanças climáticas e os problemas urgentes do meio ambiente.

A contaminação do ar, das águas e do solo, seja pela queimada de florestas, seja pela emissão de gases tóxicos das indústrias químicas e de beneficiamento de minerais, ou pelas toxinas geradas na decomposição do lixo urbano, afeta profundamente os ecossistemas e o estado de saúde das populações, mormente as pessoas idosas e as crianças. Entretanto, a questão do bem-estar e da qualidade de vida não pode ser reduzida aos fatores ambientais apenas. Esses estão ligados inextricavelmente às questões de saúde pública e coletiva, às condições inadequadas de moradia e falta de saneamento, de água, energia e outros serviços básicos.

Deve-se considerar o meio ambiente como o espaço produzido e transformado, muitas vezes destruído e reconstruído pelos atores sociais, em níveis local, nacional e internacional. Por ser um processo que permeia todas as atividades humanas, despertando acirradas discussões e conflitos de interesses, repercute no cenário social e político das nações e nas relações internacionais.

O estudo recentemente divulgado pelo IPCC apontou para um cenário apocalíptico em consequência do aquecimento global. O efeito estufa estaria estreitamente ligado ao aumento da ocorrência e intensidade de inundações e secas, ambas resultando em redução das reservas de água potável. O aquecimento da atmosfera provoca também o aumento da mortalidade de idosos e crianças em decorrência do crescimento dos casos de doenças pulmonares e do aparelho digestivo. Contudo, a maioria dos governos, pressionados por poderosos interesses econômicos, procura postergar e protelar a adoção de medidas de precaução e de prevenção, baseadas em pesquisa e desenvolvimento de tecnologias alternativas.

No Brasil, continua a ocupação predatória da floresta amazônica, estimulada pela produção e exportação de soja, carne, milho, algodão e, sobretudo, de madeira. Poderosos interesses corporativos e seus grupos de pressão (madeireiros, criadores de gado, donos de frigoríficos) se aliam para influenciar o governo a relaxar a fiscalização e as exigências de licenciamento ambiental, argumentando que estas constituem obstáculos ao crescimento econômico e das exportações – enfim, ao desenvolvimento do país.

Na CPO-10, em dezembro, cada um dos países participantes apresentou um inventário de suas emissões de gás carbono na atmosfera. No Brasil, conforme vimos, a maior parte dessas emissões se deve à derrubada e queimada da floresta amazônica para dar lugar a supostos projetos em grande escala de desenvolvimento da pecuária e de cultivo da soja. A dificuldade de lutar contra o desmatamento decorre, entre outros motivos, dos generosos financiamentos conseguidos pelos grandes plantadores de soja em Mato Grosso do Sul junto ao Banco Mundial, com o argumento de que o agronegócio contribui para o desenvolvimento brasileiro.

Os custos sociais e ambientais das atividades extrativistas e agrícolas não são compilados, muito menos compensados. A poluição de rios, lagos e águas litorâneas por agrotóxicos, mercúrio e chumbo leva à deterioração da qualidade de vida de pequenos agricultores, pescadores e populações indígenas, expulsos de seu hábitat sem possibilidade de retorno.

Embora tenha assinado o Protocolo de Quioto em 1987, o Brasil não foi incluído no grupo Anexo I – os países industrializados que precisariam reduzir suas emissões de gases causadores de efeito estufa no primeiro período de vigência do acordo. Entretanto, junto com a China, a Índia e a África do Sul, países emergentes de industrialização recente, o Brasil está sendo pressionado a adotar medidas mais concretas para reduzir suas emissões no segundo período.

Uma grande interrogação pesa sobre o comportamento desses países emergentes que pleiteiam o direito de poluir mais, acima da cota de 5% sobre as emissões de 1990. O argumento é falacioso, porque, se de um lado confere às empresas o "direito" de poluir sem incorrer em sanções, por outro condena as populações a sofrimentos intermináveis.

Os primeiros dois anos de governo Lula revelaram um enfraquecimento do Ministério do Meio Ambiente no seio do governo e perante a opinião pública. Devido a uma campanha bem orquestrada na mídia, os ambientalistas e suas exigências de licenciamento ambiental prévio de projetos e da apresentação do EIA/Rima (a legislação que exige o licenciamento ambiental) antes de se concederem financiamentos a projetos de infraestrutura e de "desenvolvimento" são considerados um estorvo ao crescimento econômico e ao "progresso".

A realidade nua e crua desse progresso é retratada pela cadeia infernal de desmatamentos e queimadas, seguidos de plantio de soja e algodão geneticamente modificados e criação de gado para exportação de carne. As queimadas de vastas extensões da floresta amazônica e do cerrado e os quase 200 milhões de cabeças de gado são responsáveis pela maior parte de emissões de CO_2 e de CH_4, principais causas do efeito estufa e do aquecimento global.

Estudos e pesquisas com base em modelos matemáticos indicam que, mesmo se houvesse estabilização da emissão e concentração de dióxido de carbono na atmosfera no nível atual, os efeitos destrutivos seriam irreversíveis nas próximas décadas.

» QUIOTO, MONTREAL: E AGORA?

Junho de 2006

Em dezembro do ano passado, numa reunião de representantes de todos os países em Montreal, Canadá, celebrou-se a entrada em vigor do Protocolo de Quioto, assinado em 1997. O Protocolo representa um acordo global sobre a redução de emissões de CO_2 e outros gases poluentes que, quando aprisionados na atmosfera, resultam no "efeito estufa" – o aquecimento da temperatura terrestre.

Desde 1997, 161 países ratificaram os termos do Protocolo, que exigem dos países industrializados a redução na emissão de gases tóxicos ao nível de 1990, com prazo até 2012.

Quase oito anos depois da assinatura, as dificuldades e os obstáculos à realização das metas do acordo continuaram praticamente inalterados. Como equacionar a relação custo/benefício a curto prazo, quando se trata de investimentos com maturação e retorno incertos a longo prazo?

Ademais, o governo dos Estados Unidos se recusa terminantemente a ratificar o Protocolo, embora o país seja responsável por 25% das emissões de gases que causam o efeito estufa. E para os países emergentes, China, Índia, Brasil e África do Sul, grandes consumidores de carvão mineral de baixa qualidade e de petróleo, não foram fixadas metas de redução, sob a alegação de que seu atraso industrial lhes permitiria poluir até alcançar o nível dos países desenvolvidos.

A reunião de Montreal refletiu o dilema de empresas e de economias nacionais: a distância entre os preços do petróleo e os preços de energias limpas alternativas – biomassas, eólica, solar.

É economicamente difícil justificar a internalização dos custos de pesquisa e desenvolvimento e a construção de uma infraestrutura de produção, armazenamento e distribuição a curto prazo, em troca de benefícios incertos a longo prazo.

A tolerância com os países emergentes, todos empenhados em ampliar suas frotas de veículos movidos a gasolina e diesel, leva a estimativas de aumento do nível das emissões de até 50% nas próximas duas décadas.

O princípio "pré-caucionário", que deveria prevalecer em todos os embates nos quais se considera que as informações disponíveis são insuficientes ou incompletas para evitar riscos e desastres, não passa de um exercício retórico dos ambientalistas. Entretanto, a "descarbonização", ou seja, a redução do teor de CO_2 na atmosfera, tem merecido atenção prioritária. Sua presença na atmosfera aumentou no último século de 288 ppm (partes por milhão) para 350 ppm, o que representa aproximadamente 6 bilhões de toneladas de CO_2 liberados anualmente na atmosfera. O efeito estufa, as mudanças climáticas e o aumento da temperatura média da Terra afligem toda a humanidade e, para enfrentá-los, seriam necessários esforços muito maiores do que a proposta de "estabilizar" as emissões.

Necessitamos, além do sequestro dos gases de efeito estufa e da descarbonização, de uma política global e solidária de reestruturação da economia baseada em geração e consumo de energia, com o uso crescente, em vez de petróleo e carvão, de gás natural, biomassas, hidrogênio, energia solar e eólica, os quais, apesar de avanços locais, não têm progredido satisfatoriamente.

A reconstrução da economia baseada na "desmaterialização" da produção, ou seja, a redução progressiva de resíduos e dejetos de aço, chumbo, alumínio, papel e plásticos e sua reciclagem sistemática, será apenas o primeiro passo na racionalização da produção e do consumo.

Mas, sem mecanismos regulatórios[11] e de controle por parte do poder público, situação típica de países e regiões periféricas, os efeitos da poluição do ar, das águas e do solo se tornam mais letais e, muitas vezes, irreversíveis.

---

[11] A *Folha de S.Paulo* de 1-3-2006 informa que o Instituto Nacional de Metrologia, Normalização e Qualidade Industrial (Inmetro) acaba de criar um selo de responsabilidade social a partir de norma da Associação Brasileira de Normas Técnicas (ABNT). Além de atestar o compromisso ético e ambiental

Por isso, a política de "ciclo de vida" do produto ("do berço ao túmulo") deve envolver todos os agentes dos setores econômicos – produtores, atacadistas, distribuidores, consumidores e "lixeiros" – para diminuir os impactos ambientais que tornam a vida no planeta insustentável.

A responsabilidade pela Produção Limpa, a eficiência no uso de materiais, o desenho de produtos mais leves, com menos energia intensiva, passará para toda a sociedade e seus representantes legítimos que vão mudar a filosofia dos investimentos e redimensionar os acordos de comércio em função não somente de um mundo mais limpo e habitável, mas também mais justo e equilibrado.

A mídia e a opinião pública têm dado maior atenção aos relatos sobre a concentração de gases tóxicos na atmosfera e suas consequências para a mudança climática. Entretanto, a lista de problemas ambientais a serem enfrentados pela humanidade é muito mais extensa.

Destaca-se a crescente escassez de água potável, cuja demanda aumenta com o aumento da população, do desenvolvimento industrial e da agricultura irrigada. Por outro lado, verifica-se uma oferta limitada de água potável distribuída de forma muito desigual, social e regionalmente.

Estima-se que só 3% da água do planeta é aproveitável, embora não imediatamente utilizável, porque uma grande parte está nas geleiras polares e outra, em aquíferos profundos.

Um relatório do Programa das Nações Unidas para o Meio Ambiente (PNUMA) estima que 40% da população mundial sofre de escassez de água. A falta de acesso ao abastecimento seguro e ao saneamento básico tem resultado em centenas de milhões de doentes, provocando mais de 5 milhões de mortes anualmente.

A poluição de rios, lagos, zonas costeiras e baías tem causado degradação ambiental contínua por despejo de volumes crescentes de resíduos e dejetos industriais e orgânicos. O lançamento de esgotos não tratados aumentou dramaticamente nas últimas décadas, com impactos entrópicos severos na fauna e na flora e nos próprios seres humanos.

---

da empresa, a certificação deve interferir na escolha do consumidor na hora da compra e em processos de licitação.

A degradação dos solos por erosão, salinização, o avanço contínuo da agricultura irrigada, os desmatamentos com a remoção da vegetação natural, o uso de máquinas pesadas em monoculturas contribuem para a escassez de terras cultiváveis e ameaçam a segurança alimentar da humanidade.

Outro relatório do PNUMA estima a perda total de florestas no Brasil de 94 mil km², ou seja, uma média de 15 mil km² anualmente, já abatendo as áreas reflorestadas. Emblemática a respeito é a devastação da Mata Atlântica, da qual sobraram somente 7%, segundo levantamento patrocinado pela SOS Mata Atlântica.

Uma das consequências do desmatamento é a destruição da biodiversidade, sobretudo nas áreas tropicais. Mudanças climáticas, extração predatória de recursos minerais e naturais causam transformações no uso do solo e estão dizimando os ecossistemas em diversas regiões do mundo.

Embora não existam dados precisos sobre espécies extintas nas últimas três décadas, o relatório do PNUMA estima que 24% (1.183) das espécies de mamíferos e 72% (1.130) de pássaros estariam ameaçadas de extinção.

A situação se afigura particularmente dramática nas áreas urbanas e metropolitanas, nas quais vive quase metade da população mundial, a maioria em condições de habitação, alimentação, saneamento e facilidades de lazer cada vez mais precárias.

Outro relatório das Nações Unidas estima em 800 milhões as populações urbanas que vegetam abaixo da linha de pobreza, o que as torna extremamente vulneráveis a mudanças ambientais e desastres naturais.

Essas condições desfavoráveis são diretamente responsáveis pela saúde deteriorada e a baixa qualidade de vida. Ademais, a concentração ininterrupta de desempregados e subempregados do mercado informal, excluídos nos espaços urbanos e metropolitanos caracterizados por desigualdades extremas, produz e reproduz os fenômenos de anomia social – marginalidade, delinquência e violência que tendem a enfraquecer ainda mais a precária governabilidade.

A crescente integração das economias em um mercado globalizado efetivamente produz maiores riquezas e maior volume de transações comerciais. Mas, paradoxalmente, gera também mais pobreza e exclusão social, que aumentam em ritmo e intensidade mais rapidamente do que a riqueza material. Afluência (para não dizer desperdício) e desigualdade são cada vez mais polarizadas e concentradas em nossa sociedade, tornando-se maiores obstáculos para um processo de desenvolvimento sustentável.

Urbanização desenfreada e industrialização não planejada produzem efeitos prejudiciais ao meio ambiente e, consequentemente, à saúde da população. À insuficiência de serviços básicos de saneamento, de coleta e reciclagem do lixo e às condições precárias de moradia, estreitamente relacionadas com a pobreza e o subdesenvolvimento, soma-se a poluição química e física do ar, da água e do solo, causando uma vasta gama de doenças e deformações congênitas.

Abordar esses problemas de uma perspectiva fragmentada, reducionista e unidimensional seria ineficaz e até contraproducente. O enfoque alternativo – uma abordagem sistêmica multidisciplinar e interdisciplinar – abre perspectivas para a compreensão de processos complexos e seus fatores determinantes, com profundas repercussões na teoria e na prática da transformação social, levando à construção de uma sociedade democrática e includente que respeite a liberdade e a diversidade de seus membros.

Investimentos em controle da poluição não devem mais ser considerados "custos" do negócio e a contabilidade e o balanço das empresas devem registrar devidamente os ganhos e as perdas totais dos processos produtivos, desde a extração e o beneficiamento da matéria-prima até a reciclagem dos produtos fabricados e sua embalagem.

A produção de um volume crescente de bens e serviços em consequência da industrialização baseada em progresso técnico e abundância de matérias-primas resultou em um número infinito de problemas sociais e ambientais externalizados como "custos sociais".

Somente nas últimas décadas a sociedade civil começou a resistir e a reivindicar a internalização dos custos ambientais causados pelas atividades econômicas. ONGs e outros movimentos sociais pressionam os governos e exigem proteção contra dejetos tóxicos, fumaça, água e ar poluídos.

A respeito dessas recentes tendências, reiteramos análise feita em texto publicado em 2002 (ver pp. 205-206), por a crermos ainda válida e oportuna para o fechamento do presente ensaio:

O uso racional de recursos escassos exige produtos e processos baseados em inovação, conservação e invenção de todos os tipos de produtos, recicláveis e biodegradáveis. Novas indústrias estão crescendo e se expandindo, seja pelo reflorestamento de grandes áreas degradadas, pela administração racional dos recursos hídricos ou pela restauração de prédios e distritos inteiros nas cidades. Uma transformação similar, embora mais silenciosa, está em andamento na agricultura. Tem sido crescente o número de consumidores que vira as costas para produtos alimentares industrializados, preferindo comida natural à base de fertilizantes orgânicos e controle biológico de pragas. [...]

O novo paradigma de produção limpa, em direção à sustentabilidade, se estabelece não apenas nas atividades industriais e agrícolas, mas penetra também cada vez mais no setor de serviços. Práticas fordistas usadas em fábricas com milhares de empregados trabalhando em linhas de montagem rígidas e dedicadas, condicionados por estudos de "tempo e movimento" e disciplinados pela "cenoura na ponta da vara" estão desaparecendo gradual mas irreversivelmente. As empresas, antes estruturadas burocrática e hierarquicamente, estão sendo substituídas por instalações e *layouts* de menor escala e por organizações mais flexíveis e sistemicamente integradas. A integração sistêmica, baseada em informações altamente interativas e serviços de comunicação, introduz mudanças no *layout*, no fluxo de bens e insumos e, sobretudo, no sistema de relacionamento humano interno na organização. Novos conceitos e esforços para introduzir o trabalho em grupo, a participação ativa e a eficiência coletiva constituem os princípios norteadores que estão substituindo as práticas da administração taylorista no nível da fábrica. Gerentes e líderes de grupo são treinados para se tornarem formadores de equipes, cujo papel primário é motivar, antes de controlar ou penalizar pessoas, com recompensas simbólicas por ideias criativas, melhorias de qualidade e inovações incrementais secundárias. [...]

Para construir uma sociedade sustentável, é essencial entender que um meio ambiente saudável é condição necessária ao nosso bem-estar, ao funcionamento da economia e, enfim, à sobrevivência da vida no planeta.

» ENERGIA E ÁGUA: PARA A SOBREVIVÊNCIA DA HUMANIDADE

Agosto de 2008

ENERGIA, UMA FONTE DE LUCROS?

Um dos setores mais polêmicos da economia brasileira nestes últimos anos é o de geração, distribuição e consumo de energia. Economistas, administradores e homens de negócios se esmeram nas análises e cálculos de custo/benefício ou de rentabilidade de empreendimentos perfeitamente legítimos no regime de mercado em que o objetivo central é o lucro no prazo mais curto e com o mínimo de risco. Mas seriam esses os critérios de análise e avaliação que devem prevalecer nos setores de energia e de água?

Os investimentos do setor público precisam ser elaborados segundo critérios de análise e avaliação que considerem, além do retorno financeiro, o custo/oportunidade, ou seja, as prioridades sociais e políticas alternativas da sociedade e do poder público, em determinado contexto histórico.

Há poucos anos, devido à escassez de chuvas e ao baixo nível dos reservatórios de água, sofremos uma crise de energia com racionamento e, obviamente, um aumento das tarifas para os consumidores.

A matriz energética brasileira é baseada predominantemente na geração de energia hidrelétrica, que representa mais de 90% do total gerado e consumido. A energia elétrica é considerada mais limpa e barata por ser alimentada pelos rios e barragens construídas ao longo de seu percurso para o mar. Entretanto, não podemos ignorar os custos sociais e ambientais causados pela construção de barragens. Centenas de milhares de pessoas, geralmente pequenos lavradores e populações indígenas, acabam sendo expulsas de suas terras. As supostas indenizações arrastam-se por anos até que sejam pagas e nunca correspondem ao valor real das terras desapropriadas. Frequentemente, as árvores crescidas nas terras inundadas pelos lagos artificiais não são cortadas e retiradas em tempo, antes da inundação. Em consequência, apodrecem nas águas e causam a emissão de gases tóxicos – carbono e metano – responsáveis pelo aquecimento da atmosfera, o tão comentado "efeito estufa". É esse o caso das hidrelétricas construídas em plena floresta tropical, como Tucuruí, no Pará, e Samuel, em Roraima.

Calculam-se as taxas de juros e de desconto e os lucros previsíveis de investimentos em grandes obras hidrelétricas. Mas não se menciona que Itaipu ultrapassou em três vezes e Tucuruí em quatro vezes os custos inicialmente orçados. No caso de Tucuruí, a maior parte da energia elétrica gerada é consumida pelas empresas de transformação da bauxita em alumínio posteriormente exportado, energia cujo baixo preço representa um subsídio às empresas produtoras e exportadoras. Após a privatização das distribuidoras de energia adquiridas por empresas estrangeiras aumentaram as tarifas para os consumidores, garantindo lucros elevados de acordo com os contratos assinados pelo governo federal àquela época.

Mais grave ainda, do ponto de vista da economia nacional, é o caso dos reatores nucleares de Angra I e Angra II, cuja construção consumiu dezenas de bilhões de reais e geram apenas 2% do consumo nacional da energia produzida. Contudo, conforme noticiou a *Folha de S.Paulo* em 14 de novembro de 2004 e mais recentemente em março de 2007, surgiram pressões em nível federal para concluir a construção de Angra III, a um custo adicional estimado em 10 bilhões de reais. As três centrais nucleares estão localizadas no litoral, numa área em cujo raio se encontram as maiores concentrações urbanas do país – Rio de Janeiro e São Paulo –, com mais de 30 milhões de habitantes. Ademais, os reatores estão situados em terrenos caracterizados por uma falha geológica, fato já conhecido pelos índios guaranis que ali viviam e chamavam o local de "Itaorna", o que significa "pedra podre". Além de um gasto desmedido, as três centrais nucleares representam uma ameaça permanente e inimaginável para as populações litorâneas caso ocorra algo como o que vitimou Chernobyl ou Three Miles Island.

Pequenos desastres nucleares são frequentes em decorrência de vazamentos e da contaminação por centenas de reatores espalhados pelo mundo. Mais sério, todavia, é o problema dos resíduos ou do lixo nuclear, para o qual não foi encontrada ainda uma solução adequada. Enterrar esse lixo ou jogá-lo nas profundezas do mar, mesmo acondicionado em barris de chumbo e cimento, não elimina o problema, apenas o posterga e o empurra para as gerações futuras. Por isso, países nos quais prevalece a força da sociedade civil e da opinião pública – Suécia, Alemanha, Espanha – resolveram desativar seus reatores nucleares e embarcar nas pesquisas e no desenvolvimento de fontes energéticas alternativas.

Até aqui, tratamos de custo/benefício da energia nuclear, questionável quando analisado em suas dimensões sociais, econômicas e ambientais. Vejamos, então, os aspectos da análise custo/oportunidade, ou seja, outros investimentos possíveis com os recursos destinados à geração da energia nuclear. Afinal, o território brasileiro foi aquinhoado com potenciais fontes de energia mais limpas e seguras, cuja tecnologia é conhecida e facilmente acessível.

Além do álcool, a partir da cana-de-açúcar – etileno e metileno adicionados à gasolina –, o país dispõe de um imenso potencial de bagaço de cana, de serragem da indústria madeireira, de casca de arroz, de óleo de mamona, de babaçu e de dendê. O território brasileiro, ensolarado praticamente o ano todo, pode ser aproveitado para gerar energia solar e fotovoltaica, particularmente apropriada para pequenas povoações espalhadas no meio rural. Em algumas regiões, tanto no Nordeste quanto no Sul, existem boas condições para a instalação de energia eólica.

Outra fonte de energia de baixo custo e de pouco impacto ambiental seriam as pequenas hidrelétricas de até 30 MW, as quais inundariam áreas inferiores a 3 km^2, diferentemente dos 2.430 km^2 de Tucuruí e dos 1.350 km^2 de Itaipu.

A discussão acima nos remete à questão fundamental das prioridades da nação que deveriam refletir-se nas decisões do poder público.

Quais são as maiores deficiências no atendimento das necessidades básicas de dezenas de milhões de brasileiros carentes e marginalizados? Examinando os planos e programas do governo, verifica-se uma lamentável discrepância entre o discurso, sobretudo na época pré-eleitoral, e as ações efetivas dos que se instalam no poder. Qualquer observador objetivo julgaria que as áreas prioritárias de investimentos públicos devem concentrar-se na extensão e no aperfeiçoamento da educação universal de qualidade e gratuita, de postos e centros de saúde que prestem assistência a todos, de um vasto programa de construção habitacional popular dotado de um sistema de saneamento e de transporte público eficiente e de uma boa infraestrutura rodoferroviária e fluvial alimentada por uma rede de energia limpa e barata. Assim se proporcionaria maior conforto e bem-estar à população, enquanto se minimizaria a poluição por emissões tóxicas e desmatamento de áreas florestais, na Amazônia, no cerrado e na Mata Atlântica.

Os oito anos do governo Fernando Henrique Cardoso e os quatro primeiros do governo Lula não demonstraram preocupações mais sérias com a qualidade de vida das populações carentes e excluídas. Quando mais de um terço da população brasileira sobrevive na indigência, a proposta de construção de Angra III, a compra de aviões de caça supersônicos e as pressões para ressuscitar a indústria de armamentos brasileira representam os custos de oportunidades perdidas no caminho do desenvolvimento. Ao iludir-se com a conquista de posição de uma grande potência, pleiteando um assento permanente no Conselho de Segurança das Nações Unidas, o governo estará perpetuando o secular subdesenvolvimento do país, mormente da parcela da população mais desfavorecida.

ÁGUA, UM DIREITO HUMANO

Vivemos com a ilusão de uma oferta ilimitada de água no planeta. Nada mais falso. A quantidade de água doce disponível não passa de 0,5% de todas as águas na Terra. O resto é água do mar ou água congelada nos polos norte e sul. A renovação da água potável ocorre somente com as chuvas, à razão de 40 mil a 50 mil km^3 por ano. Devido à urbanização intensa, aos desmatamentos e à contaminação por atividades industriais, mesmo essa pequena parcela de água potável está diminuindo, o que causa a desertificação progressiva da superfície da Terra. Se as tendências atuais continuarem, as águas de todas as bacias hidrográficas serão irremediavelmente degradadas e perdidas para o consumo.

O consumo global de água dobra a cada vinte anos, mais do que o dobro da taxa de crescimento da população humana. De acordo com as Nações Unidas, mais de 1 bilhão de pessoas carecem de acesso à água potável. Se continuar o uso predatório e irresponsável, por volta de 2025 a demanda de água potável subirá 56% mais que a quantidade atualmente disponível.

Com a intensificação da crise da água, governos no mundo todo, sob a pressão das empresas transnacionais, advogam uma solução radical: privatização e comercialização da água, alegando que somente assim seria possível prover água para um mundo sedento. Contudo, fica evidenciado que a venda da água não atende às necessidades da população pobre e sedenta. Ao contrário, água privatizada é fornecida àqueles que podem pagar, como cidades e indivíduos ricos, ou indústrias água-intensivas como agricultura e mineração.

A pressão de transformar a água em *commodity* ocorre em um contexto histórico no qual os impactos sociais e econômicos da escassez de água se transformam em fatores políticos desestabilizadores, gerando conflitos ao redor do globo terrestre. Por exemplo, a Malásia, que controla metade da oferta de água de Cingapura, ameaçou cortar o suprimento em 1997 depois de críticas formuladas ao seu governo. No Oriente Médio, um dos maiores conflitos de Israel com os palestinos se deveu não somente à questão territorial como também à escassez da água, o que levou Israel a cogitar da importação do precioso líquido da Turquia.

Na África, as relações de Botsuana e Namíbia ficaram estremecidas por causa dos planos da Namíbia de construir um aqueduto para desviar águas do rio Okavango, comum aos dois países. Entretanto, os que lucram com o uso e abuso da água determinam o futuro de um dos recursos mais vitais da Terra. Um punhado de empresas transnacionais apoiadas pelo Banco Mundial assume de forma agressiva a administração de serviços de água públicos nos países em desenvolvimento, elevando os preços para os residentes locais e lucrando com a busca desesperada do Terceiro Mundo por uma solução para a crise de água. Para as empresas, a resposta é uma só: a água deve ser tratada como qualquer outro bem comerciável, com seus usos determinados pelos princípios do mercado.

Ao mesmo tempo, os governos cedem seu controle sobre os suprimentos domésticos, participando de acordos comerciais como a Associação de Livre Comércio da América do Norte (Nafta) e suas possíveis sucessoras, a Área de Livre Comércio das Américas (Alca) e a Organização Mundial do Comércio (OMC). Essas instituições de comércio globais facilitam o acesso, sem precedência para empresas transnacionais, aos recursos hídricos dos países signatários.

Algumas empresas já entraram na justiça para forçar os governos a conceder acesso a recursos hídricos domésticos. A Sum Bett, empresa da Califórnia, está processando o governo canadense porque anos atrás uma de suas províncias, a Colúmbia Britânica, proibiu a exportação de água. A empresa alega que as leis da Colúmbia Britânica violam vários direitos dos investidores, de acordo com o tratado da Nafta, e exige 10 bilhões de dólares em indenizações por lucros cessantes.

Sob a proteção desses acordos comerciais internacionais, as empresas cobiçam o aproveitamento de enormes quantidades de água potável, trazendo-a por cursos de água ou por supernavios. Elas desenvolvem tecnologias pelas quais milhões de toneladas de água potável seriam carregadas em enormes navios-tanques e transportadas pelos oceanos para venda. Vendendo água a quem oferece mais, tende-se a exacerbar os piores impactos da crise mundial de água. Várias instituições de pesquisa e ONGs ambientais têm alertado na última década: se continuar o uso predatório de água, o resultado será a devastação da Terra e o extermínio de seus habitantes.

Está em curso uma campanha em escala mundial, ainda que não totalmente coordenada, para resistir à privatização e à mercantilização da água. Além disso, surgem inúmeras iniciativas para impedir a construção de mais megabarragens e recuperar rios e margens prejudicados, enfrentando indústrias que contaminam os sistemas aquáticos.

Uma série de perguntas deve ser levantada e respondida por todos os cidadãos e seus servidores e representantes nos órgãos públicos:

- A quem pertence a água?
- Quem pode apropriar-se dela?
- É lícito privatizá-la?
- Em nome de que direito as empresas transnacionais estão comprando sistemas de recursos hídricos?
- Esses recursos podem ser comercializados como qualquer *commodity* no mercado?
- De que leis necessitamos para proteger a água, destinando-a ao consumo de todos?
- Qual deve ser o papel dos poderes públicos nessa questão do uso da água?
- Os países ou regiões ricos em recursos hídricos devem compartilhar a sua riqueza com os países mais pobres?
- A quem cabe a responsabilidade de zelar pelo "sangue azul" da natureza?
- Como envolver os cidadãos nesse processo?

A água, uma herança da Terra, deve ser sempre preservada como bem público e protegida por uma legislação forte, local, nacional e internacional. O que está em jogo é a ideia de que, por meio de instituições públicas, identifiquemos um legado natural e humano comum, a ser preservado para as gerações atuais e as futuras. Além das instituições e órgãos nacionais e internacionais, as comunidades locais devem assumir o papel de guardiões dos recursos hídricos e estabelecer os princípios de seu uso racional e equitativo.

Em vez de permitir que esse recurso vital se torne uma mercadoria a ser vendida a quem mais oferece, postulamos que o acesso à água para as necessidades básicas constitui um direito humano inalienável. Cabe a cada geração zelar para que a abundância e a qualidade da água não sejam diminuídas em consequência de atividades predatórias e esforços devem ser feitos para restaurar a saúde dos ecossistemas aquáticos e aquíferos que já foram degradados.

Para isso, precisamos reestruturar radicalmente a nossa sociedade e o estilo de vida, revertendo a depredação dos recursos hídricos e aprendendo a viver com eles em condições de sustentar os seres vivos e a natureza.

Nada mais perigoso do que o abuso dos preciosos recursos hídricos do mundo, apostando na tecnologia como resposta. Não haverá salvação tecnológica para um planeta com escassez crônica de água.

» ALIMENTOS PARA TODOS?

Setembro de 2008

Os ecossistemas e o clima do planeta têm alcançado um ponto de saturação, prenunciando desastres naturais e humanos. Segundo o International Panel on Climate Change (IPCC), teremos no máximo dez a vinte anos para estabilizar as emissões de gases de "efeito estufa" antes de reduzi-las drasticamente para evitar catástrofes em consequência da mudança climática.

A reunião do G8 em Hokkaido, Japão, no começo de julho deste ano, não passou de mera repetição da do ano anterior, realizada em Heiligendamm, Alemanha, e que resultou, no comunicado final, em um apelo a "sérias considerações" por parte dos países que mais emitem gases causadores do "efeito estufa". Os Estados Unidos, na contramão da história, opõem-se à fixação de metas, condicionando seu consentimento a compromissos de outros grandes poluidores, os chamados países emergentes. Isso resultou em um jogo de empurra-empurra e no adendo com "sérias considerações" e "cenários ambiciosos" no empenho de cortar as emissões até o ano 2050, incluídos na resolução final do encontro.

Isso significa que nas próximas quatro décadas continuaremos a assistir à barbarização do mundo, em que os ricos viverão confinados e protegidos com seu consumo opulento e de desperdício, enquanto bilhões de pobres estarão em lugares destroçados, desertificados e contaminados, expostos à falta de água e de alimentos básicos para a sua sobrevivência.

Recentemente, a Organização Mundial da Saúde (OMS) e a Organização para a Agricultura e Alimentos (FAO) têm manifestado preocupação com a oferta decrescente e a elevação dos preços de alimentos, que provocam violentos protestos em países como Bangladesh, Haiti e Egito por causa da falta de arroz e trigo e pelo que custam.

Está certo que, na segunda metade do século XX, a produção de milho, trigo, soja e outros cereais praticamente triplicou, o que criou a sensação de abundância ilimitada de alimentos. Essa "idade de ouro" sumiu e deu lugar a uma escassez de alimentos, transformada em crise global. Uma análise mais séria mostra que o agrobusiness está se tornando insustentável justamente no momento histórico em que a demanda aumentou, com a entrada de centenas de milhões de novos consumidores do BRICS (associação de Brasil, Rússia, Índia, China e África do Sul) e de outros países emergentes. As agroindústrias acostumaram-se com os baixos preços de petróleo para o transporte, máquinas agrícolas, fertilizantes e defensivos. Ademais, a agricultura consome três quartos da água potável do planeta, o que torna esse recurso mais escasso e caro. A mudança do clima e a irregularidade das chuvas tornam essa situação insustentável, obrigando a sociedade a repensar seriamente os métodos de produção de alimentos. Por muito tempo, os subsídios governamentais mantiveram baixos os preços de alimentos e a oferta de água parecia ilimitada, embora se gastem 4 mil toneladas de água para produzir 1 tonelada de grãos.

Nos países ricos, a população de alto poder aquisitivo aproveitou os alimentos baratos e chegou a níveis de consumo excessivos, tornando obesa uma porcentagem cada vez maior da população e criando um novo problema para a saúde pública. Cientistas apontam para os alimentos geneticamente modificados – "transgênicos" – como a solução do problema da falta crescente de terra, água e outros insumos. Mas os efeitos dos transgênicos na saúde dos consumidores são polêmicos e incertos e vários países proibiram a sua importação e consumo.

Qual seria a saída? Agrônomos apontam para sistemas locais de produção de alimentos orgânicos que dispensariam o transporte a longa distância, dependente do petróleo. São poucas as regiões em que a produção de alimentos orgânicos tem feito progresso e sua adoção como política oficial encontra inúmeras resistências políticas por parte dos grandes fazendeiros.

Mas a crise de alimentos é tão séria e de equação tão difícil quanto a de combustível e a do aquecimento global terrestre; todas exigem decisões políticas das grandes potências poluidoras, sob o controle das Nações Unidas.

Para tratar desse grave problema foi convocada a reunião do G8 em Hokkaido. Da sua agenda inicial, constavam os problemas dos 3 Fs – *Food, Fuel, Financial Problems*, isto é, alimentos, combustíveis e a crise financeira mundial que eleva os preços dos alimentos e cria pressões inflacionárias. Por iniciativa do primeiro-ministro japonês Yasuo Fukuda foi incluído na pauta das discussões o problema da mudança climática. Os resultados, como era de se prever, foram decepcionantes. A proposta de reduzir as emissões de gases de efeito estufa em 20%, 40% ou até 50% até o ano de 2050 soa ridícula em face da gravidade dos problemas que afligem a humanidade, sem perspectivas de mudança radical nas atitudes dos governantes, empresários e políticos.

A complexidade dos problemas de aumento da produção de alimentos ultrapassa o raciocínio linear e exige um equacionamento sistêmico que considere os principais fatores ou variáveis componentes da cadeia de produção, seus insumos e o transporte de grãos e cereais. Obviamente, o problema central é a disponibilidade de terras acessíveis e com qualidade para novos cultivos. São poucos os países, entre os quais se destaca o Brasil, que dispõem de reservas de terras ainda não ocupadas pela agropecuária. Mesmo no caso do Brasil, a expansão da fronteira agrícola pelo plantio de cana e de soja encontra resistências por adentrar regiões consideradas reservas ecológicas, como o cerrado, a caatinga, o agreste e até a floresta amazônica. Todas estão localizadas a grande distância dos centros de consumo ou de portos de exportação. Assim, além de novas máquinas agrícolas para arar, semear e colher os produtos, é preciso calcular os custos de transporte, geralmente feito por caminhões pesados movidos a óleo diesel.

O cultivo das terras exige grandes quantidades de fertilizantes e defensivos, todos subprodutos da indústria petroquímica. Certas regiões, devido à instabilidade e às incertezas das chuvas, necessitarão de obras de irrigação e de grandes quantidades de água a ser transportada para longas distâncias e por equipamentos especializados. Essa água, além de regar as plantas, causa a penetração dos agrotóxicos no subsolo, contaminando rios, lagos e lençóis freáticos.

Outro problema é o das sementes, cuja escolha obedece à maximização do retorno sobre o investimento, levando com frequência à adoção de sementes geneticamente modificadas (transgênicos), cujos produtos são rejeitados por consumidores e governos receosos de riscos para a saúde pública.

Torna-se necessário, também, construir silos para o armazenamento e proteção das colheitas contra intempéries, para os quais se contratam apólices de seguro. Finalmente, é inevitável enfrentar o mercado e as oscilações de preços devido a flutuações da demanda e da oferta e à especulação nos mercados de futuro.

Todos esses fatores são sensíveis a pressões inflacionárias originadas do alto preço do petróleo, que impactam com efeito de cascata no preço final de alimentos. Equacionar e enfrentar todos esses problemas e seus principais atores – os megafazendeiros, os conglomerados transnacionais e os especuladores financeiros – é uma tarefa que exige, além de planejamento rigoroso, a intervenção do poder público nas funções de regulação, fiscalização dos mercados e, sobretudo, distribuição a preços subsidiados de alimentos às populações de baixo poder aquisitivo.

De onde viriam os recursos para tal política? Não há outra saída senão elevar os impostos e tributos sobre a renda e a riqueza dos mais afortunados, que se beneficiam de uma alíquota ridiculamente baixa, de 27,5%. Nos países europeus ela é de 45% a 50%.

» LIMITES DO CRESCIMENTO: ÚLTIMO ALERTA

Novembro de 2008

A escassez e o próximo esgotamento das reservas de petróleo são problemas estreitamente relacionados com o da recessão econômica que atravessa o mundo, com os altos preços do petróleo e seus reflexos nos preços dos alimentos e de *commodities* sentidos em todos os países e continentes. Estima-se que 60% das reservas de petróleo no mundo, ou seja, aquelas que podem ser extraídas de campos e bacias conhecidos por meio de tecnologias existentes, se encontram no Oriente Médio. Juntando as reservas da Rússia e da Venezuela, o total se eleva a 75%, dos quais a Arábia Saudita detém 20%. No nível de produção e de consumo atual, o mundo dispõe de petróleo para pouco mais de quarenta anos.

Quais serão os impactos previsíveis dessa situação concreta e irreversível para o funcionamento futuro do sistema mundial?

Os séculos XVIII e XIX da Revolução Industrial tiveram como principal fonte energética o carvão mineral. O século XX beneficiou-se dos imensos campos de petróleo barato do Oriente Médio que pareciam inesgotáveis. Mas chegamos ao século XXI com os preços desse óleo, que na atualidade é insubstituível como combustível, em níveis nunca alcançados e com sua distribuição controlada por um cartel de poucas nações produtoras, integrantes da Organização dos Países Exportadores de Petróleo (Opep).

Depois de dois "choques de petróleo" na década de 1970, a reação dos países industriais concentrou-se na construção de reatores nucleares, dos quais existem hoje cerca de 450 no mundo, principalmente nos Estados

Unidos, na França, na Alemanha e no Japão. Em que pesem os elevados custos unitários das usinas, a demora na sua construção e a resistência das populações, e mesmo que a atual capacidade de geração de energia dos reatores seja duplicada nos próximos dez a quinze anos, nada disso será suficiente: a energia nuclear, na melhor das hipóteses, é uma solução parcial como meio de transporte, tendo em vista as centenas de milhões de veículos movidos a combustão.

Pensando no futuro em dimensões globais, fica óbvia a inadequação não somente da energia nuclear, mas também das outras fontes de energia alternativas – biocombustíveis, eólica, solar e geotérmica – para sustentar o estilo de vida baseado em transporte individual de nossa civilização. Exemplificando: nos Estados Unidos circulam 80 veículos para cada 100 habitantes (aproximadamente 250 milhões); na Alemanha, 55 por 100 habitantes, e índices semelhantes se encontram nos outros países desenvolvidos, membros da Organização para a Cooperação e o Desenvolvimento (OCDE), somando quase 1 bilhão de veículos a motor, hoje alimentados por petróleo.

Quando se tenta extrapolar essas taxas para os BRICs (China, Índia, Brasil, Rússia, México, África do Sul e outros), fica patente a insustentabilidade do sistema, se o objetivo for a construção de sociedades mais justas, equilibradas e ecologicamente sustentáveis. A alta dos preços de combustíveis arrasta a dos alimentos, dos bens de capital e das *commodities*, num círculo vicioso que desestabiliza todas as sociedades, as ricas e as pobres, as industrializadas e as de subsistência, em todos os quadrantes do planeta. Acrescente-se a isso o "efeito estufa" ou o aquecimento global terrestre e se tem configurado o cenário de uma catástrofe iminente ameaçando até a sobrevivência da humanidade, mergulhada numa série interminável de conflitos pelo controle dos recursos – e não somente porque esses são escassos, mas porque a escassez causa problemas sociais regionais e nacionais.

A crise de recursos é agravada pela presença nos mercados de poderosos grupos especuladores que movimentam diariamente valores maiores que a soma de produtos e serviços gerados pelo sistema econômico e superiores aos ativos de todos os bancos centrais. Efetivamente, o sistema capitalista atingiu um estágio que torna as sociedades ingovernáveis devido à concentração de riquezas nas mãos de uma minoria ínfima da população mundial, enquanto reduz a imensa maioria a condições de indigência e marginalidade. Cresce o número de milionários e bilionários, conforme relatam as revistas *Fortune* e *Forbes* e as estatísticas de organismos internacionais, mas aumenta o contingente da população mundial que sobrevive com menos de um dólar por dia – o que, na conjuntura atual de escassez e alta dos preços de alimentos básicos como arroz, milho, soja, trigo e feijão, se torna insuficiente para assegurar o mínimo necessário à sobrevivência.

Paradoxalmente, a polarização nas sociedades e entre as sociedades não impede a corrida atrás do crescimento econômico. Ao contrário, estimuladas pelo "efeito demonstração", dezenas e centenas de milhões de pobres nos países emergentes aspiram à elevação do consumo material, para adquirir carros, casas, eletrodomésticos, televisores, celulares e outros bens de consumo materiais e simbólicos que lhes são exibidos pelos meios de comunicação, jornais, revistas, rádio e tevê, além das vitrinas das lojas.

Em retrospectiva histórica, há certa analogia com a década de 1970. Dois "choques de petróleo" (1973 e 1978), seguidos de violenta alta dos preços de alimentos, crise cambial e bancária e empobrecimento generalizado das populações do então chamado Terceiro Mundo, criaram um clima de pânico e de preocupação com o futuro por parte de acadêmicos, políticos e empresários, dos quais um grupo resolveu criar o Clube de Roma com o objetivo de oferecer soluções para a crise mundial.

O Clube encomendou um estudo a um grupo de pesquisadores do Massachusetts Institute of Technology (MIT), que atuou sob a inspiração e coordenação do professor Jay W. Forrester, um dos pioneiros em dinâmica de sistemas. Trabalhou-se com a hipótese de se tratar de fenômenos mais bem explicados por "multiloop non-linear feedback systems", ou seja, sistemas realimentados por oscilações múltiplas e não lineares, e os resultados dos estudos individuais, apresentados ao Clube de Roma, foram publicados num livro com o título *Limites de crescimento*, de 1972. Para as análises, os autores selecionaram algumas variáveis, apresentando hipóteses do seu crescimento exponencial e chegando à conclusão óbvia de um futuro desequilíbrio e até um colapso total da Terra.

As variáveis estudadas pelos autores foram:

- crescimento da população;
- crescimento do PMB – produto mundial bruto;
- produção de alimentos;
- produção de fertilizantes;
- reservas de recursos não renováveis – combustíveis e minérios;
- crescimento do consumo de energia;
- poluição ambiental por CO_2 e outros gases, chuva ácida, metais pesados e resíduos da produção agrícola e industrial.

É de estranhar que os autores praticamente omitiram em suas análises a variável fundamental – a água, elemento básico para a sobrevivência física da população humana, desde que seus ancestrais saíram das florestas e adotaram um estilo de vida sedentário, baseado na agricultura. Mais séria, contudo, é a ausência de análises sociais e políticas a partir das quais se estabelecem os padrões de distribuição e consumo de bens materiais.

Trabalhando com a premissa falaciosa de produção e distribuição de alimentos, água e outros recursos escassos *per capita*, ou seja, abstraindo-se a alocação de recursos que reflete as relações de poder, os autores e seus computadores calculam os limites absolutos mas não relativos de recursos necessários à sobrevivência da humanidade.

O exercício, ao deixar de lado a profunda e crescente divisão de ricos e pobres, dos que "têm" e dos que "não têm" acesso aos bens e serviços, revela-se inócuo e improdutivo em termos de soluções e propostas alternativas. Assim, indagam os autores, "suponhamos as melhores condições sociais possíveis: qual é o crescimento que o sistema físico poderá suportar?".

Nas conclusões, eles postulam que, "se as atuações e tendências de crescimento da população mundial, industrialização, produção de alimentos, poluição e diminuição de recursos naturais continuarem, os limites de crescimento no planeta serão alcançados nos próximos anos e resultarão em declínio súbito e incontrolável da capacidade industrial".

Quarenta anos depois da elaboração do estudo, é possível em 2008 verificar que a população mundial mais do que dobrou nesse intervalo, enquanto os indicadores de pobreza, mortalidade infantil e subnutrição não foram invertidos em sua tendência perversa. Pelo menos um terço da população vegeta nos limites de sobrevivência, não tendo acesso a água potável, saneamento, alimentação básica e serviços essenciais como educação e saúde, e isso apesar da incorporação de centenas de milhões de deserdados como produtores e consumidores na China e, em grau menor, na Índia. Um exemplo da gritante desigualdade é o acesso à água potável. É sabido que a quantidade de água doce disponível na Terra é de apenas 0,5% do total das águas, incluindo as calotas polares geladas.

Devido à urbanização intensa, aos desmatamentos e à contaminação por atividades industriais e agrícolas, mesmo essa pequena quantidade de água está diminuindo, o que causa a desertificação progressiva da superfície terrestre. Em consequência da urbanização, o consumo de água dobra a cada vinte anos, mais rapidamente do que o crescimento da população. Se, de acordo com as estatísticas das Nações Unidas, centenas de milhões de pessoas carecem de acesso à água potável, por outro lado continua o consumo de desperdício do precioso líquido pela parcela dos mais afortunados que podem pagar pelo serviço. Enquanto regiões imensas na África, Ásia e América Latina carecem de recursos hídricos mínimos, nas regiões "desenvolvidas", além de excesso de consumo, aumenta a poluição de rios, lagoas e lençóis freáticos e aquíferos subterrâneos, tudo em nome de um suposto crescimento econômico.

Alimentos, recursos naturais, água e um meio ambiente saudável são condições necessárias, porém não suficientes para um processo de desenvolvimento sustentável, definido por atividades econômicas racionais, sem depredação dos recursos naturais e, sobretudo, do trabalho humano, com distribuição equitativa e justa dos produtos e oferecendo oportunidades iguais para o desenvolvimento pessoal e o pleno desabrochar da personalidade do indivíduo.

A alegada ou real escassez de recursos – terra, água, fontes energéticas e matérias-primas – é o resultado de uma organização social perversa e injusta que condena metade da humanidade à condição de indigentes e marginalizados, sem nenhuma perspectiva de desenvolver seu potencial humano criativo. A aposta em inovações tecnológicas, tais como a Revolução Verde, tem se mostrado contraditória em seus efeitos. Houve um aumento da produção em consequência do uso maciço de fertilizantes, defensivos e sementes selecionadas, mas seus benefícios foram apropriados pelos proprietários de terras de grandes extensões que, além do capital necessário para adotar as novas técnicas, têm acesso mais fácil aos mercados de seus produtos e ao financiamento. Desalojando pequenos agricultores, criam desemprego e mais pobreza.

Nem todos os problemas são suscetíveis de soluções técnicas. Seus condicionantes são valores sociais e uma postura ética, ausentes para os donos de capital, movidos pela busca irrefreada de lucros e sua acumulação. Infelizmente, a chamada "responsabilidade social" das empresas tem-se revelado mais um instrumento de *marketing* do que uma mudança no comportamento real do mundo dos negócios.

As tentativas de apelar para a consciência dos empresários, executivos, políticos e um certo número de acadêmicos reunidos anualmente no Fórum Econômico Mundial, em Davos, Suíça, revelam mais perplexidade e são inócuas em face das dimensões do problema para a humanidade.

Também o Fórum Social Mundial, criado como contraponto aos encontros de empresários e com um início promissor graças à presença de dezenas de milhares de ativistas, principalmente jovens vindos de mais de uma centena de países, perdeu o foco e o ímpeto, deixando os seus participantes perplexos e desorientados.

Os históricos movimentos de massa, proclamando mudanças estruturais revolucionárias – socialistas, comunistas, anarquistas –, sofreram o golpe da revelação das atrocidades cometidas pelo regime stalinista na ex-União Soviética, que desacreditaram todos os movimentos esquerdistas. Por outro lado, o avanço espetacular do neoliberalismo que proclama "o fim da história" e acena com o acesso ao consumo ilimitado, desarticulou também os movimentos sindicais, cujos dirigentes foram cooptados pelo aparelho de poder da plutocracia.

Em outras palavras, atravessamos um ciclo histórico recessivo na evolução da humanidade, o qual, com a opulência, a riqueza material e o poder concentrados nas mãos de poucos, nos aproxima dos limites da barbárie.

Parafraseamos um filósofo grego que, ao contemplar o céu e as estrelas, postulou a harmonia e o equilíbrio como condições *sine qua non* do sistema cósmico e clamou por "um mundo só", agora e no futuro. Para melhorar as condições humanas e restaurar a dignidade existencial, serão precisos sacrifícios individuais e mudanças nas estruturas de poder econômico e político, no caminho de uma humanidade solidária, pacífica e sustentável, que tenha condições de satisfazer as necessidades básicas de todos e criar oportunidades iguais, para cada um, de realizar seu potencial individual.

A situação econômica e social está cada vez mais próxima do caos, da violência e de confrontos irracionais em todas as regiões do globo. A tendência à depredação de recursos naturais e humanos não significa que os limites de crescimento serão alcançados nos próximos anos e resultarão em declínio súbito e incontrolável da população e de sua capacidade produtiva. Significa, sim, que os custos sociais e ambientais serão transferidos em escala e intensidade crescentes aos que menos poder de defesa têm, eternas vítimas de um sistema desumano e implacável.

No começo de julho de 2008, reuniram-se em Toyako, na ilha de Hokkaido, Japão, os chefes de Estado do G8, os países industrialmente mais desenvolvidos e ricos (Estados Unidos, Japão, Alemanha, Grã-Bretanha, França, Itália, Canadá e Rússia), para "considerar seriamente" a redução de emissões causadoras do aquecimento global terrestre. Não houve avanço com relação à reunião do ano anterior, realizada em Heiligendamm, Alemanha, na qual o Japão, a União Europeia e o Canadá propuseram a redução das emissões globais até 2050, uma meta de longo prazo. Mas, como dizia lorde Keynes, "a longo prazo estaremos todos mortos".

Ainda assim, os Estados Unidos se opõem a apresentar metas quantitativas, a menos que haja compromissos idênticos de outros países, grandes emissores, especialmente China, Índia e Brasil. Os G8 e outros oito países, Austrália, Brasil, China, Índia, Indonésia, México, África do Sul e Coreia do Sul, respondem em conjunto por mais de 80% das emissões que provocam o "efeito estufa" e o aquecimento global.

BIBLIOGRAFIA

MEADOWS, D. L. *et al. Limites do crescimento – um relatório para o Projeto do Clube de Roma sobre o dilema da humanidade*. São Paulo: Perspectiva, 1972.

» MEIO AMBIENTE, SAÚDE E DESENVOLVIMENTO SUSTENTÁVEL

Maio de 2009

Pode parecer um paradoxo falar de desenvolvimento sustentável em meio a uma das mais graves crises que afetaram o sistema capitalista nos últimos cem anos. A crise financeira que estourou em 2008 nos Estados Unidos e de lá se propagou rapidamente a todos os países do mundo evoca em sua extensão e profundidade a de 1929, que durou dez anos e só foi superada com investimentos maciços em obras públicas dos governos e, em última análise, com a mobilização e o rearmamento de milhões de jovens, em preparação da Segunda Guerra Mundial.

Outras crises típicas do sistema capitalista e apontadas em sua dinâmica destrutiva pelos críticos sociais, desde o século XIX, conseguiram queimar ativos financeiros e setores da economia "real" produtivos. Elas eclodiram em outubro de 1987, com perdas de centenas de bilhões de dólares nos mercados acionários; em 1997, na crise que atingiu os países asiáticos; na Rússia em 1998 e com a "bolha" da internet de 2000, que levou à desvalorização de empresas novamente na ordem de centenas de bilhões de dólares e se prolongou até 2002.

Entretanto, a crise atual, que começou com a quebra de bancos e de empresas do setor imobiliário nos Estados Unidos, exigiu pesadas intervenções do Tesouro Nacional e do Federal Reserve Bank para socorrer as empresas à beira da falência, mas nem assim impediram seu alastramento pelo restante do mundo, alimentada por especulações e fuga de capitais para paraísos fiscais.

A crise atual, cujos primeiros sinais foram a quebra de bancos e a retração do crédito, segue a trajetória de um ciclo vicioso: falta de crédito, fechamento de empresas, redução da massa salarial e dos rendimentos dos capitalistas, redução do consumo e da demanda de bens e serviços que, por sua vez, acelera o processo de demissão de trabalhadores e a falência do sistema produtivo.

Uma ilustração cabal do processo é representada pelo setor automotivo dos Estados Unidos: como explicar a falência das três montadoras, empresas símbolos da pujança econômica norte-americana? A redução no número de compras de veículos não é explicação suficiente para os pedidos de ajuda financeira de bilhões de dólares pelos executivos dessas empresas que voaram para a capital para implorar a ajuda do Congresso, em plena crise, com jatos particulares pagos pelas empresas. Má gestão? Especulação nos mercados financeiros? Parece mais uma repetição cansativa de um refrão conhecido: embolso privado dos lucros e socialização das perdas.

Voltamos à crise: dessa vez, ela assume proporções globais e nenhum país, nem os BRICs (Brasil, Rússia, Índia e China), consegue escapar. O desempenho econômico de todos os países no último trimestre de 2008 e no primeiro de 2009 destruiu as expectativas otimistas e revelou seu caráter universal devido à globalização nas últimas décadas. A crise arrastou bancos, seguradoras, fundos de pensão e, sobretudo, as bolsas de valores.

Assistimos, além da redução drástica de juros, à intervenção dos bancos centrais para aliviar a situação dos setores de importação e exportação, gravemente atingidos pela queda da demanda em nível mundial. Devido à queda de atividades produtivas e à falta de crédito, o desemprego aumenta rapidamente em todos os países.

Não se fala mais de desregulação e de responsabilidade fiscal, mas há apelos desesperados para o Estado salvar bancos e empresas e aliviar a situação dos mais pobres. O corte da taxa de juros, tanto nos Estados Unidos quanto na Inglaterra, em níveis inéditos na história, não foi suficiente para impedir a impressão de dinheiro. Mesmo assim, há receios justificados de que não será dinheiro suficiente diante do tamanho da crise e da quantidade de ativos "podres" já conhecidos, de 1 trilhão de dólares e mais 3 trilhões que devem aparecer nos próximos meses. Apesar dos "pacotes" de ajuda, os PIBs dos países continuam a cair e o desemprego se alastra com a falência de inúmeras empresas pequenas e médias. A crise se manifesta particularmente virulenta nos países dependentes de exportações como Japão, Taiwan e Coreia do Sul, que apresentam perdas no PIB de mais de 10% no último trimestre de 2008.

Após três décadas de reinado absoluto das doutrinas neoliberais impostas pelos Estados Unidos, pelo Fundo Monetário Internacional e pelo Banco Mundial, supostamente mais eficientes do que o Estado, volta-se a implorar a ajuda deste para salvar as empresas privadas. Nos anos 1980, a política econômica neoliberal tinha desmontado os controles multilaterais e nacionais sobre os movimentos especulativos do capital transnacional. Agora, diante da insuficiência da baixa da taxa de juros, volta-se ao receituário keynesiano de políticas de fomento do consumo, investimentos e emprego. A gravidade da situação exige medidas de urgência dos governos para reverter as expectativas pessimistas dos agentes econômicos e criar disposição e ânimo para mobilizar o excedente não consumido e investir na produção e na geração de empregos.

A RUÍNA DO SISTEMA INTERNACIONAL OU A "DESGLOBALIZAÇÃO"

O derretimento dos sistemas financeiros, nacionais e internacionais, tem contaminado a economia "real" ou os setores produtivos – a indústria, o comércio e a agricultura. A cada dia surgem novas estimativas sobre a retração do crescimento econômico no mundo. Com a queda dos preços de *commodities* – petróleo, minérios e produtos agrícolas –, o comércio internacional, os transportes marítimos e aéreos encolheram, assim como o turismo para países que dependem dessa fonte de receitas para a sua sobrevivência. Nos países em desenvolvimento, a situação piorou devido à redução significativa do fluxo de capitais sob a forma de Foreign Direct Investments (FDI). Como no caso do comércio, a desglobalização financeira afeta duramente a todos, embora haja diferenças na profundidade dos impactos. O Extremo

Oriente foi menos afetado, por dispor de amplas reservas de moeda estrangeira. A China conta com quase 2 trilhões de dólares em letras do Tesouro norte-americano. Mas a Europa oriental e a Rússia foram mais atingidas, por terem débitos acumulados com bancos estrangeiros e contas correntes com déficit assustador.

Investimentos estrangeiros têm diminuído no mundo todo à razão de mais de 30%, sobretudo nos países ricos, como Irlanda, Alemanha, Finlândia e outros, que passaram por uma saída líquida de capitais.

Outro aspecto da globalização – a mobilidade da mão de obra – tem sofrido queda acentuada. A Organização Internacional do Trabalho estima que o desemprego no mundo, somente no ano de 2009, passará de 30 milhões, por causa da recessão econômica. Haverá também uma redução drástica de movimentos migratórios que alimentavam o *boom* da construção civil nos Estados Unidos (latinos), na Irlanda (poloneses), na Espanha (norte-africanos) e na China, cuja população rural, que saiu do campo para trabalhar nas indústrias, deverá voltar com destino incerto. Isso certamente vai afetar as remessas de países ricos para os pobres, dos milhões de trabalhadores vindos do sudeste asiático para os países do Golfo Pérsico, jovens africanos que foram para a África do Sul e norte-africanos que foram para a Espanha, a Itália e a França, afora milhões de trabalhadores que saíram da Ásia Central para trabalhar na Rússia e que estão sendo mandados de volta para casa.

O grande triunfo da globalização – a construção de cadeias de suprimento de peças e componentes distribuídos em escala global –, que resultaria em maior eficiência e lucratividade, dá sinais de enfraquecer com o alastramento da recessão econômica e a crise financeira.

A queda generalizada das bolsas no mundo, de mais de 50% no último trimestre de 2008, somou perdas de dezenas de trilhões em valores monetários, embora muitos de natureza fictícia. O Produto Mundial Bruto, ou o total de bens e serviços produzidos em um ano, foi estimado, antes da erupção da crise, em 45 trilhões de dólares. Entretanto, o valor monetário de papéis em circulação, fonte de derivativos e outras formas de especulação, teria alcançado um nível múltiplo, sem nenhum lastro na economia real, da produção e do comércio. O "estouro da bolha" deixou praticamente todas as instituições financeiras e muitas empresas que tinham embarcado na "dança macabra" sem fundos e reservas suficientes para honrar seus compromissos com os clientes. Daí iniciou-se o "círculo vicioso": sem crédito, não há produção, demitem-se os empregados e cai o consumo, o que resulta em nova retração das atividades econômicas.

A CRISE DO DESEMPREGO

Diante da extensão e profundidade da onda de desemprego em todos os países, os governos estão sendo pressionados para ajudar os atingidos, da mesma forma que auxiliaram os bancos e outras instituições financeiras. Os impactos mais dolorosos estão sendo sentidos nos países mais pobres, onde milhões de trabalhadores que ocuparam posição no fim da cadeia de suprimentos estão perdendo o emprego e devem voltar para o mercado informal. Estimativas do Banco Mundial calculam que mais de 50 milhões de pessoas cairão para o nível abaixo da pobreza apenas neste ano de 2009. Ao mesmo tempo, a onda de protecionismo se espalha na forma de incitar os consumidores a evitarem importados e comprarem produtos nacionais. Na França, o presidente Nicolas Sarkozy anunciou o repatriamento de uma fábrica de automóveis da Renault estabelecida na Eslovênia, para gerar pelo menos quatrocentos empregos no país. É imprevisível o desastre que se seguirá à imitação dessa política por outras grandes empresas multinacionais. Por outro lado, os governos parecem incapazes de enfrentar as consequências sociais de um contingente crescente de trabalhadores desempregados.

A perda do emprego deve ser analisada em suas dimensões psicossociais, políticas e humanas, além dos aspectos econômico-financeiros. Os desempregados não apenas perdem o salário ou a renda regular, como se tornam alienados em suas relações produtivas com a comunidade, a família e toda a sociedade. A perda da função social de provedores das necessidades da família resulta em perda da autoestima e, também, do respeito dos outros, nesses incluídos a mulher e os filhos.

O número crescente de desempregados tende a enfraquecer os laços tradicionais de solidariedade, amparados por sentimentos de identidade e de pertencimento, sem os quais as pessoas se sentem abandonadas, inseguras, marginalizadas e apreensivas quanto ao seu futuro. Nos casos extremos, tal situação pode levar ao suicídio, como aconteceu nos anos da crise de 1930 na Alemanha e em outros países da Europa central. A dignidade humana, baseada em identidade individual e coletiva, constitui um dos pilares do convívio social organizado e harmônico e da estabilidade das instituições. O desemprego torna-se problema de saúde pública em sua dimensão física, de nutrição e assistência médica insuficientes, e na dimensão psíquica, em consequência de distúrbios da personalidade e do comportamento.

Apelos aos governos para que criem empregos ou defendam os direitos dos trabalhadores contra as novas práticas administrativas, como a "reengenharia", as organizações "enxutas" e a flexibilização da legislação trabalhista, têm pouco ou nenhum efeito sobre a dinâmica de investimentos, fusões ou desmembramentos de unidades produtivas por parte dos conglomerados e empresas transnacionais, cujo objetivo central é a maximização do retorno sobre o capital investido no prazo mais curto, independentemente dos efeitos sociais negativos. Por isso, é inevitável que prossigam os atentados ao meio ambiente, com outros sérios impactos na saúde de toda a população.

SOBRE O ESTADO DO MEIO AMBIENTE NESTE INÍCIO DE SÉCULO

Desde a primeira reunião internacional sobre o meio ambiente e o desenvolvimento, realizada em Estocolmo, Suécia, em 1972, muitas outras a seguiram: a Conferência das Nações Unidas sobre o Meio Ambiente e Desenvolvimento, realizada no Rio de Janeiro em 1992, outra reunião intermitente também no Rio, em 1997, que coincidiu praticamente com a de Quioto, no Japão, e inúmeras mais, em Johannesburgo, África do Sul, e em Báli, na Indonésia, no fim de 2007, e, mais recentemente, a de Londres, que devia preparar a agenda para nova reunião da Convenção do Clima, da ONU, a realizar-se em dezembro de 2009 em Copenhague, Dinamarca.

Os parcos resultados alcançados nesses 37 anos de reuniões e conferências, das quais participaram milhares de delegados, políticos, jornalistas e representantes das organizações não governamentais, causam desânimo e desespero naqueles que lutam para salvar o planeta e a humanidade de desastres ecológicos cada vez mais frequentes e violentos.

Mas, como na reunião de Quioto, que procurava fixar metas para a redução de emissões de gases poluentes responsáveis pelo efeito estufa, também nas seguintes não se chegou a um acordo porque os principais países poluidores – os Estados Unidos e os BRICs – se recusaram terminantemente a assumir sua responsabilidade para reduzir, nos próximos quinze anos (1997–2012), as emissões de CO_2, NO_4, SO_2 e metano, destacando-se pela arrogância a delegação norte-americana, que, devido à sua recusa em uma reunião internacional que requer unanimidade na votação, inviabilizou todos os esforços. Em 1997 a Rússia aderiu ao Protocolo e no final do mesmo ano a Austrália, sob governo trabalhista, declarou sua adesão às metas da convenção. Permanecem fora, por enquanto, os Estados Unidos e os três países emergentes – China, Índia e Brasil – que alegam seu direito de poluir até alcançar o nível de desenvolvimento dos "ricos". O argumento é frágil no caso do Brasil, cujas queimadas de florestas são responsáveis por aproximadamente 20% das emissões de CO_2 no mundo. Vários relatórios publicados nos últimos anos pelo Programa das Nações Unidas para o Meio Ambiente (PNUMA), com o propósito de facilitar o balanço da saúde ambiental do planeta e orientar os debates sobre os rumos da política ambiental a ser adotada para evitar desastres e seus impactos sobre populações indefesas, apontam os principais problemas:

- A concentração de gás carbônico na atmosfera. Essa concentração, um dos fatores que provocam o efeito estufa, apesar de amplamente documentada e reconhecida na Convenção das Nações Unidas sobre Mudanças Climáticas, e posteriormente salientada pelo Protocolo de Quioto, não suscitou nenhuma ação concreta, devido à resistência dos Estados Unidos. O aumento do aquecimento global terrestre, em razão do sempre maior consumo de combustíveis fósseis na produção de aço, cimento, energia termoelétrica e queimadas de biomassa, causou severos danos à camada de ozônio, com impactos na saúde das populações afetadas por câncer de pele.

- A crescente escassez de água potável. Com uma demanda crescente em consequência do aumento da população mundial, do desenvolvimento industrial e da agricultura irrigada, verifica-se uma oferta limitada de água potável, distribuída de forma muito desigual. Relatórios do PNUMA estimam que 40% da população mundial sofre de escassez de água desde a década de 1990. A falta de acesso à água e de saneamento básico tem resultado em centenas de milhões de casos de doenças, provocando mais de 5 milhões de mortes a cada ano.
- A degradação de solos por erosão e salinização e o avanço da agricultura irrigada em grande escala, os desmatamentos e a remoção da cobertura vegetal natural, o uso de máquinas pesadas, as monoculturas e o emprego de sistemas de irrigação inadequados, além de regimes de propriedade arcaicos, contribuem para a escassez crescente de terras aráveis e, assim, para a insegurança alimentar da população mundial.
- A poluição de rios, lagos, zonas costeiras e baías tem causado degradação ambiental contínua por despejo de volumes crescentes de resíduos e dejetos industriais e orgânicos. O lançamento de esgotos não tratados aumentou dramaticamente nas últimas décadas, com impactos eutróficos severos sobre a fauna, a flora e os seres humanos.
- Os desmatamentos contínuos. Relatórios do PNUMA estimam uma perda de florestas, somente na década de 1990, de 94 mil km^2, ou seja, 15 mil km^2 anualmente só no Brasil, descontadas as áreas reflorestadas. Uma das consequências do desmatamento é a perda da biodiversidade, particularmente nas áreas tropicais. Mudanças climáticas, extração predatória de recursos naturais e minerais e transformações no uso do solo estão dizimando a flora e a fauna em diversas regiões do mundo.
- O crescimento exponencial da população, acompanhado de novos padrões de produção e consumo, resulta em enormes quantidades de resíduos tóxicos poluentes com efeitos desastrosos na biodiversidade. Embora não existam dados precisos sobre espécies extintas nas

últimas três décadas, o PNUMA estima que 24% (1.183) das espécies mamíferas e 12% (1.130) das aves estariam ameaçadas de extinção.

A situação se apresenta particularmente dramática nas áreas urbanas e metropolitanas nas quais vive quase metade da população mundial, a maioria em condições de alimentação, habitação, saneamento e acesso a facilidades de recreação e lazer cada vez mais precárias. A concentração ininterrupta de desempregados, miseráveis e excluídos nos espaços urbanos caracterizados por desigualdades extremas produz o fenômeno de anomia social – marginalidade, delinquência e narcotráfico que enfraquecem a coesão social e ameaçam a governabilidade da sociedade. Um relatório das Nações Unidas estima que cerca de 800 milhões de habitantes urbanos vegetam abaixo da linha de pobreza e são extremamente vulneráveis a desastres naturais e mudanças ambientais. Essas mudanças são responsáveis pela saúde deteriorada e a baixa qualidade de vida, sendo a falta de saneamento básico e a poluição do ar causadoras da maior parte de doenças e mortes.

SAÚDE E MEIO AMBIENTE

Na parte anterior do texto apontamos para alguns dos impactos causados na saúde humana pela degradação do solo, do ar e da água, além dos efeitos desastrosos de condições de moradia inadequada e de falta de acesso ao saneamento básico, sobretudo nas favelas e cortiços nas áreas metropolitanas.

A indústria de mineração e de beneficiamento de minérios e as indústrias petroquímicas, entre outras, são responsáveis pelo despejo ou descarga de resíduos químicos letais (mercúrio, benzeno, enxofre, etc.) nos solos e rios, causando impactos muitas vezes irreversíveis na saúde das populações residentes na região. Outra grave ameaça à saúde humana origina-se nos produtos alimentícios fornecidos por uma agricultura praticada em larga escala, baseada numa poderosa indústria de agrotóxicos, pesticidas e fertilizantes químicos que contaminam seus produtores e consumidores. Alegando a necessidade de prover alimentos básicos à população crescente concentrada nas áreas urbanas, a agricultura moderna utiliza pesticidas, hormônios e fertilizantes químicos que causam a devastação do meio ambiente, a contaminação dos lençóis freáticos e a deterioração da saúde dos consumidores – elo final da cadeia.

Significativa a respeito é a introdução de transgênicos que, como a "revolução verde" nos anos 1950, vão resolver os problemas de escassez de alimentos, mas cujos riscos à saúde humana e animal não têm sido pesquisados e avaliados devido às pressões políticas das grandes empresas produtoras. Assim, sua penetração nas áreas de lavouras tem acuado ou eliminado as culturas tradicionais e as variedades genéticas, além de criar uma dependência dos agricultores dessa tecnologia cuja propriedade é concentrada nas mãos de poderosas empresas e oligopólios.

Mas os impactos mais sérios na saúde humana são produzidos, indubitavelmente, pelas condições de vida, a desigualdade social e a consequente exclusão e marginalidade que atingem dezenas de milhões de brasileiros e centenas de milhões da população mundial. Talvez por isso, um relatório recente, divulgado pela Organização Mundial da Saúde em agosto de 2008 e elaborado por um grupo de especialistas com ampla experiência em desenvolvimento e saúde, inicia-se com as palavras "Justiça social é um assunto de vida e morte". O documento concentra-se na questão da desigualdade e em sua relação com a saúde, conclamando os governos a superarem o fosso entre ricos e pobres no período de uma geração. Configura-se o fosso pelos extremos de mortalidade infantil e expectativa de vida entre os mais pobres da África, Ásia e América Latina quando comparados com os indicadores das classes média e alta, moradores nas áreas urbanas privilegiadas.

O relatório aponta para fatores sociais, políticos e econômicos que podem determinar "se uma criança vai crescer e desenvolver o pleno potencial em sua vida ou se vai morrer cedo". Para reduzir os riscos dessa fatalidade, os especialistas recomendam, entre outras medidas, a melhoria da qualidade de vida, particularmente das mulheres nos países pobres, mediante investimentos em cuidados com as crianças, na educação e nas condições de trabalho. Insistem na necessidade de corrigir a distribuição desigual de dinheiro, de poder e de outros recursos, por meio de um melhor sistema de governança, apoio à sociedade civil e políticas econômicas equitativas.

Outro fator importante para tornar o mundo um lugar mais justo e saudável para os pobres seria a transparência nas decisões e o monitoramento dos progressos em programas de eliminação das desigualdades na área da saúde.

O relatório seria apenas uma manifestação louvável de expectativas e de exortação do poder público para empreender políticas de distribuição de renda? Os autores reconhecem que o crescimento econômico tem impacto importante, embora possa levar, como de fato ocorre, a maior desigualdade, sobretudo se não houver políticas públicas para melhorar o nível de saúde das populações mais pobres. Outros fatores não monetários se referem à insegurança de emprego que pode levar à angústia e depressão, indicadores de saúde mental afetada.

A vacinação de crianças, a educação sexual de meninas e a informação sobre nutrição adequada para as mães podem melhorar o nível de saúde pública. A análise da estrutura dos serviços de saúde dá destaque à cobertura universal do tipo SUS, que produziria melhores resultados do que outros modelos, uma vantagem documentada pelos indicadores de saúde de países como Costa Rica e Cuba, superiores aos dos outros países da América Latina materialmente mais ricos. A posição relativa do Ministério da Saúde na estrutura de poder e, portanto, a possibilidade de obter mais verbas seriam também fatores determinantes.

No fundo, os problemas de saúde pública têm raízes sistêmicas e interdependentes que refutam e inviabilizam qualquer abordagem linear e cartesiana. De onde se infere que qualquer reducionismo, quando se trata de problemas sociais complexos, revela-se estéril e improdutivo. Para intervir no cenário desalentador é preciso melhorar os indicadores da eficácia das políticas públicas de saúde, disso informando e conscientizando a sociedade civil, organizada e motivada para a plena participação nas decisões que afetam a sua saúde e o seu bem-estar.

A comprovação empírica de algumas das hipóteses levantadas acima pode ser extraída de duas publicações recentes do Ministério da Saúde do Brasil, a saber: "Vigilância da Saúde Ambiental – Dados e Indicadores Selecionados – 2006", elaborada sob a coordenação geral de Anamaria Testa

Tambellini, e "IDB 2007 Brasil – Indicadores e Dados Básicos para a Saúde", uma edição da Rede Interagencial para a Saúde (RIPSA), do Ministério da Saúde e da Organização Pan-Americana de Saúde (Opas).

VOLTANDO À SUSTENTABILIDADE

O conceito de sustentabilidade havia sido cunhado no relatório da Comissão Brundtland, divulgado em 1987 com o título "Nosso Futuro Comum". Os representantes dos países concordaram com a elaboração da Agenda 21, na qual se listavam metas e estratégias relativas aos principais obstáculos para o desenvolvimento, desde o nível local, regional e nacional até o internacional. Apesar das críticas formuladas pelos autores, o tom geral era de otimismo e confiança nas políticas propostas para superar os desafios à construção de um mundo sustentável. Para a definição de desenvolvimento sustentável, foram apontados três critérios: economicamente viável, socialmente equitativo e ecologicamente inofensivo.

Ignorava-se, na teoria e na prática, a dimensão ética da vida em sociedade, dada a dinâmica "perversa" da acumulação e reprodução do capital e seus impactos devastadores na espoliação e alienação dos trabalhadores e dos recursos naturais. O raciocínio que postula a prioridade do crescimento econômico como resposta aos desafios do desenvolvimento é falacioso, pois a cada dia aumentam as dúvidas sobre um modelo de crescimento que beneficie poucos e traga desgraças para muitos. Em todas as sociedades, as pessoas se tornam angustiadas, frustradas e revoltadas diante da falta de perspectivas e da incapacidade dos governos de atender a suas perspectivas de bem-estar. O Estado perdeu o monopólio de poder coercitivo para grupos armados envolvidos no tráfico de drogas, de armas ou nos jogos ilegais.

Entre os defeitos sociais desses processos desestruturadores, destaca-se a percepção de uma situação de caos, de insegurança, de perda de identidade e, assim, o enfraquecimento da solidariedade social. Infere-se, portanto, que o conceito de sustentabilidade não pode ser reduzido ao "esverdeamento", ao ecologicamente correto e, tampouco, ao economicamente viável (para quem?). Há uma dimensão social e ética que deve ser priorizada, assegurando os direitos humanos e a justiça social para todos. Caberia ao Estado zelar pela "internalização" dos custos sociais e das deseconomias das metrópoles, punindo os responsáveis por isso. Entretanto, a estrutura do sistema político não toca nos privilégios das elites, enquanto ignora as necessidades das populações desamparadas.

De pouco adiantará o crescimento econômico se for em setores que consomem matéria-prima e fontes energéticas não renováveis, poluem o meio ambiente e deixam resíduos tóxicos de difícil e custoso tratamento. A indagação sobre "como romper o círculo vicioso" nos leva à dimensão política, pouco explorada, dos processos de transformação. Desigualdades geram conflitos e violência – sintomas de sociedades insustentáveis – para conquistar ou distribuir melhor o acesso às posições de mando, ou seja, instaurar um regime mais democrático e solidário.

O esgotamento do paradigma de desenvolvimento capitalista, cuja natureza centralizadora e autoritária inviabiliza a evolução gradual e pacífica para um convívio democrático, coloca na pauta a busca de novo paradigma – uma sociedade democrática e inclusiva, protegida e orientada por um Estado que persiga como seu objetivo a reestruturação da sociedade, de seus espaços urbanos, da economia, do meio ambiente e do convívio social como tarefa central de nossa época. Retomando suas funções de planejamento e orientação das atividades econômicas, o Estado abrirá amplo espaço para todas as iniciativas criativas e inovadoras, individuais e coletivas.

O modelo presente de desenvolvimento do mundo não é sustentável. Mudanças do clima, perda de diversidade ecológica e cultural, pobreza e desigualdade tendem a aumentar a vulnerabilidade da vida humana e dos ecossistemas planetários. Necessitamos de uma melhor compreensão das interações complexas e dinâmicas de sociedade e natureza, à luz das relações não lineares, também complexas e retroalimentadoras dos processos observáveis. Pesquisas recentes nas áreas da biologia, astrofísica e computação evidenciam que em situações de caos aparente e de desestruturação surgem nas bordas do sistema novas formas de organização e interação. O mesmo fenômeno pode ser observado na vida social em situações nas quais "tudo o que é sólido se desmancha no ar", quando surgem empreendimentos autogestionários, cooperativas de produção e de consumo, entidades que praticam a economia solidária e outras formas alternativas, capazes de superar a desordem reinante.

A organização coletiva – seja nas empresas autogestionárias, seja na agricultura familiar – permite também a manifestação das mais variadas formas de expressão cultural, pelas quais jovens e adultos conseguem romper os grilhões da marginalidade e encontrar um sentido para a sua existência.

» ETANOL: SOLUÇÃO OU PROBLEMA?

Setembro de 2008

A expansão do cultivo da cana-de-açúcar para a produção de etanol tende a competir com a produção de alimentos e a estimular o avanço sobre as áreas de pasto e da soja, além de pressionar pela incorporação de terras como o cerrado e outros biomas virgens, sensíveis à poluição. No Brasil, a expansão do cultivo da cana para etanol se concentra em São Paulo e em Mato Grosso, causando em muitos lugares a expulsão de pequenos lavradores, incapazes de competir por causa dos custos cada vez mais elevados dos insumos. Em vez de produzir etanol com um esforço de inclusão social, a expansão da demanda por esse biocombustível tem atraído a cobiça do capital transnacional e dos grandes fazendeiros que buscam adquirir amplas áreas para o cultivo da cana.

A tendência do mercado energético, a médio e longo prazo, apesar da crise financeira que varre o mundo, segue uma tendência de elevação da demanda, o que fatalmente repercutirá na oferta de alimentos. Segundo o Banco Mundial, os preços dos alimentos duplicaram nos últimos três anos, afetando mais de 2 bilhões de pessoas, das quais 100 milhões estão no limite de morrer de fome.

Seria ilusão pensar no etanol como um combustível totalmente limpo. Todos os combustíveis emitem substâncias químicas, como o ácido nítrico (NO) e os compostos orgânicos voláteis (COV). A quantidade de energia emitida pelo sol quebra o ácido nítrico e os COV, contribuindo para a formação de ozônio, elemento altamente nocivo para a saúde da população.

Por isso, é preciso estudar os impactos de toda a cadeia da produção de álcool para torná-lo efetivamente um combustível mais limpo. A frota registrada na RMSP é de 8,4 milhões de veículos, dos quais 7 milhões são do ciclo "Otto" (gasolina, álcool e gás), 480 mil são movidos a diesel e 1 milhão são motocicletas. Em conjunto, emitem 1,5 milhão de toneladas de material particulado por ano e 8,2 milhões de toneladas de óxido de enxofre; 11,4% dos veículos são movidos a etanol hidratado e 61% consomem gasolina misturada com 22% de álcool. O álcool etílico, computando suas formas anidra e hidratada, corresponde a 55% do combustível consumido, enquanto o diesel responde por 5,4% do consumo de combustível. Há de se considerar que a frota de veículos em circulação é relativamente antiga: 50% foram produzidos antes de 1997. Os veículos automotores são a principal fonte de emissão de monóxido de carbono (CO), de hidrocarbonatos e de óxidos de nitrogênio e de enxofre. Contribuem também para a ressuspensão de partículas do solo e a formação de aerossóis secundários.

Embora o álcool seja um combustível menos poluente do que a gasolina, seus gases ejetados pelo escapamento dos veículos são responsáveis por aproximadamente 200 mil toneladas de CO por ano, 22 milhões de toneladas de HC e 13,5% de NOX. Enquanto as emissões de CO por motores movidos a gasolina têm baixado nos últimos dez anos, no período 1998-2007 (dados da Companhia Estadual de Saneamento Básico – Cetesb), as causadas pelo álcool têm aumentado, passando de 16 g/km para 20 g/km. Ademais, o transporte do álcool para os grandes centros de consumo – as áreas metropolitanas – exige caminhões movidos a diesel, combustível muito mais poluente do que o álcool. O diesel em uso na maior parte do Brasil contém 2 mil ppm de enxofre e, nas regiões metropolitanas, 500 ppm (SO 500). Oficialmente, continua valendo a resolução do Conama segundo a qual, em 2009, todos os motores diesel têm de se adequar à fase P-6 do Programa Nacional de Controle da Poluição do Ar (Proconve) por veículos movidos a diesel, ou seja, de 50 ppk de enxofre. Entretanto, a Petrobras e as montadoras alegam não estar preparadas para cumprir essa meta no prazo estipulado. A título de exemplo, na União Europeia esse limite é de 50 ppm

(50 partes por milhão) e o Ministério do Meio Ambiente prevê que em 2009 os veículos a diesel deverão conter não mais do que 10 ppm.

O etanol brasileiro à base de cana é altamente competitivo em relação ao americano à base de milho e ao europeu à base de beterraba. O baixo custo relativo do etanol favorece os consumidores de combustíveis que optaram por carros menos poluentes e também os de "flex-fuel".

Dada a sua experiência secular – quase quinhentos anos de cultivo da cana e sua destilação –, o Brasil dispõe de uma tecnologia de industrialização exportável, inclusive do uso do bagaço para a geração de energia.

A expansão do cultivo da cana exige do poder público uma série de precauções e critérios para autorizar a construção de novas usinas e a regulamentação do licenciamento para projetos sucroalcooleiros, com o objetivo de:

- aliviar impactos ambientais;
- conservar a biodiversidade;
- proteger os recursos hídricos;
- melhorar a qualidade do ar;
- cuidar do solo, por meio de zoneamento agroecológico que limita, regula e fiscaliza, multando os transgressores.

É quase inevitável que a expansão do cultivo da cana, dada a sua alta rentabilidade, elimine outros cultivos alimentares, sobretudo no Centro-Oeste e no Sudeste, principalmente nos estados de Mato Grosso, Goiás, São Paulo e Minas Gerais. Estima-se que, para atender à demanda interna crescente e às exportações, serão exigidos entre 30 mil e 40 mil km^2 de terras, ocupadas hoje, em parte, por outros cultivos. Isso significa o avanço sobre o cerrado, a caatinga e até a floresta amazônica, afetando seriamente esses biomas e as áreas de proteção ambiental.

A produção de etanol da cana-de-açúcar implica uma série de impactos negativos cujos custos não são assumidos pelos produtores, mas transferidos como "externalidades" à população. As queimadas de cana para moagem causam uma densa fuligem que se espalha por dezenas de quilômetros, afetando a saúde da população, particularmente de crianças e idosos que sofrem de doenças respiratórias.

Outro problema decorre do uso da vinhaça, subproduto da destilação. Cada litro de etanol produz 14 litros de vinhaça, que, em parte, é aproveitada para adubar os plantios. Porém, seu uso eleva o nível de substâncias tóxicas no solo e afeta a temperatura da água nos locais em que é utilizada para irrigação, diminuindo a quantidade de oxigênio vital para a vida aquática. Finalmente, o uso da vinhaça só é rentável para áreas de plantio próximas à usina, quando levado pela gravitação. Para áreas mais distantes, o custo do transporte inviabiliza o uso e a vinhaça acaba despejada nos rios.

Em suma, parece mais fácil resolver os problemas energéticos suprindo biocombustível para a indústria automobilística do que resolver a escassez crescente de alimentos que afeta sobretudo a população mais carente e faminta nos países pobres e em desenvolvimento. A escassez de alimentos não é problema de falta de recursos, mas de sua má alocação. Terras e máquinas, fertilizantes e sementes foram desviados, primeiro, para a pecuária, com a produção de soja para alimentar o gado, e hoje se destinam à insaciável indústria automobilística, em detrimento do abastecimento das populações carentes de alimentos.

Nos países mais pobres e mesmo nos emergentes, em que o custo da cesta básica atinge 60% do orçamento familiar (na Índia) e até 30% no Brasil e no México, o aumento dos produtos primários – fertilizantes, máquinas, resinas e sementes – reflete a situação precária dos consumidores de baixa renda. A soma dos aumentos chega ao fim da cadeia, elevando dramaticamente os preços dos alimentos.

O aumento da frota circulante da RMSP à razão de 1 milhão de veículos por ano, apesar de melhorias tecnológicas (catalisadores, etc.), contribui substancialmente para a poluição do meio ambiente. Assim, questiona-se a racionalidade do sistema que coloca diariamente mais de novecentos carros em circulação somente na cidade de São Paulo – o que, além de poluir o ar, aumenta o congestionamento das ruas e torna o trânsito e a qualidade de vida insustentáveis. Confrontando essa situação com a concentração fabulosa das riquezas nas mãos de um pequeno grupo de multibilionários, questiona-se a (ir)racionalidade total do sistema e de seus problemas, que a humanidade deve enfrentar neste começo do século XXI.

» OS LIMITES DA COMPETITIVIDADE

Maio de 2009

É costume destacar os aspectos aparentemente positivos e as vantagens hipotéticas da concorrência e da competitividade entre empresas e também entre nações. Não se pode negar que a concorrência nos mercados tenha exercido uma função central e fundamental na gênese e na expansão do sistema de produção capitalista. Ela contribuiu para a geração e a acumulação de riquezas materiais. Também estimulou e fortaleceu as aspirações de seus principais atores sociais, os empreendedores, de exigir uma organização política mais democrática em oposição ao regime feudal ou absolutista, em determinado período da história do mundo ocidental.

Mas, quando se tornam objetivos exclusivos e excludentes, concorrência e competitividade produzem efeitos negativos. Enfraquecem as relações sociais e ameaçam os ecossistemas do planeta. Ao fazer a apologia da competitividade, os defensores da liberdade dos mercados e da concorrência irrestrita parecem ignorar a imperativa necessidade de cooperação e solidariedade. Estas, ao garantir o equilíbrio da sociedade, garantem também sua sobrevivência no plano nacional e no internacional.

GLOBALIZAÇÃO E COMPETIÇÃO

A globalização das finanças, da indústria e das comunicações constitui um imenso desafio para a humanidade dividida em estados nações que se vêm revelando, a cada dia, menos capazes de enfrentar e resolver os intricados problemas decorrentes da concorrência mundial. A concorrência entre as empresas e as economias nacionais tornou-se um fim em si, uma ideologia "sagrada" que perverte todas as esferas da vida individual e coletiva. Como todas as ideologias, também a da competitividade expressa os interesses de quem a promulga, a defende e dela se beneficia no contexto de determinada estrutura econômica e política.

Os conceitos de inovação tecnológica, produtividade e crescimento econômico constituem os elementos centrais dessa ideologia, que abstrai ou pretende ignorar seus custos sociais e ambientais. De uma instituição necessária para a modernização das estruturas produtivas obsoletas em certo momento histórico, a concorrência se transformou no maior obstáculo à democratização das relações sociais nas sociedades e entre elas.

Em sua forma atual, a concorrência está na origem da desigualdade social e econômica e da concentração da riqueza e do poder nas mãos de pequenos grupos ou organizações dificilmente controláveis pelos governos. A fim de competir na busca de lucratividade e de acumulação de capital, minimizam-se os valores da vida, os direitos humanos e a proteção do meio ambiente.

A concorrência e sua materialização nos mercados impedem o esforço de planejamento e de previsão do futuro, porque funcionam em curto prazo e visam a maximização da rentabilidade dos investimentos, sem preocupação com seu custo social. A própria lógica da concorrência e a busca de competitividade implicam que haja sempre os que ganham (uma minoria) e os que perdem (a maioria). O processo de exclusão dos que não conseguem competir é um elemento intrínseco da luta pela sobrevivência nos mercados, que tende, inevitavelmente, para a marginalização e exclusão de contingentes crescentes da população.

Os padrões de comportamento do neoliberalismo econômico e de seu imperativo de competir nos mercados estimulam e reforçam o individualismo e o consumo exacerbado. Tendem a desestruturar a vida coletiva nas escolas, nas empresas, nas famílias e nas comunidades. Procuram autojustificar-se como um darwinismo social e exigem a submissão dos "fracos" à hierarquia do poder. Dominados por oligopólios que procuram eliminar os concorrentes, os mercados deixaram, há muito tempo, de assemelhar-se ao regime de concorrência "perfeita".

O mundo globalizado se parece cada vez mais com um campo de batalha, sem preocupações éticas e sem sentimentos de compaixão e de solidariedade, numa luta interminável por posições hegemônicas. Isso não impede que os defensores da ideologia da competitividade – os agentes publicitários e de *marketing* das grandes empresas, os economistas, as escolas de administração e de economia e os líderes políticos – proclamem as supostas virtudes e vantagens da concorrência.

Chegam a advogar, em nome da competitividade, a "guerra fiscal" de municípios e estados, apelando ao governo federal para protegê-los da concorrência externa. Da mesma forma, exigem a reforma trabalhista, a precarização e flexibilização das relações de trabalho e a redução dos salários, que pretendem definidos pela "livre" negociação de trabalhadores e empresas. As vítimas dessas políticas irracionais são tratadas com indiferença, tachadas de "inempregáveis" e merecedoras, na melhor das hipóteses, de esmolas filantrópicas. Pior ainda é a situação dos imigrantes, em sua maioria clandestinos. Todos os países europeus estão endurecendo a legislação para os imigrantes e os ameaçando de expulsão, embora as economias desenvolvidas dependam, hoje em dia, do trabalho dessa mão de obra não qualificada que serve também de instrumento de pressão sobre os trabalhadores nacionais organizados para baixar salários e facilitar as demissões.

Ademais, as grandes empresas nas áreas de mineração e de agribusiness, as empreiteiras da construção pesada e de serviços de transporte exercem pressões constantes sobre os órgãos do governo para relaxar as exigências da legislação ambiental, que, segundo elas, encareceriam o produto final e o tornariam menos competitivo. Não recuam da invasão e da apropriação ilegal de terras públicas, muitas vezes sob proteção ambiental, para criação de gado e/ou plantio de soja ou de cana para produzir etanol.

O TODO E AS PARTES

A teoria de sistemas ensina que "o todo é diferente da soma das partes". Se aplicarmos essa ideia à discussão, inferiremos que a concorrência entre as empresas, geralmente oligopólios, não resulta em maior equilíbrio e racionalidade dos mercados. Ao contrário, a erosão dos mercados pelos movimentos especulativos e multibilionários das grandes corporações acaba minando e enfraquecendo o papel do Estado como promotor e defensor dos interesses públicos coletivos. As contradições e os lances especulativos do capitalismo competitivo – vejam-se as fusões, incorporações e aquisições de ativos bilionários – são projetados em escala global e resultam em graves crises financeiras, desemprego e exclusão social, agravados por conflitos étnicos, religiosos e sociais que ampliam o fosso no interior de cada nação e entre as nações. A exploração desavergonhada de trabalhadores e, sobretudo, de trabalho infantil é invocada como necessária para aumentar a competitividade. Entretanto, o mundo vai se tornando crescentemente interdependente, o que exige um novo contrato social contra as tendências à marginalização e discriminação dos mais fracos.

Ao postular o papel de todos os homens como sujeitos e gestores de seus destinos, exigimos também o estabelecimento, mediante políticas públicas, de limites à concorrência e à competitividade. No estágio atual de desenvolvimento da humanidade, a concorrência e a competitividade sem limites levam em seu bojo padrões de comportamento irracionais e retrógrados, como o nacionalismo xenófobo, a intolerância e o autoritarismo. É por isso que propomos e defendemos o fortalecimento da democracia participativa, ancorada na conscientização e mobilização dos atores sociais na luta por um regime político capaz de equacionar e solucionar os problemas comuns a partir de um novo pacto social da sociedade com o Estado, caracterizado pelo pluralismo, pela participação, pela solidariedade e pelo respeito dos direitos humanos – enfim, um novo marco civilizatório, apoiado numa economia solidária que assegure, além do desenvolvimento da base material, um alto grau de conscientização e motivação da população, movida por princípios e valores éticos e de justiça social. Em oposição radical ao sistema de competição, a economia solidária não será o produto de autoritarismo, de uma administração de via única, de cima para baixo, que faça da população um objeto passivo. Exige a participação de todos, para se tornarem cidadãos e, assim, sujeitos do processo histórico.

O derretimento da economia global, a crise do sistema financeiro, o fechamento de inúmeras indústrias, a queda geral das exportações e importações e, principamente, o aumento dramático das taxas de desemprego assinalam o fim do capitalismo *laissez faire* e os riscos da desregulação, enquanto se reafirma o papel central do Estado. De fato, as economias que melhor funcionam neste mundo conturbado são aquelas em que o Estado consegue impor maior e mais severa regulação dos mercados de produtos, de serviços e de trabalho, enquanto estende um "colchão de segurança" com serviços de previdência e de seguridade social, mesmo à custa de maior déficit fiscal. A França, embora não tenha escapado dos efeitos da crise, está em situação melhor que a de outros países da União Europeia, graças a seu setor público eficiente e a investimentos pesados na infraestrutura de transportes (os TGV), na rede de estradas e no desenvolvimento das centrais nucleares para a rede elétrica, que respondem por 80% do consumo de energia. Além disso, seguindo as injunções de J. M. Keynes, o governo francês investe grandes somas na restauração de monumentos e catedrais. O planejamento dos investimentos estende-se também ao sistema educacional, apostando historicamente na formação dessas elites nas grandes *écoles* que fornecem os quadros para a administração pública. Indubitavelmente, a carga tributária exarada pelo Estado francês é elevada – 52% do PIB –, mas assegura e viabiliza os sistemas de saúde, de educação e de previdência.

As funções centrais de planificação, regulação e distribuição mais equitativa do produto social constituem parte integrante da política econômica da China, que, para o espanto do mundo ocidental e em plena crise, continua a crescer à taxa de 8,5% ao ano e mantendo os níveis de investimento de mais de 40% do PIB.

Sem reformas estruturais e políticas, o mundo capitalista continuará a padecer dos efeitos da crise nos próximos anos.

» TECNOLOGIA, TRANSGÊNICOS E SEGURANÇA ALIMENTAR

Setembro de 2008

SOBRE O PAPEL DA TECNOLOGIA

Assumindo que inovações tecnológicas devem assegurar a equidade e a justiça social e econômica nas sociedades contemporâneas e entre essas sociedades, podemos considerar as inovações uma condição necessária para a continuidade ou a sustentabilidade do processo de desenvolvimento. No entanto, a experiência histórica mostra que, quando novas tecnologias são introduzidas em sociedades mais pobres e atrasadas sem que se adotem medidas políticas específicas para assegurar práticas distributivas, elas causam a exacerbação das iniquidades em termos de renda e de poder. As classes mais ricas obtêm uma parcela maior dos benefícios gerados pelas inovações, enquanto as camadas mais pobres se tornam ainda mais pobres e espoliadas. Veja-se, como exemplo, o impacto da "revolução verde" em termos da concentração das terras, da expropriação de pequenos lavradores e da expulsão dos trabalhadores "sem-terra" nos países classificados como "em desenvolvimento".

Devido aos interesses econômicos e às práticas comerciais firmemente estabelecidos que se constituem em parte importante das relações de poder em nossa sociedade, os custos reais das atividades econômicas e seus impactos sociais e ambientais não são contabilizados na formação dos preços dos produtos. Estudos apontam para os custos sociais ou ambientais por 1 dólar de produção, que vão de 2,03 a 2,89 dólares nas atividades de mineração de ferro e de produção de ferroligas, representando um viés gritante na contabilidade econômica.

A não inclusão dos danos e a depredação ambiental nos custos e preços dos produtos significam a sua transferência para a sociedade, sendo os lucros creditados à eficiência dos administradores e os dividendos pagos aos acionistas das empresas.

O desenvolvimento e a aplicação de biotecnologias (transgênicos ou organismos geneticamente modificados), utilizando grandes quantidades de defensivos químicos, resultam em degradação de recursos naturais por seus resíduos tóxicos e prejudiciais à saúde humana.

O agravamento da situação atual, caracterizado pela acelerada deterioração do meio ambiente em escala global – o efeito estufa, a destruição da camada de ozônio, a chuva ácida, a devastação das florestas, a erosão dos solos e a expansão de desertos, a perda de inúmeras espécies de plantas e animais, a contaminação tóxica do ar e da água –, provocará pressões sociais e políticas para que se imponham restrições mais severas às violações das normas e leis de conservação e proteção ambiental.

Até aqui tratamos apenas dos efeitos negativos das tecnologias agrícolas e industriais no meio ambiente físico e biológico. Cabe acrescentar algumas observações sobre os impactos no meio ambiente social e cultural das estratégias de crescimento econômico dominantes.

O avanço e a expansão da agroindústria moderna causaram a destruição de tribos e comunidades nativas, com a consequente perda da diversidade cultural, patrimônio de toda a humanidade.

Em vez de reduzir desigualdades e desequilíbrios sociais, as políticas econômicas vigentes aumentam as diferenças e aprofundam a segregação e a polarização social. Sem negar a importância de um aumento da oferta de bens materiais e de alimentos para assegurar maior estabilidade nas relações sociais, principalmente nas regiões mais pobres do mundo, serão as opções políticas tomadas pelos governos e não necessariamente a aplicação de novas tecnologias que definirão o escopo do "nosso futuro comum".

O discurso oficial promete soluções por meio do progresso técnico. Mas ciência e tecnologia não são politicamente neutras. Em cada contexto histórico e social, as formas concretas da tecnologia representam uma combinação de diferentes níveis de poder econômico e político, centralizada nas mãos do capital e enfrentando as aspirações dos trabalhadores não somente por melhores salários, mas por mais autonomia e autogestão.

As práticas políticas refletem essas contradições e estabelecem os limites de ciência e tecnologia como instrumentos de mudança social. O desenvolvimento tecnológico, bem como a sua incorporação ao sistema produtivo, obedece aos critérios da chamada racionalidade econômica, ou a maximização do retorno sobre o investimento. Por isso, postular mudanças sociais de mais equidade e justiça social, com base em diretrizes tecnológicas e econômicas convencionais, parece ingênuo ou beira a mistificação.

A estrutura do poder político define, em última análise, a distribuição de riquezas e o acesso aos bens materiais e simbólicos, para a satisfação e o bem-estar da população. Para conseguir isso, as elites terão de sustentar uma estratégia que arregimente a maioria da população, tendo em vista a coesão e a solidariedade na busca dos objetivos sociais.

Propostas e esforços comuns criam uma malha complexa de ideias, crenças e valores coletivos que conferem legitimidade às políticas governamentais e induzem poderosos processos de identificação, motivação e participação, dessa forma energizando e potencializando a vontade e as aspirações coletivas.

Qualquer progresso na solução dos problemas ambientais, locais, nacionais e globais dependerá em última análise de ações coletivas, de envolvimento, identificação e participação em programas e projetos de grupos de pessoas suficientemente organizadas, educadas e motivadas.

As organizações de base e as próprias comunidades fornecem os canais mais próximos e acessíveis para uma participação efetiva e para a expressão dos anseios e das aspirações da população.

O objetivo central de todo esse processo deve ser constituído de um esforço contínuo para a descentralização e o incremento da participação da população nas decisões. Novas formas de organização e de gerenciamento, diferentes das atuais estruturas hierárquicas e burocráticas dominantes, tornam-se necessárias para elevar a "eficiência coletiva" de grupos e comunidades, em vez da *performance* individual e competitiva hoje enfatizada demais nas instituições públicas e privadas, nos escritórios e nas fábricas.

TRANSGÊNICOS: ORGANISMOS GENETICAMENTE MODIFICADOS

À medida que disparam os preços de alimentos e a escassez de alguns deles assume dimensões alarmantes, o recurso a safras geneticamente modificadas parece cada vez mais tentador para elevar a produtividade da agricultura sem o uso de mais energia ou produtos químicos. As safras geneticamente modificadas (GM) são cultivadas de forma extensiva no mundo para servirem de ração animal e como ingredientes de alimentos industrializados.

Mesmo na Europa, onde as safras GM têm mais restrições, ao contrário dos Estados Unidos e da Argentina, a cada dia se levantam mais vozes em sua defesa como única tecnologia capaz de resolver a crise mundial de alimentos.

A reunião recente do G8 no Japão admitiu o potencial das safras GM, condicionando seu uso à promoção de análises de risco com base científica, inclusive das sementes desenvolvidas por meio da biotecnologia. Mas muitos grupos de ambientalistas e de defesa do consumidor continuam opostos à sua introdução, afirmando que as safras GM representam riscos para a saúde humana e para o meio ambiente. Alegam que os alimentos não foram testados devidamente em animais antes de ser colocados no mercado, desde 1996. Alguns dos testes realizados apresentaram resultados preocupantes, com toxicidade hepática e renal. Quanto ao meio ambiente, os opositores afirmam que as safras GM reduzem a biodiversidade e ameaçam as plantas e os animais silvestres. Seus defensores alegam supostos benefícios ambientais, pela redução do uso de pesticidas que compensaria os efeitos adversos.

Na América e em certas regiões da Ásia, a área plantada com safras GM vem crescendo rapidamente nos últimos anos. Segundo o ISAAA (sigla em inglês para Serviço Internacional de Aplicações Agrícolas de Biotecnologia), que monitora o uso mundial de safras GM, a área cultivada mundial cresceu 12%, 114 milhões de hectares, em 2007.

Projeções de analistas especializados preveem que as safras GM mais que duplicarão nos próximos oito anos e cobrirão 20% das terras aráveis no mundo.

Até agora, os cultivos realizados envolvem apenas quatro safras – de soja, milho, algodão e canela – e apresentam resistência a herbicidas e a pestes.

Os opositores apontam que essa primeira geração de biotecnologia não propicia um aumento das safras de forma direta. Cultivadas em perfeitas condições, as variedades GM não superam as versões comuns das plantas, sem genes adicionados. Propõem, como alternativa, ajudar os agricultores a enfrentar insetos e plantas invasoras.

Quanto à tolerância de herbicidas, o mercado de safras de GM é dominado pela Monsanto, produtora da "Roundup Ready", que permitiria aos agricultores eliminar as plantas invasoras, borrifando as plantações com esse produto relativamente barato. A resistência a insetos é produzida pelo gene de um micróbio chamado *Bacillus Thurigiensis*, que, transferido para a planta, produz uma toxina capaz de matar pestes vorazes.

Os partidários do uso de GM enfatizam supostos benefícios econômicos e, assim, veem nisso uma contribuição para a segurança alimentar no mundo. Apesar da oposição política e dos ambientalistas, a Europa não ficou inteiramente livre de safras GM. O milho Bt, única safra GM dotada de licença comercial na União Europeia, é cultivado na Espanha e, em escala menor, na Alemanha, na França, em Portugal e na Romênia.

A área plantada com safras GM na Europa equivale a apenas 0,1% do total mundial. E os agricultores, de que lado ficam? Pelo menos uma parte deles, da Europa, está a favor das safras GM, supostamente mais rentáveis.

São poucas as empresas internacionais que vendem sementes de transgênicos, cujo acesso aos mercados é combatido e muitas vezes negado pelos governos. Tal é o caso da Syngenta, Du Pont, Monsanto e Bayer, que disputam os mercados e pressionam os governos mediante poderosos *lobbies*, advogados e até cientistas contratados para realizar pesquisas cujos resultados são favoráveis aos produtores das sementes. Em 2005, a União Europeia condenou a Syngenta a pagar multa pela importação ilegal de ração animal, fazendo ressalvas sanitárias a isso.

Na Europa, são mais de 150 regiões e municípios que declararam suas terras livres de transgênicos. Exigem uma prévia e independente avaliação científica dos riscos, o acesso a sementes não transgênicas e a proteção de suas variedades regionais.

No mundo todo, inúmeras ONGs e partidos verdes adotam posturas críticas à introdução de transgênicos na agricultura e nos alimentos e centenas de cientistas independentes se posicionam criticamente por meio de uma moção pública dirigida a todos os governos.

No Brasil, a liberação de sementes transgênicas é altamente controvertida, sobretudo após a liberação de sementes de soja e de algodão em 2007. A Justiça e a Comissão Técnica Nacional de Biossegurança (CTNBio), composta de ministros, manifestaram-se sucessivamente a respeito e quanto à importação de sementes de milho, autorizada apesar de recursos contrários do Ibama e da Anvisa. O milho transgênico liberado não produz mais do que o milho convencional, embora seja resistente a determinados insetos e herbicidas. Os custos de produção a longo prazo são maiores e, ao contrário de outras tecnologias, seus efeitos são irreversíveis, por alterarem as características das plantas sobre as quais a ciência não tem controle.

Os efeitos reprodutivos constituem outro aspecto alarmante: ratos e cobaias que tiveram contato com o herbicida "Roundup", da Monsanto, apresentaram vários sintomas patológicos.

Ao contrário do que a indústria química afirma, o princípio ativo glifosato é um produto classificado como "altamente tóxico" pela Organização Mundial da Saúde e pela Agência de Proteção Ambiental (EPA) dos Estados Unidos, devido aos seus efeitos cancerígenos e à contaminação de alimentos, assim como à sua persistência no solo e nos cultivos.

Em testes realizados no mundo inteiro foram constatados danos à saúde de mamíferos pelos efeitos do "Roundup", o que o transforma em problema de saúde pública.

SEGURANÇA ALIMENTAR

A agricultura sustentável, baseada na biodiversidade e com cultivos orgânicos, beneficia os agricultores pobres e precisa do apoio de políticas públicas adequadas e de medidas regulatórias.

Por três anos, de 2005 a 2007, a International Assessment of Agricultural Knowledge, Science and Technology for Development (IAASTD) realizou uma avaliação, baseada em evidências empíricas, do potencial do conhecimento científico-tecnológico agrícola para reduzir a fome e a pobreza, melhorando as condições de vida nas áreas rurais e trabalhando por um desenvolvimento econômico e social sustentável. A IAASTD tem por objetivo orientar e monitorar a agricultura nos próximos cinquenta anos e foi lançada como um processo intergovernamental sob o patrocínio da FAO, do GEF, do PNUD, da PNUMA, da Unesco, do BM, da OMS e mais de quatrocentos pesquisadores envolvidos na elaboração de um relatório baseado em avaliações de evidências colhidas por milhares de especialistas do mundo.

Os relatórios foram analisados por especialistas de grupos de pesquisa, agências intergovernamentais, ONGs e indústrias, embora os representantes das indústrias se retirassem do processo em certo momento.

A reunião plenária intergovernamental foi realizada nos dias 7 a 12 de julho de 2008, em Johannesburgo, África do Sul, para discutir o relatório global e os cinco relatórios regionais, integrados no relatório de síntese final.

Esse relatório enfocou oito variáveis transversais e sistêmicas: bioenergia, biotecnologia, mudança climática, saúde humana, gestão de recursos naturais, conhecimentos tradicionais e inovações baseadas na experiência de comunidades, comércio e mercado e o papel das mulheres na agricultura. Os diversos componentes do relatório foram aceitos e aprovados por 54 governos, com exceção dos Estados Unidos, que consideraram "desequilibrado" o documento, particularmente as análises e propostas de assuntos de comércio e de biotecnologia. As empresas agroeconômicas e de biotecnologia, que no início participaram do processo, retiraram-se antes da reunião plenária, sob alegações semelhantes. Argumentaram que, na perspectiva das indústrias, os cultivos geneticamente modificados seriam o caminho para a redução da pobreza e da fome, o que não teria sido refletido adequadamente no relatório.

A falta de apoio específico aos cultivos GM baseou-se na revisão das evidências empíricas feita com rigor por especialistas. Após considerações sobre essas evidências apresentadas pelos dois lados nos debates, o relatório significativamente emudece a respeito dos alegados benefícios de safras GM, alertando para as dúvidas e incertezas quanto a isso, sobretudo no que concerne aos agricultores pequenos e pobres.

Outro aspecto focado em safras GM é a predominância da indústria biotecnológica nas pesquisas e no desenvolvimento de outras áreas das ciências agrícolas. O relatório da IAASTD reconhece a impossibilidade das forças do mercado de assegurar segurança alimentar aos pobres e requer tratamento diferenciado no comércio agrícola visando à segurança alimentar, ao bem-estar dos agricultores e ao desenvolvimento rural.

Entretanto, a reunião recente da Organização Mundial do Comércio, a Rodada Doha, não chegou a definir uma orientação específica para os países pobres em suas negociações. Embora admita a necessidade urgente de tratar da mudança climática, para a qual a agricultura contribui fortemente com os gases de efeito estufa, o relatório adverte os governos sobre biocombustível, argumentando que a diversificação das safras agrícolas para produzir combustíveis pode elevar os preços dos alimentos e, assim, reduzir a capacidade de aliviar a fome no mundo.

O relatório aponta também para as opções políticas que podem resultar em diferenças significativas no tratamento dos enormes desafios no futuro e que necessitam dos esforços coordenados de governos, da sociedade civil e das agências intergovernamentais, da IAASTD e especialmente da FAO, do BM, do PNUD e da PNUMA, das Nações Unidas.

As organizações da sociedade civil, participantes da reunião, convocaram todos os governos, sociedades civis e instituições internacionais para apoiar as recomendações do relatório e implementar as suas conclusões, dando início a uma revolução das políticas agrícolas e das práticas necessárias para alcançar um sistema de cultivo de alimentos de modo mais equitativo e sustentável no futuro.

» FUKUSHIMA: CRÔNICA DE UMA CATÁSTROFE ANUNCIADA

Março de 2011

"Salvaste uma vida, é como se tivesses salvado o mundo inteiro", ensinaram os sábios do Talmude há mais de 1.500 anos. Acrescentamos: ... "se destruíres uma só vida, será como destruir o mundo inteiro". A associação surge em consequência de três acidentes que assolaram o Japão em março deste ano: o terremoto de violência inédita, de 9 graus na escala Richter, seguido de tsunâmi que devastou a região de Fukushima, a 240 km de distância da capital Tóquio, e causou o mais grave acidente dos últimos tempos no complexo das centrais nucleares de Fukushima. Os dois primeiros desastres foram causados por forças da natureza incontroláveis pelos homens e deixaram em seu rastro milhares de mortos e desaparecidos, além de arrasarem a região inteira – casas, edifícios públicos, infraestrutura viária e os sistemas de abastecimento de água e de comunicações. O mais grave acidente foi a explosão de um dos reatores, seguida de três outras, liberando gás radioativo tóxico, de consequências imprevisíveis, apesar dos esforços sobre-humanos de trabalhadores e técnicos, procurando restabelecer os sistemas de refrigeração para evitar o "derretimento" dos núcleos, uma catástrofe que ameaça toda a população japonesa, além dos vazamentos de gases radioativos que são derramados para o mar, contaminando fauna e flora por séculos afora.

Investiga-se a ruptura de uma parede de contenção em um dos quatro reatores, o que pode significar vazamentos de proporções bem maiores do que os registrados até este momento. As autoridades japonesas e o Instituto Internacional de Energia Atômica (AIEA) confirmam que a situação é muito mais grave do que foi comunicado nos primeiros dias após o acidente. Fukushima Dai-ichi teve seis reatores em operação e apenas em dois deles a situação parece controlada. O tempo que o resfriamento dos reatores pode levar é imprevisível, assim como a quantidade de radiação a ser liberada, afetando a população e a fauna da região, sobretudo a pesca, a agricultura e os produtos alimentícios.

Inevitavelmente, Fukushima influenciou e reverberou com suas consequências pelo mundo. Na Alemanha, na Inglaterra e em outros países houve manifestações gigantescas exigindo o fechamento imediato das usinas, desistindo-se da utilização de energia nuclear.

À semelhança dos infaustos acidentes na usina nuclear de Three Miles Island (1979), nos Estados Unidos, e em Chernobil, na ex-União Soviética (1986), os reatores de Fukushima são produtos da mente e do trabalho humanos, apesar dos perigos e das advertências de seus criadores, cientistas e engenheiros, os quais, após o lançamento de uma bomba em Hiroshima e de outra em Nagasaki, para acelerar o fim da Segunda Guerra Mundial, não conseguiram esquecer seus pesadelos e remorsos, que levaram para o túmulo.

Da fabricação de dezenas de milhares de bombas atômicas durante a Guerra Fria, passou-se a construir reatores para fins energéticos, em centenas de unidades. Se os japoneses decidirem desativar seus reatores, que suprem 30% da energia consumida no país, uma tarefa que parece impossível em curto ou médio prazo devido à falta total de fontes energéticas alternativas, os impactos serão sentidos na Ásia e no mundo. Se até o Japão, tão bem organizado, disciplinado, preparado para desastres e experimentado na operação de reatores nucleares, chegou ao ponto de uma catástrofe trágica, quais são os riscos que outros países correm por operar reatores?

A China constrói atualmente tantos reatores quantos são os do restante do mundo. China, Índia e Rússia anunciaram medidas severas de revisão de projetos e maior fiscalização dos que estão em execução. Nos Estados Unidos, país com maior número de reatores nucleares (104), é praxe pedir prorrogação de vida útil por mais vinte anos apesar dos riscos maiores de acidentes. Mas o maior problema afigura-se para a indústria de construção de reatores, que se viu animada por uma onda de novas encomendas em vários países após anos de paralisação completa do setor. A preocupação e as pressões populares contra a poluição por CO_2 – o efeito estufa – deram um novo sopro de vida para a indústria de reatores. O acidente de Fukushima reacenderá o debate sobre a necessidade de fontes energéticas alternativas. Voltaremos para o carvão e o petróleo, cujas emissões de gases de efeito estufa estão tornando a vida no planeta insustentável? Neste momento histórico, não bastam planejamento e boa engenharia. A sociedade deve exigir de seus governos mais responsabilidade e transparência, manter vigilância e resistir aos *lobbies* e grupos de interesse que hoje decidem assuntos vitais movidos por seus interesses de ganância a curto prazo.

O Brasil está numa situação privilegiada nessa área. Além do aumento das reservas e da produção de petróleo (pré-sal), dispõe de várias fontes de energia limpa e renovável, eólica, solar, etanol e reservas florestais e um imenso potencial hidrelétrico. Mesmo assim, o país construiu no regime militar, a um custo nunca divulgado por motivos de "segurança nacional", as usinas nucleares de Angra I e Angra II e, atendendo a pressões de grupos de interesse, prepara-se para terminar a construção de Angra III, novamente sem divulgar uma previsão de custos e, assim, sem transparência sobre o investimento para a sociedade brasileira.

No caso de Angra III, trata-se de um projeto contratado pelo regime militar com a Alemanha, implicando a aquisição de peças e componentes cuja manutenção envolveu gastos de 25 milhões de dólares por ano desde então. Esse talvez fosse um dos argumentos da Empresa Brasileira de Pesquisa Energética (EPE), subordinada ao Ministério de Minas e Energia. Há de se considerar uma série de argumentos que questionam essa decisão do governo brasileiro. As três centrais nucleares e seus reatores estão localizados no litoral, numa área em cujo raio se situam as maiores concentrações metropolitanas do país. O ministro de Ciência e Tecnologia apressou-se a divulgar pela mídia que os reatores de Angra são absolutamente seguros, isentos de qualquer risco do tipo de Fukushima. Provavelmente, o ministro ignora que os reatores de Angra estão construídos sobre uma falha geológica de grande perigo sísmico, fato já conhecido pelos índios guaranis que chamaram o lugar de "Itaorna" – pedra podre.

A população não pode ser iludida a respeito de riscos potenciais de acidente. Existem alternativas que exigem investimentos em longo prazo para abandonar em definitivo essa fonte energética humanamente insustentável. Quem responderá pelas vítimas, mortos ou atingidos pela irradiação de gases tóxicos, hoje e nas gerações futuras? É imperioso apontar que não existe segurança "absoluta" e fechar as usinas atualmente em uso. As promessas de engenheiros, cientistas, políticos e empresas foram tragicamente desmentidas pelos acidentes de Fukushima e, antes, por Three Miles Island e Chernobil.

O desfecho dos vazamentos de Fukushima continua imprevisível. O Japão decidiu desativar os reatores, mas não é capaz de indicar uma solução para o problema da radioatividade que continua a se espalhar por terra e por mar, apesar da admirável dedicação, esforço e competência dos trabalhadores para conter novos vazamentos. Outro problema não mencionado pelos defensores da energia nuclear é a desativação dos reatores após quarenta anos de vida útil. A prorrogação por mais dez ou vinte anos não resolve o problema, mas aumenta os riscos de acidentes e vazamentos. A "solução" prevista é constituída pela construção de enormes muros de cimento e chumbo para isolar a população da radioatividade que perdura por séculos e milênios. O mais grave problema, todavia, é o destino a ser dado aos resíduos, ao "lixo" nuclear, para o qual até hoje não se tem uma resposta satisfatória e segura. O material gasto nos reatores – trata-se de dezenas de milhares de toneladas – continua precariamente armazenado em tambores de cimento, em piscinas temporárias, à espera de uma resposta dos cientistas e engenheiros. Jogar nas profundezas do mar, como alguns propuseram, ou enterrar nas montanhas, como estão planejando os Estados Unidos, só posterga os problemas e os transfere para as gerações futuras. Incorporar essas considerações aos cálculos de custo confirmaria a inviabilidade e a falta de sustentabilidade da energia nuclear.

O que fazer? Fechar todas as usinas nucleares e trazer de volta as famigeradas termonucleares a carvão ou gás de petróleo com seu efeito estufa desastroso? Um alívio deve ter sentido a população da Áustria, cujo governo tinha construído um reator nas proximidades da capital, Viena. Em 1979, por ocasião de uma Conferência das Nações Unidas sobre Ciência, Tecnologia e Desenvolvimento, a inauguração festiva da central nuclear foi transferida *sine die* por meio de um plebiscito popular que manifestou a sua total oposição ao funcionamento do reator, até hoje inativo.

Projeções de crescimento demográfico indicam que em 2050 estaremos com 9 bilhões de habitantes na Terra, todos exigindo mais alimentos e serviços básicos, ou seja, mais energia. De onde virá?

Não escaparemos das tarefas de repensar, planejar e reorganizar o sistema econômico e político para assegurar o bem- estar de todos os cidadãos, provendo-lhes os serviços e necessidades básicas e garantindo-lhes a participação nas decisões que afetam o seu destino individual e coletivo.

:: PARTE 5 ::

ORIENTE MÉDIO

» PAZ NO IRAQUE?

Fevereiro de 2009

Barack Obama, presidente eleito mas ainda não empossado dos Estados Unidos, parece ter marcado o primeiro tento de suas promessas feitas na campanha política pré-eleitoral. Contrariamente ao seu opositor, o senador John McCain, que se posicionou a favor da presença de tropas americanas no Iraque – "se for preciso, cem anos, até a vitória" –, Obama prometeu a retirada dessas forças no prazo de dezoito meses, a partir de sua posse.

O conflito foi iniciado em 2003, com a invasão do Iraque seguida pela captura e execução de Saddam Hussein, acusado de deter armas de destruição em massa – químicas, biológicas e nucleares. Essa acusação foi posteriormente invalidada pela confissão do próprio presidente Bush, que teria tomado sua decisão com base em informações "erradas" da CIA. (Causa espanto a leviandade e irresponsabilidade do primeiro mandatário da maior potência mundial, passando por cima da assessoria de seu gabinete, do Congresso e do Conselho de Segurança das Nações Unidas.) A invasão teve consequências trágicas para a população civil iraquiana: estimativas variam de 90 mil a 150 mil mortos e incontáveis feridos. E trágicas para as tropas norte-americanas, que perderam milhares de homens.

A estratégia de Bush, de se lançar numa guerra total ao "terrorismo", fracassou não somente pela invasão desastrosa do Afeganistão e do Iraque, mas pela clara derrota de seu objetivo principal de "democratizar" os países árabes por meios violentos. Entre outros efeitos adversos, a invasão do

Iraque ajudou a Al Qaeda no recrutamento de milhares de "jihadistas" no mundo islâmico.

Enquanto McCain e Obama expuseram opiniões radicalmente opostas sobre o futuro da ocupação militar do país, os iraquianos decidiram tomar a iniciativa para decidir sua própria sorte, particularmente quanto à data de saída das tropas americanas.

O documento elaborado pelo governo e ainda em discussão estipula que as tropas americanas devem retirar-se de suas bases até meados de 2009 e deixar o país completamente no fim do mesmo ano. Deixa claro que o Iraque não será uma base militar permanente, mesmo na fase de transição, e não permitirá o uso de seu território para ataques a países vizinhos. O acordo, que deve ser aprovado ainda pelo Parlamento e, possivelmente, por um referendo popular, pode ser considerado uma vitória do governo iraquiano, seguindo em suas linhas a proposta traçada no *Relatório Baker*, de 2006, na época prontamente rejeitado por Bush. Para os partidários de Bush, a retirada não pode ser considerada uma vitória – simplesmente, não existe alternativa. A retirada não garante a democratização do Iraque, que corre o risco de resvalar para uma fase de caos ou escolher um novo ditador, ou, ainda, cair sob o controle da teocracia iraniana.

O Iraque permanecerá violento e fracionado e suas instituições políticas continuarão debilitadas por muito tempo, abrindo espaço para a luta pela hegemonia de sunitas, xiitas e curdos.

Contextualizando historicamente o conflito, em 1980 Saddam Hussein lançou- se numa guerra ao Irã que durou oito anos e ceifou a vida de 1 milhão e meio de soldados. No conflito, Saddam fez uso de armas químicas fornecidas pelas potências ocidentais. Dois anos depois de terminar o conflito com o Irã por imposição de um cessar-fogo das Nações Unidas, o ímpeto bélico de Saddam Hussein o levou a invadir o Kwait, país também rico em petróleo. Na reação militar, os Estados Unidos expulsaram as tropas do Iraque e avançaram até as portas de Bagdá. Mas, em vez de derrubar o ditador, o presidente Bush (pai) preferiu mantê-lo no poder, como barreira à expansão do Irã dos aiatolás.

Em 2003, alegando a ameaça terrorista equipada com armas de destruição em massa e uma suposta conexão, nunca comprovada, de Saddam Hussein com a Al Qaeda de Osama bin Laden, os Estados Unidos e a Grã-Bretanha, passando por cima de uma resolução do Conselho de Segurança das Nações Unidas, invadiram outra vez o Iraque, destroçando o Exército iraquiano e danificando seriamente a infraestrutura do país.

A falta de um planejamento estratégico e a total ignorância da cultura, da estrutura social e das tradições islâmicas levaram os americanos a desmantelar as forças armadas iraquianas, entregando o país ao caos, enquanto centenas de milhares de ex-soldados se juntaram às fileiras dos "insurgentes".

O país passou por um longo período de caos e destruição, agravado pelo conflito dos seguidores das três principais etnias – xiitas, sunitas e curdos –, enquanto as forças de ocupação continuavam a arrasar a infraestrutura, destruindo os sistemas de energia, transporte, água, comunicações, escolas e hospitais em sua campanha de repressão aos "terroristas". Além de mortos e feridos nos ataques aéreos, é impossível compilar o número de centenas de milhares de refugiados forçados a abandonar seu lar.

Em 2008, o número de soldados americanos mortos passou de 4.200 e o número de feridos, mutilados e psiquicamente abalados alcançou dezenas de milhares. A campanha militar custou ao Tesouro americano mais de 1 trilhão de dólares, parte dos quais, ironicamente, foi parar nas grandes empreiteiras sob forma de polpudos contratos de "reconstrução" da terra arrasada.

O Iraque nunca constituiu uma nação unificada por uma identidade étnica, cultural, religiosa ou política e continua dividido entre os sunitas, uma minoria que deteve o poder no tempo de Saddam Hussein, e os curdos e os xiitas, que constituem a maioria da população. Essa divisão dificulta os trabalhos do Parlamento presidido pelo curdo Jalal Talabani, enquanto o governo é dirigido pelo xiita Nuri al Maliki.

Os sunitas perderam a supremacia que detinham nos órgãos do governo, nas forças armadas, no aparelho de segurança do Estado e na administração pública e receiam a perda de uma parte das receitas de petróleo, cujos maiores campos de exploração se situam em território curdo.

Os xiitas, historicamente perseguidos e massacrados pelos sunitas, resistem a um acordo tripartite que concede direitos iguais a outros grupos étnicos. Mantêm uma milícia fortemente armada sob o comando de um clérigo radical, Muqtadar al Sadr, que já manifestou seu desacordo com o plano de retirada das tropas americanas até 2011: exige a retirada imediata do país. Muqtadar al Sadr promete lutar no Parlamento, onde comanda uma bancada de 34 deputados, pela retirada imediata dos 150 mil soldados americanos e britânicos, convocando a população das maiores cidades, Bagdá e Basra, a realizar protestos nas ruas com a palavra de ordem "não ao acordo".

O governo do xiita Nuri al Maliki defende a adoção do acordo com o apoio de 149 votos contra 35 no Parlamento. Mas o texto do acordo só terá valor quando for aprovado por um referendo popular a ser realizado em julho de 2009, condição que os parlamentares sunitas impuseram para garantir o endosso pelo voto popular.

Negociado no último ano [2008], o acordo estabelece, além da retirada das tropas estrangeiras até o fim de julho de 2011, restrições a sua atuação, proibindo as prisões sem mandado judicial e submetendo-as às leis locais no caso de crimes cometidos fora dos serviços e das bases militares americanas.

Durante as discussões do acordo nos últimos meses de 2008, as negociações foram ameaçadas várias vezes de rompimento.

O documento de dezoito páginas composto de trinta artigos estabelece uma série de condições para permitir a permanência das tropas americanas em solo iraquiano a partir de janeiro de 2009. Fixa a data de 30 de dezembro de 2011 como limite para a saída definitiva do contingente militar hoje com 150 mil soldados e obriga as tropas a se retirarem das cidades e vilarejos até 30 de junho de 2009, transferindo a responsabilidade pela manutenção da ordem e da segurança para as forças iraquianas. Operações de busca e detenção em residências só poderão ser realizadas mediante autorização expressa do governo iraquiano. As forças armadas americanas ficam proibidas de utilizar territórios iraquianos para atacar países vizinhos, como foi o caso no recente ataque em território sírio, motivado por uma suspeita construção de usina nuclear.

Embora não perfeito, nas palavras de Nuri al Maliki, o acordo marca um "começo sólido" para a reconquista da soberania iraquiana no prazo de dois anos. O acordo político foi alcançado após longas e duras negociações, com concessões à minoria sunita relegada a uma posição inferior após a queda de Saddam Hussein. Seu destino dependerá do referendo a ser realizado em julho próximo e, se ocorrer uma rejeição popular, abrindo-se um novo período de negociações, com duração indeterminada. O aiatolá xiita Ali al Sistani, autoridade religiosa máxima no Iraque, tem assinalado a sua aprovação tácita ao acordo, ficando a oposição sob o comando de Muqtadar al Sadr, que exige a retirada imediata.

Embora a situação de segurança interna tenha melhorado, Bagdá ainda é considerada a cidade mais violenta do mundo. No último dia 1º de dezembro houve um atentado com carro-bomba explodido no centro da capital, que deixou quinze mortos e 45 feridos. Nesse mesmo dia, em Mossul, no norte do país, a cerca de 400 km da capital, um carro-bomba matou quinze pessoas e deixou trinta feridos. As autoridades atribuem os ataques a grupos que se opõem às eleições previstas para o ano que vem, suspeitando terem por objetivo principal o reinício do conflito dos xiitas com os antigos seguidores de Saddam Hussein.

Entre outros lugares perigosos, além dos já mencionados, encontra-se Nínive, onde predomina ampla minoria de 500 mil cristãos divididos em várias seitas, algumas das quais falam ainda o aramaico, a linguagem bíblica da época de Cristo. Outra minoria, no norte do país, é constituída pelos *yazidis*, acusados de adorar o diabo. E existem dezenas de milhares de *shabaks*, que se consideram descendentes dos persas, seguindo várias religiões, entre os quais o islamismo. Finalmente, há um grupo de turkmenos, sobreviventes da época em que toda a região foi dominada pelos turcos otomanos, até 1918.

Na expectativa das próximas eleições, surgem tensões crescentes entre essas minorias, preocupadas com seu futuro, enquanto o primeiro-ministro Ali al Maliki procura arregimentar o apoio de políticos, militares e chefes tribais para ampliar a base de seu partido no Parlamento. Mais de quatrocentos partidos registraram-se e seus representantes serão eleitos com base em listas proporcionais, num pleito com 14 mil candidatos e 36 coalizões diferentes.

A principal mudança esperada é uma representação sunita muito mais ampla, para recuperar parte das posições detidas no regime de Saddam Hussein.

Contudo, há divergências entre os políticos e lideres tribais que tomaram parte na luta contra a Al Qaeda. Mesmo entre os xiitas, a luta pela hegemonia é acirrada, emergindo Nuri al Maliki como "homem forte" após comandar o enfrentamento do Exército iraquiano com as tropas ligadas a Muqtadar al Sadr, nas áreas de Bagdá e Basra. As forças armadas iraquianas e a polícia têm melhorado seu desempenho, contando atualmente com um contingente de aproximadamente 500 mil homens, afora os 100 mil "filhos do Iraque", uma milícia formada pelos conselhos tribais sunitas.

Apesar de ataques horrorosos em algumas partes do país, os casos de mortes violentas têm diminuído, segundo estimativas, de 20 mil para quinhentas por mês nos últimos dois anos. As perdas americanas em homens também diminuíram, de 118 em maio de 2007 para catorze em novembro passado, elevando o número total de vítimas fatais a 4.200 soldados, os quais, somados aos feridos, mutilados e psiquicamente perturbados, permanecerão como um legado da malfadada aventura do presidente mais irresponsável e incompetente da história americana.

A administração de George W. Bush não parece feliz com o acordo, que não prevê data de revisão da retirada nem cláusulas que estipulem condições para a permanência de contingentes americanos no treinamento das tropas iraquianas. Segundo uma alta patente militar americana, a retirada do material e de equipamentos bélicos dificilmente poderá ser efetuada em condições de segurança antes de dois a três anos.

Permanece também o problema complexo da retirada de alguns milhares de "mercenários", veteranos de guerras civis na África que gozam de um *status* especial no Iraque. Além de um soldo bem mais elevado, eles estão fora da jurisdição militar americana e atuam como forças de "segurança" de políticos, militares, executivos e jornalistas, tendo cometido inúmeras atrocidades contra a população civil, como assassinatos, assaltos e estupros, tudo impunemente.

O acordo facilitará a posição de Obama enquanto persistirem dúvidas quanto à sua aprovação no Congresso. Mas a promessa feita na campanha eleitoral, de efetuar a retirada nos próximos dezesseis meses, dificilmente será exequível e cumprida. Entretanto, quando os americanos deixarem aos iraquianos – curdos, xiitas e sunitas – a tarefa de reconstrução de seu país com as próprias mãos, deixarão também a de definir seu destino.

» O MUNDO ÁRABE À DERIVA

Agosto de 2009

Nas últimas três décadas, até o estouro da crise econômica global, os países desenvolvidos e também os do Terceiro Mundo conheceram um período de crescimento econômico e de significativos progressos políticos, caracterizados pela queda de regimes militares e ditatoriais e o início de um processo de democratização, sobretudo na América Latina.

Esse processo dinâmico, que abriu espaço à participação política de uma nova classe média, parece ter passado despercebido no mundo árabe, que teria perdido "o bonde da História".

Falamos de árabes e não de muçulmanos, que representam mais de três quartos dos crentes no *Corão* e em seu profeta Maomé. Os 22 países árabes ocupam uma vasta faixa de territórios que se estende do oceano Atlântico (Mauritânia e Marrocos) até as bordas do golfo da Pérsia e tem, no total, 350 milhões de habitantes. Os outros países com grandes contingentes de população islâmica – Indonésia, Paquistão, Índia, Malásia, Afeganistão, Irã e Turquia – somam mais de 900 milhões, o que faz do islã a maior denominação religiosa do mundo.

Apesar da Liga Árabe, que congrega os 22 países, é difícil falar de uma comunidade de interesses representada pela União Europeia. Conflitos internos e externos sangrentos de nações árabes com outros países têm causado, além da instabilidade e do atraso político, a perda de imensos recursos materiais e financeiros, produto da exploração de gigantescas reservas de petróleo que se gastou em armamentos, quando não se desperdiçou no consumo suntuoso das "elites" dirigentes, dos monarcas autocratas e de suas famílias e dos presidentes-ditadores. São exemplos desses conflitos a Argélia, nos anos 1990; o Líbano, sob a influência da Síria nos tempos de Hafez Assad; o Iraque na ditadura de Saddam Hussein; a invasão do Kuwait pelo Iraque; a guerra do Iraque com o Irã, que durou quase uma década e ceifou a vida de mais de 1 milhão de soldados; a guerra civil no Sudão, que causou meio milhão de vítimas e inúmeros refugiados; a invasão do Iraque pelos Estados Unidos, em 2003, em busca de supostas ADM – armas de destruição em massa "inventadas" pelo presidente George W. Bush –, e, sobretudo, o confronto interminável de palestinos e Israel.

Entretanto, o crescimento demográfico, que mais do que duplicou a população nas grandes aglomerações urbanas nas últimas três décadas, constitui um dos fatores que pressionam por mudanças na estrutura social e política.

São várias as causas da instabilidade e dos conflitos árabes, entre as quais têm relevo:

- A competição e a cobiça pelas riquezas petrolíferas da região que controla 60% a 70% das reservas mundiais.
- As ambições estratégicas e geopolíticas das grandes potências, que procuram assegurar o controle das riquezas energéticas. (Basta lembrar que, durante a Guerra Fria, a ex-União Soviética se associou ao regime de Nasser para construir a maior central hidrelétrica da África, em Assuã, no Egito. As empresas petrolíferas dos Estados Unidos e do Reino Unido têm investido pesadamente na exploração e no refino de petróleo na região desde o início do século XX e hoje, na alvorada do século XXI, a China vem juntar-se às potências que competem pelo petróleo da região.)
- O conflito de Israel com os palestinos, que se arrasta desde os primeiros anos do século XX, constitui o principal pretexto para a manutenção de regimes de "emergência" nos países árabes, embora, na prática, suas ações não tenham passado de resoluções retóricas nas reuniões da Liga Árabe, condenando o "agressor sionista". (Ironicamente, decorridos mais de cinquenta anos da guerra que levou ao

êxodo forçado ou voluntário de centenas de milhares de palestinos, nenhum desses países tem acolhido e integrado refugiados, mantendo-os em condições precárias em campos isolados e sem direitos à cidadania, enquanto Israel absorveu, além dos sobreviventes do Holocausto, centenas de milhares de judeus expulsos dos países árabes depois de 1948.)

- A situação no Oriente Médio complicou-se após a revolução iraniana que levou ao poder um regime teocrático dos aiatolás e assumiu a defesa dos palestinos, como uma arma contra os países árabes aliados dos Estados Unidos. Ao condenar o regime "sionista" e proclamar a sua intenção de "apagar Israel do mapa", o Irã apela para as paixões das massas árabes oprimidas e cria uma ameaça concreta aos regimes árabes, conservadores e aliados dos Estados Unidos.
- A ausência de uma sociedade civil e de suas instituições jurídico-legais que caracterizam uma sociedade moderna permite aos regimes autoritários prosseguir na repressão violenta das tímidas aspirações pela secularização e pela democracia. A tarefa dos elementos moderados se torna mais difícil após as guerras recentes travadas por Israel na Faixa de Gaza e no Líbano. As cenas dos combates mostradas pela televisão, notadamente pela Al Jazeera, com sede no Qatar, enfureceram as massas árabes e as desviaram de sua revolta aos governantes.

Os governos do Egito, da Jordânia e da Arábia Saudita, que deixaram implícito o seu desejo de uma dura derrota do Hezbollah e do Hamás, pagaram um pesado preço no que diz respeito à popularidade. Uma das consequências dos dois conflitos foi a rejeição da ideia de paz e de coexistência pacífica com Israel. No Líbano, apesar da derrota nas últimas eleições, o Hezbollah continua admirado e louvado por sua militância, pela ausência de corrupção e pela eficiência na administração de obras sociais.

Israel é considerado o "ópio" dos árabes, intoxicando-os a ponto de esquecerem seus próprios fracassos. Os governantes árabes têm se aproveitado do conflito com Israel como pretexto para manter um "estado de emergência" em seu território e rejeitar reformas políticas, quaisquer que sejam.

A posição de Barack Obama, dando sinais de compreensão das queixas palestinas que pressionam Israel a ceder nos pontos críticos para o caminho da paz, ou seja, de parar de construir assentamentos e de ampliar os existentes, deve incomodar os reformistas e liberais árabes, que sonham derrubar os regimes e as monarquias no Oriente Médio.

Pouca coisa mudou no cenário político dos países árabes nas últimas décadas. No Egito, o país mais populoso do mundo árabe, o presidente Hosni Mubarak não dá sinais de ceder o poder após quase trinta anos. Da mesma forma, o ditador sírio Hafez Assad, ao morrer, assegurou que o poder ficasse com o filho Bashar Assad, formado na Inglaterra em oftalmologia. Na Líbia, o coronel Qadaffi mantém-se no poder há quarenta anos. Nos outros países árabes, do norte da África (Marrocos, Argélia, Tunísia) ao Golfo (Arábia Saudita, Iêmen, os Emirados Árabes e o Kuwait), os governantes reprimem com mão de ferro todo movimento, mesmo de cunho religioso, que proponha mudanças políticas.

Entretanto, apesar da opressão de um aparato policial-militar onipresente, o mundo árabe passa por profunda transformação, a começar pela dinâmica demográfica: a população dos países dobrou de 180 milhões para 360 milhões nos últimos 25 anos. A estagnação política não impediu a rápida urbanização e a emergência de um grande contingente de jovens de 25 a 30 anos, que exigem empregos e educação, além do acesso ao mundo moderno de comunicação e cultura. Ressentem-se do atraso de seus países nas áreas de ciência e tecnologia e da tremenda escassez de livros traduzidos. Essa população jovem tende a duplicar nas próximas décadas, quando as fabulosas riquezas provenientes da exploração do petróleo se tenham esgotado. Não existindo canais e instituições políticas para a livre manifestação das camadas mais educadas e cultas, a dominação autoritária tende a se perpetuar, junto com a divisão dos países árabes. As reuniões periódicas da Liga Árabe costumam terminar com resoluções vazias, embora manifestem invariavelmente a sua condenação a Israel e ao direito dos palestinos a seu Estado. Os discursos dos representantes dos regimes autocráticos e repressivos enaltecem as leis draconianas da Shahria – a interpretação do livro sagrado, o *Corão* – e rejeitam reformas liberais, como a concessão de direitos iguais às mulheres.

Apesar de sua importância estratégica e geopolítica, o mundo árabe padece de atraso político e social. Os países da região chegaram atrasados ao mundo moderno, com seu nacionalismo despertado pelo coronel inglês Lawrence que, ao derrotar os turcos com a ajuda dos nômades wahabitas do deserto, permitiu à Inglaterra e à França dividirem o Oriente Médio, impondo monarquias em vários países – algumas de curta duração, como no Iraque –, cuja rivalidade perdura até hoje.

Embora tendo a religião islâmica e o *Corão* em comum, a maioria dos muçulmanos do mundo não é árabe e o conflito secular de xiitas e sunitas continua cada vez mais aceso, principalmente depois da conquista do Iraque pelos Estados Unidos e dos claros sinais expansionistas do Irã dos aiatolás.

A imensa riqueza em hidrocarbonetos – gás e petróleo – não foi suficiente para moldar a unidade dos países árabes. O principal fator da precária unidade é constituído pela inimizade a Israel e pela reivindicação de criação de um Estado palestino. Foram várias as tentativas dos Estados Unidos de intermediar o conflito, desde George Bush (pai) em 1990, passando por Jimmy Carter, que logrou a celebração da paz do Egito e Israel nos anos 1970, pelos esforços de Bill Clinton fracassados devido à resistência de Yasser Arafat e, finalmente, pela proposta do "mapa da estrada" (*road map*) de George W. Bush (filho), igualmente infrutífera.

Recentemente, no início de 2009, o presidente eleito Barack Obama manifestou a sua empatia com a causa dos palestinos, lançando sinais inequívocos para Israel ceder na questão dos assentamentos, na criação do Estado palestino e na partilha de Jerusalém. Mas quem afinal representará os palestinos nas negociações? Qualquer acordo que seja celebrado entre Israel e os palestinos deve ser avalizado pelas duas partes – o partido islâmico Hamás e seus rivais seculares do Fatah, o movimento liderado por Yasser Arafat até a sua morte em 2004, quando Mahmoud Abbas assumiu a liderança. Apesar dos esforços de mediação do Egito e de outros líderes árabes, os dois grupos não se entendem para criar um governo de unidade palestino. Este reconheceria todos os acordos anteriormente celebrados pela Organização de Libertação da Palestina (OLP) com Israel, incluindo o seu reconhecimento até hoje negado pelo Hamás.

A eleição de 2006 conferiu ao Hamás 44% dos votos, contra 41% do Fatah, constituindo o primeiro uma ampla maioria de deputados no Parlamento. A recusa do Hamás em reconhecer Israel e renunciar à violência levou ao seu isolamento político e econômico pelo bloqueio de Israel, com o endosso do Quarteto de Madri – os Estados Unidos, a União Europeia, as Nações Unidas e a Rússia. Um ano e meio depois, o Hamás tomou o poder na Faixa de Gaza, expulsando os partidários do Fatah para a Cisjordânia.

Os ataques contínuos, com milhares de foguetes lançados no território de Israel, levaram o primeiro-ministro Ehud Olmert, na véspera de sua saída do governo, a revidar em Gaza, com uma violência que matou 1.200 palestinos e doze soldados israelenses, ainda assim sem alterar a situação de controle de Gaza pelo Hamás. A tensão entre os dois grupos palestinos rivais continuou nos primeiros meses de 2009, embora os líderes dos dois lados pareçam ter entendido a mensagem da necessidade de um acordo para que possam pleitear a criação do seu Estado.

Em janeiro de 2010 os palestinos vão às urnas para eleições presidenciais e parlamentares nas quais, segundo pesquisas de opinião pública, o Fatah deverá sair vencedor, em parte devido à queda da popularidade do Hamás, que a população civil considera culpado pelos estragos causados com o bloqueio e o bombardeio do território pelas forças armadas de Israel. Entretanto, a aspiração de criar-se um Estado palestino ao lado de Israel dificilmente será concretizada enquanto o governo israelense, sob a pressão dos Estados Unidos, não estiver de acordo e os dois partidos palestinos não superarem suas divergências internas, no interesse do povo pelo qual lutam.

A proposta defendida por Olmert estava muito próxima dessa solução e espera-se, nos círculos diplomáticos, que também Netanyahu se incline para esse passo inevitável. Quanto aos palestinos, muitos dos quais acreditaram que o tempo trabalhava a seu favor e que Israel desapareceria do mapa, conforme prega Ahmed Ahmadinejad, o presidente do Irã, mesmo o Hamás parece admitir hoje que Israel continue a existir.

Entretanto, como se para jogar um balde de água fria na cabeça dos partidários da paz, apresentou-se um projeto de lei no Parlamento de Israel que criminaliza manifestações de luto e de dor no aniversário da independência do país. Mesmo que a proposta fosse aprovada, provavelmente seria vetada pela Suprema Corte. Ainda assim, a aprovação do projeto em maio deste ano pela comissão de legislação assustou os grupos liberais no Estado judeu e alertou os palestinos, onde quer que se encontrem, como um sinal de que a campanha antiárabe do novo ministro das Relações Exteriores, Avigdor Lieberman, não foi uma manobra eleitoral apenas. "Esta é uma proposta sionista e patriótica", afirmou Alex Miller, membro do partido Israel É Nossa Casa, que considera que os palestinos, moradores em Israel, ao conotar o dia da independência como "naqba" (catástrofe), estariam explorando a natureza democrática do Estado de Israel, para destruí-lo por dentro. A proposta da lei prevê penas de até três anos de prisão para os seus transgressores.

Outro ponto na agenda de Lieberman é um juramento de "fidelidade" ao Estado, sob pena de, não o fazendo, perder-se a cidadania ou os benefícios proporcionados pela política de bem-estar, principalmente educação e saúde. Também essa proposta tem em vista os cidadãos de origem árabe que constituem um quinto da população de 7 milhões de habitantes. O sucesso do partido Israel É Nossa Casa nas últimas eleições, quando conquistou quinze assentos no Parlamento de 120 deputados, confere a Lieberman uma posição-chave para compor o gabinete ministerial. Tzipi Livni, líder do partido de centro-esquerda Kadima que ganhou o maior número de assentos na Knesset, não conseguiu formar uma coalizão, por insistir na aceitação pelos eventuais parceiros da solução de dois estados, Israel e Palestina, prontamente rejeitada por Lieberman, que acabou se associando com a extrema direita de Benjamin Netanyahu.

Como ministro das Relações Exteriores, Lieberman continua em sua campanha para tornar os árabes cidadãos de segunda classe e, eventualmente, expulsá-los do país. Mas três ministros do gabinete, membros do partido trabalhista, ameaçaram sair do governo caso essa proposta de "lei" seja aprovada. Mesmo se for rejeitada, a proposta assinala o estado de espírito radicalmente antipalestino e contrário a uma solução negociada do conflito por parte de uma parcela significativa da população israelense.

Barack Obama, em seu discurso na Universidade do Cairo, exigiu "honestidade" no diálogo dos Estados Unidos com Israel. No dia 14 de junho, o primeiro-ministro Benjamin Netanyahu posicionou-se em relação às exigências de Obama, pronunciando pela primeira vez as palavras "Estado palestino", ainda que com a restrição "desmilitarizado". Quanto à devolução das áreas ocupadas por assentamentos que hoje abrigam 300 mil colonos, Netanyahu está sob grande pressão de seus seguidores e dos colonos na Cisjordânia, que querem manter o controle sobre "Eretz Israel", a terra prometida na *Bíblia*, mesmo após o tratado de paz com o Egito mediado por Jimmy Carter que implicou a devolução de todas as terras do Sinai. O tratado de paz passou no Parlamento com o apoio da oposição – o partido trabalhista – e contra a vontade dos seguidores do Likud, o que pode ser um precedente para Netanyahu.

O enviado especial de Obama, George Mitchell, ao visitar Jerusalém e Ramallah, e também o presidente de Israel, Shimon Peres, após o discurso do presidente americano, enfatizou o desejo dos Estados Unidos de que sejam reiniciadas e concluídas as negociações para a solução que prevê a existência de dois estados. O conflito de Israel com os palestinos permeia a política externa dos Estados Unidos no Oriente Médio, onde os aliados árabes dos americanos apelam e pressionam constantemente para uma solução. Apesar de todas as manifestações contrárias dos dois lados, observadores e analistas políticos avaliam que a maioria dos israelenses e dos palestinos quer agora uma solução com dois estados, um ao lado do outro, construindo uma nova realidade de paz e cooperação econômica, cultural e política. A resolução de negociar e de abandonar a conclamação para a luta armada é esperada como resultado do congresso do Fatah, a realizar-se na segunda quinzena de agosto de 2009 na cidade de Belém, a 20 quilômetros de Jerusalém.

Ironia da história: entre todos os países árabes, são os palestinos o povo culturalmente e politicamente mais desenvolvido, o único a ter realizado eleições livres e democráticas. Isso os habilita a se tornarem aliados de Israel no processo de transformação do Oriente Médio.

BIBLIOGRAFIA

DERSHOVITZ, A. *Em defesa de Israel.* São Paulo: Nobel 2005.

RATTNER, H. *Israel e a paz no Oriente Médio*. São Paulo: Nobel, 2009.

REVISTA THE ECONOMIST, 30-5-2009; 5, 13 e 20-6-2009; 11 e 25-7-2009; 1º e 8-8-2009.

SHEHADEH, R. *Palestinian Walks.* Nova York: Scribner, 2007.

WALZER, M. *The Four Wars of Israel/Palestine*. Nova York: Dissent, 2002.

» NOVAMENTE, GUERRA E PAZ NO ORIENTE MÉDIO

Janeiro de 2011

Ao refletir sobre o título de meu último livro, *Israel e a paz no Oriente Médio*, publicado pela Editora Nobel, de São Paulo, em 2009, acrescentei uma pergunta retórica: "uma luz no fim do túnel?". Decorrido mais de um ano desde então e após um conflito armado curto mas violento na Faixa de Gaza, fica evidente que a situação de "nem guerra, nem paz" é o estado comum das relações de Israel com seus vizinhos no Oriente Médio. Cada vez que um esforço de negociar a paz de Israel com os palestinos fracassa, esta fica mais débil e distante e o perigo de guerra aumenta. Neste início de 2011, se não houver iniciativas corajosas e eficazes, a probabilidade de um novo conflito, mais destrutivo, é iminente.

Uma das possíveis causas de guerra eventual é a contradição entre as aspirações do Irã, de adquirir armas nucleares a qualquer custo, e a decisão de Israel de evitar, também a qualquer custo, que isso aconteça. O receio do programa nuclear iraniano constitui apenas um dos fatores capazes de detonar uma explosão a qualquer momento. Outro é representado pela corrida desenfreada atrás de novas armas, desde as guerras limitadas em 2006 ao Hezbollah, no Líbano, e em 2009 ao Hamás, na Faixa de Gaza. As casualidades civis de Israel nos dois conflitos foram relativamente leves. Entretanto, desde 2006, o Irã e a Síria forneceram algo ao redor de 50 mil foguetes, muitos com alcance e capacidade de carga mortal bem superiores àqueles possuídos pelo Hezbollah também em 2006, permitindo ao grupo extremista atingir milhares de civis israelenses em qualquer cidade do país.

Se isso tivesse ocorrido, a resposta de Israel seria devastadora, podendo envolver no conflito a Síria e o Irã. Por enquanto, o poder de dissuasão das armas israelenses parece capaz de manter a paz na região.

A situação confere nova urgência às negociações de paz entre israelenses e palestinos. Tanto o Hezbollah quanto o Hamás, apoiados pelo Irã, têm proclamado que nunca aceitarão a existência do Estado judeu no Oriente Médio. Mas é a interminável ocupação do território palestino que alimenta a belicosidade dos extremistas "jihadistas". Concedendo-se aos palestinos seu Estado na Cisjordânia, a chamada dos extremistas para a "guerra santa" será mais difícil e menos justificável. A questão central é: as negociações de paz, após tantos fracassos, podem prosperar? Passados dois anos de tentativas de levar os dirigentes israelenses e palestinos à mesa de negociações diretas, o colapso por causa do problema dos assentamentos pode inspirar ao presidente Obama a conclusão, como inspirou a tantos outros presidentes americanos antes dele, de que a intermediação dos dois povos é uma tarefa de Sísifo. Mas desistir seria um erro de consequências trágicas não somente para os Estados Unidos como para Israel e os palestinos. O fim do processo de paz pode assinalar o começo do processo de guerra nessa região que, por ser tão rica em recursos energéticos, tem tais recursos sempre invocados para nela justificar-se a presença militar dos Estados Unidos.

Israel também sofrerá, porque os palestinos demonstram constantemente que não silenciarão enquanto seus direitos lhes forem negados. Quanto mais Israel estender a ocupação militar dos territórios, negando os direitos legítimos dos palestinos, mais isolado ficará na comunidade internacional. Essa situação coloca um desafio histórico para os Estados Unidos. A realidade evidencia que os extremistas dos dois lados se tornaram fortes demais para que seus dirigentes tímidos possam assumir a responsabilidade de um compromisso.

Cabe ao mundo, por intermédio das Nações Unidas, impor um acordo a cada um dos atores do conflito. As diretrizes desse acordo foram estabelecidas pelo presidente Clinton, com claros parâmetros após o fracasso das negociações de Camp David. A fronteira de Israel com a nova Palestina deverá seguir as linhas pré-guerra de 1967, mediante ajustes e compensações pelos principais assentamentos na Cisjordânia para atender às reivindicações dos palestinos. Há, contudo, questões mais difíceis a equacionar. Algumas dessas: como tornar Jerusalém uma capital compartilhada; como resolver o problema do retorno dos refugiados; e como assegurar que o novo Estado não se transforme em outra Gaza, sob o controle do Hamás, após a retirada das forças israelenses.

Como Clinton, o presidente Obama deve revelar seu "mapa da estrada" ao iniciar um novo esforço de mediação. É preciso conseguir o apoio da comunidade internacional, seja por meio das Nações Unidas, seja por uma conferência como a convocada pelo presidente Bush (pai) e realizada em Madri, em 1991. Diferentemente de Bush, que deixou os negociadores depois da conferência, Obama deverá exercer pressão e mostrar capacidade de liderança para os dois lados. A pressão parece um elemento essencial da equação.

Na primeira tentativa, quando enfrentou Israel na questão dos assentamentos, o presidente Obama recuou, expondo a fraqueza diplomática do seu país na região, na qual muitos percebem também um enfraquecimento do poderio militar americano. Essa visão pode ser equivocada, porque, com todos os problemas econômicos internos e os problemas militares no Iraque e no Afeganistão, os Estados Unidos mantêm forte a sua presença no Oriente Médio e tanto Israel quanto os palestinos dependem disso em inúmeros aspectos.

Os palestinos têm tentado ultimamente levar seu caso para as Nações Unidas, contornando a influência americana. O fato concreto é que, sem a pressão dos Estados Unidos, Israel não terá condições de conter os assentamentos no objetivo de concluir um acordo com os palestinos e ganhar aceitação no mundo árabe. Por isso, Obama não pode esmorecer no esforço de conservar acesa a esperança da paz.

O Oriente Médio guarda em seu subsolo uma parcela gigantesca das reservas mundiais em hidrocarbonetos, o que explica o interesse dos Estados Unidos e de outros países dependentes do suprimento regular de petróleo dessa região. A influência americana diminuiu no mundo todo em consequência da crise financeira, da ascensão dos países emergentes e do fracasso nas duas guerras, no Iraque e no Afeganistão. Duas décadas atrás, quando os Estados Unidos mobilizaram um grande contingente militar para expulsar Saddam Hussein do Kuwait, seu prestígio estava no ápice. Em 2011, sua influência perdeu força ao patinar no conflito militar no Iraque e no Afeganistão e, sobretudo, com o impasse nas negociações de paz entre Israel e os palestinos.

A política externa americana está sofrendo derrotas sucessivas no Oriente Médio. Israel, seu aliado mais próximo, que recebeu 27 bilhões de dólares de ajuda militar na última década, foi alvo de pressões insistentes para sustar as construções nos assentamentos disputados, desse modo permitindo a retomada das negociações, e ainda assim as rejeitou. No Iraque, apesar de muito sangue e dos recursos financeiros despendidos, surgiu nove meses após as eleições um governo frágil, mais do agrado do Irã que continua com suas ambições nucleares. Em toda a região, políticos que contestam a hegemonia americana, como Recep Tayyip Erdogan, da Turquia, e Hugo Chávez, da Venezuela, ganharam popularidade.

Outros países da região antigamente aliados dos Estados Unidos, como a Arábia Saudita e o Egito, dão sinais de enfraquecimento da aliança. A Arábia Saudita, governada por um rei idoso e doente, é cenário de uma luta em surdina de dezenas de príncipes e de clãs pela sucessão e o Egito continua dominado com mão de ferro por Hosni Mubarak há mais de trinta anos. Os governos desses dois países, os mais populosos e ricos da região, parecem perder força e influência sobre a população.

Os erros dos Estados Unidos aceleraram o declínio de sua influência. O fracasso da descoberta de armas de destruição em massa, que devia justificar a invasão do Iraque, e as torturas de Abu Graib e Guantánamo solaparam a autoridade moral do país e encorajaram os extremistas do Hamás e do Hezbollah, sempre apoiados pelo Irã, a desafiar crescentemente a superpotência. Seis mil vítimas das guerras em suas tropas e gastos superiores a 1 trilhão de dólares minaram também a confiança e a disposição da população americana para assumir novos sacrifícios. A redução das tropas no Iraque, de 150 mil para 50 mil homens, representa um tímido avanço, ainda que frágil, da política do país na região, cuja situação parece cada vez mais problemática.

O ponto nevrálgico permanece o conflito de Israel com os palestinos, acirrado pela recusa de Benjamin Netanyahu de parar a construção nos assentamentos e pelo pedido insistente, quase desesperado, do presidente da Autoridade Palestina, sob forte pressão de sua população, de mostrar algum progresso após duas décadas de adiamentos e esperanças desmentidas. Entre as acusações formuladas pelas populações árabes no Oriente Médio, o apoio contínuo dos Estados Unidos a Israel figura em primeiro lugar e, provavelmente, reforça o apelo dos "jihadistas" para a juventude alistar-se em suas fileiras.

Mas nem a História nem os movimentos extremistas param: enquanto perdurar o impasse, todos – israelenses e as facções extremistas do Hamás e do Hezbollah – continuarão a preparar com armas mais mortíferas a próxima guerra.

» O CREPÚSCULO DE UM TIRANO

Fevereiro de 2011

O título leva à associação com uma ópera de Richard Wagner, *O crepúsculo dos deuses*, particularmente apreciada por outro ditador sanguinário, Adolf Hitler, que preferiu assistir à destruição total da Alemanha e não se render às tropas aliadas que avançaram sobre Berlim vindas do Ocidente e do Oriente.

Como Hitler, Qadaffi apresenta traços de personalidade paranoica e de extrema crueldade para com os adversários, reais ou imaginados. Isso explica em parte, embora não justifique, a violência adotada na repressão dos protestos da população da Líbia, a qual, a exemplo do que ocorreu na Tunísia e no Egito, clama por liberdade e reformas democráticas. O ditador recorre a mercenários contratados, por não confiar em suas próprias forças armadas, e a repressão das manifestações populares tem sido brutal, causando até esta data, 24 de fevereiro, mais de mil mortos e milhares de feridos. A resistência teimosa e raivosa a deixar o poder explica-se pela enorme fortuna depositada no exterior, cuja primeira avaliação, segundo a mídia internacional, alcança 70 bilhões de dólares, que certamente serão congelados e eventualmente repatriados quando cair o ditador.

Após a queda de outros ditadores, os da Tunísia e do Egito, a atenção da mídia e da opinião pública internacional deslocou-se para os acontecimentos dramáticos na Líbia, que se tornou cenário da mais violenta e sangrenta confrontação da população com seus governantes nas últimas décadas. A onda de revoltas e protestos que varre o mundo árabe desde o Atlântico até o Golfo da Pérsia irrompeu também na Líbia, agravada pelas ameaças do ditador de causar uma guerra civil mesmo com o desmoronamento de seu regime à vista. Entre as reivindicações difusas dos opositores estão a liberdade, a convocação de uma Assembleia Nacional para definir um governo interino e a elaboração de uma Constituição.

País de grande extensão territorial – 1,759 milhão de km² de área e uma população de 6,7 milhões de habitantes, com 95% de seu território deserto, quente e seco, enquanto as planícies costeiras, privilegiadas por um clima mediterrâneo e mais úmido, são densamente povoadas –, a Líbia é composta de três regiões ou províncias: a Cirenaica, a Tripolitânia e o Fezzan, cada uma com características econômicas, geográficas e ecológicas bem distintas. A região costeira da Tripolitânia é a mais fértil, com clima mediterrâneo e produtora de frutas, olivas e trigo. A Cirenaica, no leste do país, é rica em petróleo, e o Fezzan é uma região desértica, habitada milenarmente por nômades. A história da região remonta à antiguidade dos navegantes fenícios, posteriormente substituídos pelos gregos, romanos e bizantinos. Em 1561, foi conquistada pelos turcos otomanos, que ali ficaram até o início do século XX.

Ainda antes da Primeira Guerra Mundial, com o desmoronamento do sultanato que tinha sede em Istambul, a Líbia foi ocupada numa guerra-relâmpago pelos italianos, chegados tarde à divisão do mundo efetuada pelas grandes potências colonizadoras de então, França e Grã-Bretanha. Na Segunda Guerra Mundial, a Líbia foi campo de encarniçadas batalhas das tropas britânicas com o Africa Corps alemão comandado pelo general Rommel, que infligiu derrotas sucessivas aos ingleses até ser detido em El Alamein, a 110 km de Suez. Por carecerem de suprimentos e combustível, as tropas alemãs acabaram derrotadas e rechaçadas, o que representou uma virada na guerra, agravada pela derrota e a rendição de 600 mil soldados alemães em Stalingrado, na Rússia.

Acabada a guerra, os aliados instalaram na Líbia, em 1951, um regime monárquico que concedeu bases militares e aéreas aos norte-americanos. O rei Idris foi deposto em 1969 por jovens oficiais militares sob a liderança do coronel Muammar al Qadaffi, que emergiu como ditador pregando uma doutrina socialista mesclada com ideias islâmicas. Posteriormente, envolvendo-se em ações terroristas, a Líbia sofreu ataques da força aérea norte-americana estacionada no Mediterrâneo, que bombardeou as cidades de Trípoli e Benghazi.

Sob a pressão dos Estados Unidos, o Conselho de Segurança das Nações Unidas impôs severas sanções à Líbia em 1992. A normalização das relações diplomáticas e comerciais da Líbia com os países ocidentais somente ocorreu quando o país passou a produzir e exportar petróleo em quantidades apreciáveis, abrindo suas portas à entrada das grandes companhias petrolíferas para desenvolver a indústria e abastecer com o combustível os países europeus.

Eliminados os opositores internos e reabilitado pelo Ocidente, Qadaffi impôs uma ditadura absolutista que perdurou por mais de quarenta anos, parecendo indicar seu filho Saif-al-Islam como possível sucessor. Apesar das receitas fabulosas com a exportação de petróleo e a eliminação das sanções internacionais, a economia da Líbia cresceu pouco e não gerou empregos suficientes para uma população jovem, enquanto Qadaffi, bajulado por políticos europeus (Silvio Berlusconi) e latino-americanos (Lula), criou um Fundo Soberano de Investimentos que, além de enriquecer sua família, lhe permitiu a expansão por aquisições e participação em negócios na Europa e na África. A taxa de desemprego do país é altíssima, frustrando os jovens em suas expectativas de ingressar no mercado de trabalho. Há um mês surgiram as primeiras notícias de revoltas – o "dia de fúria" –, reprimidas com armas de fogo pelos mercenários de Qadaffi nas principais cidades do país, deixando centenas de mortos e milhares de feridos. Apesar de gestos de apaziguamento que propõem um aumento de 100% nos salários dos funcionários públicos e da libertação de militantes políticos presos, a revolta continua e se aproxima cada vez mais da capital. Diferentemente do Egito, em que o Exército se revelou capaz de induzir Mubarak a renunciar, as forças armadas da Líbia foram propositadamente enfraquecidas e mal armadas pelo ditador, para evitar qualquer desafio a sua autoridade. Para assegurar-se do apoio armado, ele criou uma milícia – os "comitês revolucionários", que constituem a força de apoio ao ditador e a sua família. Esses "comitês" estão concentrados na capital e em seu redor, enquanto a oposição se concentra nas outras cidades do país, o que leva a prever uma demorada e sangrenta guerra civil, se o Exército mantiver as tropas sob controle e não autorizar ataques aos oposicionistas.

Qadaffi destituiu o povo líbio de seus direitos básicos, reprimiu violentamente todas as manifestações de dissidentes, enquanto acumulava uma imensa fortuna depositada fora do país. Ao conclamar seus partidários a atacar os opositores, jurou lutar "até a última gota de sangue"... dos outros! A possível queda da ditadura ameaça fragmentar o país em três regiões, sendo o Fezzan, no deserto do Saara, o reduto de tribos nômades que sempre viviam independentes do poder central.

Enquanto prosseguem os combates, discute-se em fóruns internacionais a possível intervenção para evitar um massacre e assiste-se ao êxodo de dezenas de milhares de trabalhadores estrangeiros. As últimas notícias falam do cerco a Trípoli pelos opositores, que estariam controlando as principais cidades do país. Desertaram pilotos de caça que receberam ordens de bombardear os opositores do regime e vários diplomatas líbios no mundo renunciaram aos seus cargos por não concordar com as medidas adotadas pelo ditador. Com a atenção focada na Líbia, protestos contra os governos continuam no Iêmen, na Jordânia, em Omã e nos países do Golfo Pérsico.

Estamos longe de um desfecho dessa fase conturbada no mundo árabe.

» FOGO E TEMPESTADE NO MUNDO ÁRABE

Fevereiro de 2011

A autoimolação de um tunisiano de 26 anos em dezembro de 2010 foi o estopim de uma onda de protestos e revoltas contra as autoridades ditatoriais e os opressores no mundo árabe que se estende do Atlântico ao Índico. São 320 milhões de pessoas que vivem no imenso território da África do Norte, de quase 11 milhões de km^2, divididos em países por fronteiras artificiais que os ex-colonizadores europeus impuseram nas primeiras décadas do século XX, outrora dominados pelos sultões turcos a partir da distante Istambul. Com o desmoronamento do império otomano na Primeira Guerra Mundial, França e Inglaterra dividiram entre si os espólios, impondo reis fantoches (Iraque, Jordânia) ou ditadores submissos aos interesses das metrópoles. Em todos esses países se instalaram oligarquias que, ávidas de enriquecer, usurparam os recursos naturais e as rendas provindas do comércio exterior, enquanto mantiveram seus súditos na mais absoluta miséria.

Com o fim da era de colonização no período pós-Segunda Guerra, a inexistência de instituições republicanas e a ausência de eleições e de liberdades civis levaram a que o poder caísse nas mãos de ditadores militares desde a Argélia, estendendo-se à Líbia, ao Egito, ao Iraque e à Síria, tendo esses do lado ocidental o reino de Marrocos e no oriental os monarcas autocráticos da Arábia Saudita, do Kuwait e dos Emirados.

A partir da década de 1980, os países da América Latina e do sudeste asiático derrubaram os regimes ditatoriais e iniciaram um período de democratização de suas instituições, com o estabelecimento do estado de direito, das liberdades civis e da imprensa. A principal consequência dessas transformações sociais e políticas foi um processo de crescimento econômico alimentado por investimentos de capitais internos e estrangeiros, resultando em melhoria significativa das condições de vida, sobretudo da massa de pobres e carentes do mínimo para a sobrevivência. Outro resultado foi um processo intenso de mobilidade social ascensional que levou à incorporação das classes C e D ao mercado de trabalho e de consumo.

Essas transformações parecem ter passado despercebidas ao largo do mundo árabe, caracterizado por regimes autocráticos, ditatoriais e politicamente retrógrados, embora com apoio, por razões econômicas e geopolíticas, das potências ocidentais. As pressões acumuladas de insatisfação e revolta estouraram e se propagaram por toda a região na virada do ano 2010 para 2011.

O movimento de protestos e de contestação dos regimes iniciou-se na Tunísia após a morte de um jovem vendedor ambulante que teve sua banca de frutas confiscada e foi ofendido e espancado pela polícia. Passados 27 dias do estouro das manifestações, o ditador Zine El Abidine Ben Ali fugiu do país para a Arábia Saudita, levando na bagagem uma tonelada e meia de ouro, além de outros valores. As manifestações contra os regimes ditatoriais não pararam nas fronteiras da Tunísia. Ao contrário, violentos protestos irromperam na Argélia e sobretudo no Egito, governado com mão de ferro pelo general Hosni Mubarak havia mais de trinta anos e por ele transformado no epicentro da revolta das massas árabes.

O Egito é o mais populoso e, relativamente, o mais rico país da região, tendo quase meio milhão de forças armadas generosamente supridas com armamentos modernos pelos Estados Unidos. Vive, nesses mais de trinta anos, sob a lei de emergência que suspende os direitos civis e a liberdade da imprensa. Mas, à semelhança de outros países da região, passou por profundas transformações sociais que ocorreram nas últimas décadas, sem que a economia acompanhasse as demandas crescentes de uma população jovem, educada e ansiosa por ingressar no mercado de trabalho e de consumo urbano. A expectativa de vida no país subiu de 51 para 70 anos, a mortalidade infantil caiu de 98 para 38 crianças em cada mil nascimentos e a proporção da população em idade escolar aumentou de 34% para 64%. Apesar de uma alta taxa de analfabetismo total de 40% entre os jovens na faixa de 15 a 24 anos, houve queda nas décadas recentes para 10% entre os homens e 18% entre as mulheres. A população urbana cresceu de 30% para 60% em um total, agora, de 320 milhões, com a consequente concentração de favelados, mendigos e miseráveis que sobrevivem com menos de um dólar por dia nas grandes cidades (o Cairo tem mais de 14 milhões de habitantes), enquanto as riquezas se concentram nas mãos de uma elite parasita e corrupta que se apropria das receitas da exploração de gás e petróleo e do turismo.

A taxa de desemprego nos países árabes é alta: varia de 10% no Egito a 30% na Líbia e na Mauritânia, aumentando a frustração e revolta dos jovens que observam o fausto e o consumo opulento das elites, expostos pelos meios de comunicação modernos, a tevê com sinal transmitido por satélites, os celulares, a internet e a onipresente Al Jazeera, cujo noticiário está ao alcance das massas. Em vão os governantes árabes tentaram cortar as comunicações e os contatos com a tevê e a internet.

A revolta no Egito alastrou-se, convocando para a praça pública dezenas de milhares de pessoas, apesar do toque de recolher imposto pelos governantes. Até esta data (3-2-2011), mais de quinhentos egípcios teriam sido mortos e mais de dois mil feridos pela polícia que ainda obedece às ordens do ditador, embora o Exército tenha evitado intervir como força repressora.

Paradoxalmente, o Egito tem perdido espaço e potencial econômico desde o governo do coronel Nasser e, posteriormente, sob Anwar Sadat, assassinado em 1981, e Hosni Mubarak. Com poucas indústrias e uma agricultura de subsistência, a economia e o comércio do Egito perderam fôlego, apesar da nacionalização do Canal de Suez nos anos 1950 e da construção pela ex-União Soviética da represa de Assuã. Os elementos mais dinâmicos, empresários e profissionais, em sua maioria de origem estrangeira, foram expropriados e expulsos pelo governo de Nasser, sem que houvesse substituição de empreendedores, comerciantes e profissionais formados pelo sistema educacional egípcio, com o consequente empobrecimento das massas.

Não obstantes a efervescência e as expectativas de uma democratização no maior e mais importante país da região, paira a sombra do regime dos aiatolás no Irã, herdeiro do regime autocrático do xá Reza Pahlevi, derrubado em 1979 por um levante popular liderado pelos pregadores islâmicos. A ausência de partidos políticos e de uma sociedade civil organizada, participante efetiva de um processo político democrático, abriu um vácuo de poder preenchido pelas milícias de fanáticos que regem pelas leis da Sharia, opostas ao estado de direito moderno. Observadores e analistas políticos discutem o provável papel da Irmandade Muçulmana, maior grupo oposicionista que, apesar de proibido e perseguido pelo regime, ganhou oitenta assentos no Parlamento nas últimas eleições.

A percepção e a consciência de que governos não democráticos constituem uma anomalia no mundo moderno são muito agudas entre os jovens manifestantes, avessos a um regime militar e ditatorial. Apesar das advertências do ministro do Interior de que as manifestações de rua não seriam mais toleradas, dezenas de milhares de pessoas desafiaram a ordem de recolher, colocando fogo em veículos e edifícios públicos. As massas parecem simpatizar com os manifestantes que clamam por democracia e saudaram a volta de Mohamed ElBaradei, Prêmio Nobel da Paz e cientista respeitado que chefiou a Agência Internacional de Energia Atômica (AIEA), considerado possível candidato à presidência de um governo de transição.

A cada dia aumentam as pressões e manifestações populares, o que levou o ditador a prometer pela tevê a sua saída do cargo, exigindo um prazo de seis meses no qual seriam convocadas novas eleições. Tanto Mohamed ElBaradei quanto os líderes da Irmandade Muçulmana recusaram e denunciaram o gesto como manobra de protelação. Numa nova manifestação na Praça Tahir, o centro do Cairo, muitos participantes levantaram seus sapatos sobre a cabeça, o que é considerado um sinal extremamente ofensivo no mundo árabe. A cada dia que a crise se prolonga, a economia egípcia sofre pesadas perdas. O turismo, principal fonte de renda egípcia, praticamente estagnou e os estrangeiros lotam os aeroportos para retornar a seu país. O comércio fechou as portas e os produtos alimentícios sumiram do mercado, provocando alta exagerada dos preços.

Outro problema que se vislumbra no horizonte com a provável mudança de governo no Egito é a relação com o Estado de Israel. Por quase trinta anos, após a assinatura de um tratado de paz com o Egito e a Jordânia, as hostilidades cessaram e voltou a tranquilidade nas fronteiras, mesmo durante os conflitos armados com o Hezbollah e o Hamás. Outro sinal significativo de mudança na política externa foi a mensagem dirigida pela secretária de Estado Hillary Clinton ao ditador, cobrando uma "transição rápida e ordenada" do poder. Isso ocorreu poucos dias depois da manifestação do vice-presidente dos Estados Unidos, Joe Biden, segundo a qual "Mubarak não é um ditador". Manifestação esdrúxula do mundo ocidental foi também a da França, em que a ministra das Relações Exteriores propôs o envio de tropas de seu país à Tunísia para "restabelecer a ordem"!

Ao mesmo tempo em que crescem as manifestações no Egito, novos focos de protesto surgiram em outras capitais do mundo árabe, com destaque para a autoimolação de duas pessoas em Rabat, capital de Marrocos. Do outro lado desse mundo ocorreu a dissolução do governo e a destituição do primeiro-ministro da Jordânia pelo rei Abdullah 2º, acompanhada de promessas de reformas e do anúncio de convocação de eleições municipais "o mais rápido possível" pela Autoridade Palestina – é a primeira vez em cinco anos. A TV Al Jazeera, que cobre todos os acontecimentos no mundo árabe, continua a irradiar notícias, apesar da proibição do governo e do confisco dos equipamentos pela polícia.

Tal como na Tunísia, onde o comandante-chefe das forças armadas se pronunciou a favor do movimento de protestos e de reivindicação por democracia, também no Egito o Exército – passivo diante das demonstrações – terá papel fundamental na restauração da normalidade, ao garantir o estado de direito, o fim da corrupção e a melhoria das condições econômicas.

Há décadas que os países árabes têm a sua dignidade ferida por regimes corruptos, autocráticos e opressores. Todavia, tanto os Estados Unidos quanto os países europeus sustentaram esses regimes com receio de uma radicalização islâmica. A atitude míope parece estar mudando com o pronunciamento de Barack Obama, que elogiou "a coragem e a dignidade" do povo tunisiano. Mas a radicalização dos movimentos exige mais do que declarações retóricas a favor da democracia. A onda de protestos e manifestações que varre o mundo árabe proporciona ao Ocidente a oportunidade de mudar sua atitude de hipocrisia, de apoiar com bilhões de dólares e o fornecimento de armas sofisticadas os regimes claramente obsoletos, que necessitam urgentemente de reformas profundas.

O pêndulo da história está em pleno movimento, evidenciando ventos de mudança no mundo árabe e assim nas monarquias reacionárias da Arábia Saudita, de Marrocos, da Jordânia e dos Emirados. Mas as centenas de mortos e os milhares de feridos em choques com as "forças da ordem" nas cidades de vários países anunciam dias sombrios, de incertezas, confrontações e mais violência no mundo árabe.

» O EFEITO DOMINÓ

Fevereiro de 2011

Ao redigir este texto na noite de sexta-feira, 11 de fevereiro, parei para acompanhar as notícias da TV comunicando que Hosni Mubarak tinha renunciado à Presidência do Egito e partido, com sua família, para o balneário de Sharm el-Sheik, na costa do mar Vermelho. Completa-se assim a primeira fase de revoltas no mundo árabe que resultou na queda sucessiva dos ditadores da Tunísia e do Egito, este o mais populoso e militarmente o mais poderoso país do mundo árabe.

A onda de protestos, contudo, está longe de ter cessado. Ao contrário, no dia seguinte à queda de Mubarak, os meios de comunicação relataram uma nova onda de protestos na capital da Argélia, violentamente reprimidos pela polícia. Houve acontecimentos semelhantes em Sanaá, capital do Iêmen, e em Amã, capital da Jordânia. Em todos esses, as reivindicações por democracia e pelo fim do regime de emergência, que confere poderes ilimitados aos governantes autocráticos e corruptos, constituíram as principais palavras de ordem dos manifestantes. Apesar da repressão violenta, os protestos continuam, insuflados pelo exemplo da derrubada das ditaduras na Tunísia e no Egito.

Do ponto de vista histórico, os movimentos pró-democracia no mundo árabe podem ser considerados o fechamento de um ciclo iniciado nos anos 1970 com o colapso das ditaduras em Portugal, Espanha e Grécia, seguido nos anos 1980 pela derrubada das ditaduras na América Latina e, nos 1990, após o desmoronamento da União Soviética, pela democratização dos países do Leste Europeu, sem esquecer os movimentos populares que derrubaram as ditaduras no sudeste asiático, na Indonésia e nas Filipinas, escrevendo assim um novo capítulo na história do mundo. A única região geopolítica do mundo que parecia imune ao sopro de mudança para um regime democrático era o mundo árabe, particularmente o Oriente Médio, cujos governantes continuaram no poder por décadas, reprimindo as reivindicações de direitos humanos, liberdade e democracia com a mais cruel e desumana opressão.

Paradoxalmente, os principais países democráticos – os Estados Unidos e os países da União Europeia – viviam em simbiose com os tiranos, justificando-lhes a política com argumentos falaciosos sobre a necessária estabilidade da região árabe, maior produtora e exportadora de petróleo. Por isso, demorou até que os governantes norte-americanos e europeus "descessem do muro" e apoiassem em termos cautelosos os movimentos populares, apelando para uma transição "ordeira". Receberam com alívio as primeiras declarações do marechal Mohamed Hussein Tantawi, o chefe da junta militar que era ministro da Defesa desde 1991 e assumiu o poder. Conhecido como conservador, pouco propenso a mudanças políticas, o novo governante afirmou que o país honrará os acordos internacionais, nesses incluído o tratado de paz com Israel.

A posição e as intenções do Exército que assumiu o governo são objeto de interrogações e de conjecturas das mais desencontradas. O Conselho Supremo das Forças Armadas comunicou que o atual governo nomeado por Mubarak continuará a exercer as suas funções até que outro seja nomeado. Alguns ex-ministros estão em prisão domiciliar, proibidos de deixar o país. Os militares reiteram seu compromisso de transferir o poder a um governo eleito, sem esclarecer sobre o período de transição e as próximas eleições para presidente e para o Parlamento, antes marcadas para setembro de 2011. Outra dúvida que persiste refere-se à manutenção do estado de emergência, que continua em vigor. As próximas semanas revelarão a capacidade da população de organizar-se politicamente e indicar candidatos para chefiar a nação – uma tarefa imensa, dada a ausência total de vida política e institucional na ditadura recente.

Observadores internacionais conjecturam que os militares, recusando-se a exercer o poder, vão organizar as próximas eleições, voltando depois para seu papel de fiadores do regime, à semelhança do que acontece hoje na Turquia, onde o regime político é conduzido por um partido islâmico moderado que governa com o apoio das forças armadas.

Qual será a próxima peça do dominó a cair? Os governantes dos 22 países da Liga Árabe, todos sob ditadura com exceção do Líbano, do Iraque e dos territórios palestinos, foram sacudidos pelos acontecimentos nas últimas semanas na Tunísia e no Egito. Por isso, especula-se nas capitais sobre "quem será o próximo". O mais provável candidato a isso é o presidente do Iêmen, Ali Abdullah Saleh, que governa a república do norte desde 1978 e a união do norte com o sul desde 1990. Ele enfrentou tremendas pressões mesmo antes das manifestações na Tunísia, por causa de levantes tribais no sul e da presença da Al Qaeda em todas as regiões do país. Nas últimas semanas, Saleh teve de enfrentar protestos de rua sem precedentes em Sanaá, capital, organizados por uma aliança de estudantes ligados pela internet, islamitas e outros, conhecidos como "grupos de encontro". Em 2 de fevereiro, evocando as palavras de Hosni Mubarak, Saleh prometeu não se candidatar nas eleições para a presidência marcadas para 2013. Mas os protestantes, anunciando um "dia de raiva" em 3 de fevereiro, o conclamaram a deixar o governo imediatamente. Saleh, manipulador contumaz da sociedade tribal iemenita, conta ainda com a lealdade das forças armadas, o que não permite prever sua queda em curto prazo. Outro candidato é o presidente do Sudão, Omar al Bashir, que está sendo responsabilizado pela "perda" do sul do país e por ter falhado na melhoria das condições de vida da população. Como causa principal disso, os manifestantes apontam a elevação do custo de vida causada pela retirada dos subsídios governamentais para o combustível e o açúcar em quase todos os países do mundo árabe.

Os governantes da Jordânia, Líbia e Argélia diminuíram os impostos sobre alimentos importados, com medo de provocar levantes populares. Estão sob a ameaça das massas também os chefes de estado árabes mais repressivos, como Muammar Qadaffi, da Líbia, e Bashar Assad, da Síria, embora pareçam firmes em sua decisão de reprimir qualquer manifestação contrária ao regime, se for preciso com armas da polícia e do Exército. O rei do Marrocos parece a salvo de manifestações, assim como os riquíssimos monarcas do Golfo da Pérsia, que mantêm calma a sua população relativamente pequena, sem padecer dos problemas dos outros países árabes. Entretanto, protestos ocorreram em Bahrein, no Golfo Pérsico. A Arábia Saudita, o estado mais populoso e rico do Golfo, constitui um caso à parte. Com uma classe média bem educada e ligada à internet, a família real enfrenta uma próxima sucessão conturbada e a presença ameaçadora da Al Qaeda, com efeitos políticos desestabilizadores. Causaram impacto na mídia internacional também as notícias de uma manifestação da oposição iraniana no dia 14 de fevereiro, apesar da proibição do governo que lançou a polícia e suas milícias contra os opositores, entre os quais houve mortos e muitos feridos.

Dos países que mais preocupação manifestam com os acontecimentos no Egito deve-se destacar o Estado de Israel. A relativa calma na fronteira por 33 anos, desde a assinatura do tratado de paz em 1979, estaria seriamente abalada com a ascensão ao poder de um governo composto de membros da Irmandade Islâmica, mesmo em minoria. Não se pode esquecer que o Hamás, que continua a apregoar a destruição do Estado de Israel, foi uma criação da Irmandade. Por isso, o governo israelense adotou extrema cautela ao afirmar, após dias de total silêncio, que o tratado de paz entre os dois países deve permanecer em vigor, ao mesmo tempo saudando "o progresso de valores de liberdade e democracia" no Oriente Médio. O primeiro-ministro Benjamin Netanyahu advertiu contra a exploração da luta pela democracia por movimentos antidemocráticos e autoritários, como acontece no Irã e "alhures", referindo-se inquestionavelmente à Faixa de Gaza, onde o Hamás ganhou as eleições em 2006 e tentou impor seu governo também na Cisjordânia.

Parte da opinião pública israelense considera o movimento pró-democracia iniciado na Tunísia, irrompendo no Egito e reverberando na Jordânia e na Argélia, uma ameaça à estabilidade da região. Outros apontam para as dificuldades futuras de governar uma ampla população de milhões de palestinos que aprenderam pela TV a resistir à repressão. Há dúvidas justificadas entre muitos israelenses sobre a disposição da polícia palestina e mesmo do

Exército de Israel de reprimir um movimento de massas pela democracia, sob os olhares atentos da opinião pública mundial e das diversas emissoras de televisão no mundo árabe. A tensão no Egito recorda aos israelenses que, apesar da assinatura do tratado de paz em 1979, a ocupação dos territórios palestinos conquistados na guerra de 1967 é rejeitada por amplos setores da sociedade egípcia e do mundo árabe. O acordo assinado por palestinos e israelenses em Oslo, em 1993, deu esperança de solução do conflito por um breve intervalo, mas perdeu seu impacto depois que dois governos liderados por Netanyahu demonstraram a intenção de manter a ocupação dos territórios por tempo indeterminado. Mesmo que um novo governo no Egito renove o tratado de paz, os gastos militares de Israel com sua defesa e todo o planejamento estratégico deverão ser reformulados, considerando a possibilidade de um novo conflito no sul do país caso a Irmandade Islâmica faça parte do governo constituído. Embora ainda tivesse superioridade num confronto militar convencional, duvida-se da capacidade israelense de reprimir palestinos "pacíficos" simultaneamente na Cisjordânia, em Gaza e em Israel, reivindicando seus direitos políticos e a plena autonomia.

Os Estados Unidos, com as oscilações da sua política no começo dos protestos, em fins de janeiro de 2011, permaneceram paralisados diante dos acontecimentos no Cairo e em outras cidades egípcias, com porta-vozes como o vice-presidente Joe Biden e a secretária de Estado Hillary Clinton expressando a sua fé (ou o seu desejo?) na estabilidade do regime de Mubarak. Só quando a situação parecia escapar do controle da polícia é que a administração de Obama clamou por uma "transição ordeira". Em conversa telefônica com Mubarak, Obama declarou que a transição deveria ser "significativa, pacífica e iniciar-se imediatamente". A demora americana para tomar posição se explica por seu papel de principal fornecedor de ajuda econômica e militar, no valor de 1,5 bilhão de dólares ao ano, e pela dificuldade de abandonar um aliado após as primeiras rusgas da população com a polícia.

Uma atitude precipitada assustaria outros aliados, como a Arábia Saudita e a Jordânia. Os Estados Unidos também não poderiam apoiar o ditador na repressão da população irada, ferindo princípios por eles apregoados e indispondo-se com os eventuais sucessores do regime. Obama tomou o cuidado de declarar em público que o futuro do Egito era assunto a ser decidido pelos egípcios e não pelos americanos. Assim, tornou-se patente a preferência dos Estados Unidos por Omar Suleiman, o vice-presidente recentemente nomeado por Mubarak. Com tudo isso, ficou impossível ocultar o tremendo golpe sofrido pelos Estados Unidos com o colapso do regime de Mubarak. Viu-se, em mensagem divulgada pelo WikiLeaks, que esse regime vinha sendo considerado um pilar da segurança na região, garantia do livre acesso ao Canal de Suez e ao uso do espaço aéreo para as operações militares dos Estados Unidos no Iraque, no Golfo e no Afeganistão.

O regime deposto teve também papel relevante no fechamento do acesso à Faixa de Gaza para os suprimentos de armas e munições ao Hamás. Se um novo governo abrir a fronteira, conforme exige Mohamed ElBaradei, a política dos Estados Unidos e de Israel para os palestinos terá profundo impacto. Se esse governo, procurando ganhar apoio popular, resolver endurecer a sua posição relativa ao Estado de Israel, haverá uma ruptura do equilíbrio de poder na região, com a possibilidade de se procurarem novos "amigos" entre os membros da aliança antiocidental composta pelo Irã, a Síria, o Hamás e o Hezbollah.

Há conjecturas sobre o futuro ainda mais sombrias. De acordo com essas, os antigos aliados, Marrocos, Jordânia e Arábia Saudita, seriam atingidos pela onda de protestos e reivindicações e pressionados a procurar proteção e ajuda militar de outros países. A presença dos Estados Unidos no Iraque, onde perderam milhares de soldados e gastaram imensas quantias de dinheiro, se revelaria problemática. E, se o Egito tornar-se base para as operações da Al Qaeda, as consequências serão dificilmente previsíveis, constituindo o maior desafio para os Estados Unidos.

Está aberta a caixa de Pandora. Dos cenários possíveis, o de um compromisso das populações com o governo de transição parece o mais desejável pelo Ocidente. Por outro lado, é preciso reconhecer que, no atual cenário, faltam as condições materiais, culturais e institucionais para a implantação de um sistema democrático que garanta os direitos, a liberdade e a participação política das populações.

» GUERRA CIVIL NA LÍBIA?

Março de 2011

Os povos do mundo árabe têm sofrido nas últimas décadas sob a dominação de governos autocráticos impiedosos e opressores que roubaram suas riquezas e perseguiram toda voz dissidente. E o Ocidente aceitou, por conveniência ou por interesses comerciais, essa situação degradante que fere os princípios básicos dos direitos e da dignidade humanos. A alternativa que parecia existir foi o regime do islamismo extremista, do tipo da teocracia iraniana.

O cenário mudou radicalmente quando um jovem tunisiano vendedor de frutas se autoimolou em ato de desespero após a apreensão de sua barraca pela polícia local. O movimento de protesto por ele desencadeado foi como um choque de abalo sísmico que atingiu a região inteira, do Atlântico ao Golfo da Pérsia. Milhões de súditos passivos saíram às ruas para manifestar protesto aos governos autoritários e clamar por reformas democráticas. A relativa facilidade com que as populações revoltadas derrubaram as ditaduras na Tunísia e no Egito não deve iludir os observadores e analistas políticos no mundo ocidental. Nos dois países, a recusa das forças armadas de atirar na população inviabilizara a resistência dos governos, que foram obrigados a ceder às reivindicações por liberdade e democracia.

A onda de protestos que continua a percorrer o mundo árabe alcançou a Líbia, governada há quarenta anos pelo coronel Muammar Qadaffi, seus filhos e um grupo restrito de oligarcas, beneficiados pelo regime que conseguiu acumular uma imensa fortuna, estimada em centenas de bilhões de dólares, boa parte dos quais está nas mãos da família do ditador e depositada em contas bancárias e paraísos fiscais no exterior. São esses recursos apropriados ilegalmente que permitiram o recrutamento, a compra de armas e a manutenção de milícias de mercenários vindos de países africanos. As milícias estão dispostas ao redor da capital Trípoli, com a incumbência de defender o governo ditatorial, semeando o pânico com atos de brutalidade contra a população civil e as forças da oposição. Enquanto combates se travam pela posse de cidades-chave controladoras da rede de oleodutos que abastecem os países europeus, surgem a cada dia mais evidências da resistência dos pilotos da força aérea a acatar as ordens de lançar bombas nos redutos dos oposicionistas que avançam de Benghazi, segunda maior cidade do país, para Trípoli.

Ao mesmo tempo em que se travam os combates que, segundo diversas fontes, teriam causado milhares de vítimas, cresce nos países ocidentais e nos órgãos internacionais o consenso de que se deve acusar Qadaffi de genocídio e convocá-lo a comparecer perante o Tribunal Penal Internacional, sediado em Haia, na Holanda. O ditador, confiante no poder de fogo de sua guarda pretoriana, não parece disposto a ceder às pressões populares e ameaça com uma guerra civil na qual "arrancará os olhos" de seus adversários.

A movimentação de unidades navais da quinta frota de guerra dos Estados Unidos, estacionada no Bahrein, bem como as ameaças de fechamento do espaço aéreo da Líbia, impedindo também voos de aeronaves civis, não parecem intimidar o ditador, disposto a resistir até o fim.

Diferentemente do Egito, onde a decisão das forças armadas de não atirar no povo inclinou a balança a favor da população revoltada, a lealdade a Qadaffi dos soldados mercenários estrangeiros, portanto sem vínculos com o povo da Líbia, ameaça prolongar o conflito, com danos materiais e vítimas humanas incontáveis.

A indecisão e a demora dos combates na Líbia têm repercussão nos outros países do mundo árabe. O ditador do Iêmen, Ali A. Saleh, há 32 anos no poder, procura conter os protestos da população com promessas de não se candidatar mais nas eleições de 2013. Essas promessas não conseguem conter os milhares de manifestantes nas principais cidades do país, reforçadas agora pela adesão de chefes tribais que até então apoiaram o governo.

No minúsculo reino de Bahrein, o rei H. al Khalifa, sunita, encontra-se sob pressão da maioria xiita da população que clama por reformas. Movimentos de protesto surgiram também em Omã, país de importância estratégica por sua localização na entrada do Golfo da Pérsia, pelo qual passa grande quantidade de petróleo rumo ao mundo ocidental. Protestos surgiram também no Sudão, cujo presidente Omar al Bashir é réu no Tribunal Penal Internacional, acusado de genocídio na região de Darfour, hoje independente. Um caso à parte é o reino da Arábia Saudita, cujo rei Abdullah, de 86 anos, voltou às pressas de um tratamento médico nos Estados Unidos anunciando dois pacotes de "bondades", ou seja, a distribuição de 36 bilhões de dólares que beneficiariam todas as famílias do reino.

Outras manifestações têm-se repetido na Argélia, onde o governo revogou o estado de emergência em vigor desde 1992; na Jordânia, com os protestos temporariamente acalmados por tímidas reformas políticas do governo, e no Iraque, onde a população, sofrida após sete anos de invasão norte-americana, ainda está atolada nos destroços causados pelos bombardeios aéreos que arrasaram a infraestrutura de água, saneamento, eletricidade e transporte, além de causar o desemprego de milhões de jovens.

Assim, permanece o diagnóstico do mundo árabe em chamas e à procura de uma nova organização social e política que garanta a seus cidadãos os direitos humanos inalienáveis de liberdade e democracia. Entretanto, é impossível ignorar que, após décadas de governos autocráticos que depredaram os recursos materiais e se apropriaram das receitas financeiras provindas de exportações, a maioria das populações dessa imensa região do globo se encontra pauperizada, doente, desempregada, analfabeta e culturalmente atrasada – todos, fatores adversos a uma reconstrução rápida, capaz de assegurar o bem-estar e a paz. Os países ricos do Ocidente, que dependem, para o funcionamento de sua economia, do fluxo ininterrupto de petróleo, devem abandonar a imagem míope e enviesada que têm dessas sociedades e que os levou a apoiar e a vender armas aos tiranos opressores dos povos. Para iniciar um processo de reconstrução do tipo Plano Marshall, tão bem-sucedido na Europa ocidental após o fim da Segunda Guerra Mundial, será necessária a mobilização de todos os países ricos, em seu próprio interesse.

Antes, porém, é preciso dar fim ao conflito na Líbia, por todos os meios diplomáticos, comerciais e financeiros, menos por uma intervenção armada que ressuscitaria o espectro da colonização, tão odiada no mundo árabe. Uma rápida solução do conflito na Líbia, além de salvar a estrutura produtiva de uma destruição fatal, estancará a fuga de centenas de milhares de trabalhadores estrangeiros em direção ao Egito e à Tunísia. Já diminuiu a produção de petróleo, principal receita da economia líbia, e um terço da sua população está desempregado, o que aumenta o ressentimento contra as companhias estrangeiras, particularmente as petrolíferas, que auferiram polpudos lucros enquanto apoiaram o regime ditatorial. Em alguns lugares, trabalhadores entraram em greve e ameaçam destruir os poços de petróleo.

O ponto crucial para o desfecho da crise e o fim da matança de milhares de rebeldes e de civis é o comportamento das milícias de mercenários recrutadas por Qadaffi nos países africanos vizinhos e das quais é improvável esperar atos de solidariedade com a população. Por outro lado, as forças armadas regulares, desprestigiadas e mal armadas pelo ditador, que sempre receava um golpe do tipo por ele perpetrado contra o rei Idris, parecem inclinar-se a favor dos rebeldes e assim reforçar a frente unida contra o ditador.

É desnecessário frisar que a vitória da população encorajará os movimentos de protesto e o clamor por reformas nos outros países árabes.

» A SÍRIA NA ENCRUZILHADA

Maio de 2011

Após a derrubada relativamente fácil dos regimes ditatoriais na Tunísia e no Egito criou-se um impasse em dois países da região para a solução dos conflitos entre os governos e os "rebeldes". Primeiro, pela resistência encarniçada de Muammar Qadaffi na Líbia, e agora também na Síria, onde o presidente Bachar Assad prometeu revogar a lei de exceção em vigor há décadas. Entretanto, ao mesmo tempo, Assad mandou atirar nos sírios que se manifestavam contra ele.

A Síria, um país relativamente pequeno em área – 185 mil km^2 –, tem 23 milhões de habitantes e faz fronteira, além do Mediterrâneo a leste, com a Turquia, o Iraque, a Jordânia, o Líbano e Israel, que ocupa parte de seu território, as colinas de Golã, desde 1967, quando ocorreu a Guerra dos Seis Dias. Seu interior é quente, semiárido, enquanto a região costeira usufrui de um clima mediterrâneo agradável. Produtora de petróleo, a Síria exporta também gás, além de algodão.

É uma das regiões do mundo historicamente habitadas por diversas civilizações – acádios, arameus, canaanitas – e foi uma província importante nos sucessivos impérios desde os fenícios até o bizantino. Conquistada pelos árabes no século VII, Damasco tornou-se a magnífica capital do califado árabe, passando depois ao domínio dos turcos otomanos. Terminada a Primeira Guerra Mundial e desmantelado o império, a Síria foi declarada Mandato Francês, assim continuando até a Segunda Guerra, quando se viu ocupada pelas tropas inglesas. A instabilidade política no pós-guerra, com três golpes de Estado militares, no fim dos quais, em 1970, ascendeu ao poder o partido Baath, "socialista", sob a liderança do general Hafez Assad, que com punho de ferro governou o país por mais de trinta anos.

Morto Hafez Assad, assumiu o poder em 2002 seu filho Bachar Assad, formado em oftalmologia na Inglaterra. A Síria continua em guerra a Israel, sem tratado de paz, desde os desastrados seis dias de junho de 1967, quando uma parte de seu território, as colinas de Golã, foi ocupada e assim permanece. Politicamente, a Síria ficou profundamente envolvida com o Líbano, até que o assassinato do primeiro-ministro libanês Rafik Hariri, em 2005, causou protestos internos e externos que a obrigaram a retirar-se do país vizinho. Mas os sírios mantêm ali forte presença com o apoio de um exército de fanáticos do Hezbollah, que atacou tropas israelenses em 2008. Curiosamente, Hafez Assad, dirigente do Baath, tornou-se inimigo do Baath iraquiano de Saddam Hussein, condenou a invasão do Kuwait e, na sua reconquista, aliou-se aos ocidentais.

Na Síria, quase 80% da população é sunita, 12% são aleuítas da tribo dos Assad e 10% são cristãos. O caráter totalitário do regime ficou evidenciado no ano de 2000, quando manifestações contra o governo tiveram uma repressão sangrenta, com a morte de 5 mil pessoas da tribo dos Assad, e novamente se revelou na matança de 2 mil pessoas que protestavam na cidade de Hama. A face de Bachar foi mostrada também por ocasião de um levante de curdos em 2004, com milhares de mortos no norte do país.

Confiante na lealdade de suas tropas e da polícia secreta, Bachar Assad dispõe também de grupos de mercenários que se vestem com roupas civis e atiram na população. Há ainda um poderoso grupo de contrabandistas, o Shabah, ligado ao presidente por laços tribais e étnicos. Seu serviço de segurança é estimado em mais de 60 mil homens, os maiores responsáveis pelos massacres. Criado por Assad (pai), o serviço é formado por quatro divisões – a de inteligência, a política, a militar e a força aérea – que investigam umas às outras e estão acima da lei civil, tomando as decisões políticas mais importantes.

Bachar Assad confia no seu serviço secreto, embora em Dera, cidade no sul do país, uma parte tenha lutado contra as forças do regime. Uma desistência da luta, como ocorreu no Egito, é pouco provável. Todos obedecem ao comando de Maher Assad, irmão do presidente. Embora as principais posições de poder sejam ocupadas por aleuítas, é pouco provável que Bachar esteja sozinho no poder. Rumores sobre debates acalorados revelam que na cúpula há "reformistas", como há os que defendem a linha-dura.

O grupo que parece ter mais poder é formado por Maher Assad, por Assef Shawkat, cunhado do presidente, elevado recentemente à posição de chefe do estado-maior, e por Romi Maklouf, um dos homens mais ricos do país. Na segunda linha, atrás dos Assad, há um grupo conhecido como os "filhos do poder", em sua maioria próximos do presidente. Têm participação nos negócios principais, dominando os setores de petróleo, gás, turismo e telecomunicações. O monopólio do açúcar é controlado por Mustafá Tlass, anteriormente ministro da Defesa.

Além dos aleuítas, Assad conta com a lealdade dos grandes comerciantes de Aleppo e Damasco e de várias tribos de drusos e cristãos. Mas há sinais de fracionamento nessa coalizão. Centenas de membros do partido Baath o têm abandonado na cidade de Deraa, no sul do país. A base do poder de Assad centraliza-se porém nos aleuítas da região costeira de Latakia, ocupando mansões e vilas luxuosas que evidenciam a riqueza desse grupo, embora também nele haja sinais de insatisfação e críticas ao regime.

A maior fissura no tecido político do país é constituída pela divisão crescente entre "os que têm" e "os que não têm" – estes se manifestando com gritos de "Síria é uma, uma, uma!". A maioria da população é sunita, mas os jovens não parecem inclinados a submeter-se às leis da religião e se comunicam cada vez mais pela internet.

Grande problema para a oposição é a sua falta de coerência e de liderança. Os partidos políticos são ilegais e aqueles que tentaram formar grupos estão presos. Já em 2002, ao assumir o poder, Bachar iniciou a repressão dos dissidentes, procurando o apoio de vários grupos que foram incentivados a manifestar-se a seu favor contra os revoltados, embora parecesse haver certo consenso de que o reinado de um só partido deve acabar. A Irmandade

Muçulmana, cujos membros ainda são ameaçados com a pena de morte, certamente seria beneficiada pela queda de Bachar Assad. Mas seus líderes estão exilados nos diversos países do Oriente Médio e tentam promover uma visão e estratégia não violentas, percebendo a aversão da população ao islamismo político radical.

Enquanto os Estados Unidos e a Europa têm acusado o governo sírio de matar civis, quase todos os governos árabes da região silenciaram, por recear o transbordamento do conflito para seus países. Isso vale especialmente para a Turquia, que tem 900 km de fronteira com a Síria e se preocupa com uma possível onda de refugiados curdos daquela região. Apesar das boas relações dos dois países nos últimos anos, o primeiro-ministro turco Recep Tayyip Erdegan tem insistido publicamente que se use o "máximo de moderação" no tratamento dos revoltados. Dificilmente Bachar Assad seguirá esse conselho, mas, mesmo matando mais opositores, a tendência é o enfraquecimento de sua posição. No círculo interno de Bachar, a lógica do aparelho de segurança parece prevalecer. Assim, teremos de assistir a duas guerras civis, na Líbia e na Síria, no futuro próximo.

Enquanto a Otan tem dado apoio limitado aos rebeldes líbios, nenhuma medida semelhante foi aventada para a Síria e uma nova intervenção militar estrangeira parece fora de cogitação. A verdade nua e crua é que a ninguém interessa a deposição do ditador, nem aos países ocidentais nem aos vizinhos. Também há o receio de que a queda de Assad solaparia os esforços de paz entre israelenses e palestinos, atrapalharia o delicado equilíbrio no Líbano e no Iraque e favoreceria a ascensão dos extremistas.

Os países da região estão a favor do *status quo*. Israel receia que um novo governo adote pressões mais agressivas para a devolução das colinas de Golã. E a União Europeia não se inclina para uma mudança de regime, devido a fortes interesses comerciais com a Síria exportadora de petróleo. Naturalmente, esse consenso vergonhoso não é divulgado. Na teoria, todos os governos se declaram a favor de reformas.

Quais são as perspectivas de uma solução do conflito? O alastramento dos protestos para a região parece inevitável, afetando outros regimes ditatoriais, como o do Iêmen, cujo presidente prometeu renunciar no fim deste mês de maio. Mas a preocupação principal é causada pelos reinos monárquicos absolutistas, ricos em dinheiro e em petróleo do Golfo Pérsico, dos quais sobressai a Arábia Saudita, pilar da estratégia de defesa dos Estados Unidos na região. A instabilidade nesses países poria de joelhos o Ocidente sedento do combustível que exportam.

Sendo assim, o levante contra Bachar Assad revela aspectos bem mais complexos do que na Tunísia e no Egito, países que encontraram uma solução mesmo temporária e precária. Enquanto isso, o Irã, maior aliado da Síria, aguarda a oportunidade para entrar em cena e conquistar a hegemonia em toda a região. Transformar a "primavera" árabe em verão dependerá dos próprios habitantes, seja onde for.